高等教育"十四五"规划教材

Java
程序设计

主　编 ◎ 林爱武　宋　伟　齐晶薇
副主编 ◎ 张采芳　张　翼　黄金刚　仇亚萍　田　笛

华中科技大学出版社
http://www.hustp.com
中国·武汉

内 容 简 介

本书从初学者的角度系统介绍了 Java 程序开发中用到的重要基础知识。全书共 13 个项目,具体包括了开发环境、基本语法、面向对象思想及重要 API 的应用等。设计模式是前人对代码开发经验的总结,本书抛砖引玉,在 Java 学习中引入了单例模式、简单工厂模式、装饰模式、代理模式等常见的设计模式,鼓励读者模仿吸收,养成良好的编程习惯。

本书强调理论和实践相结合,理论部分通俗易懂,实践环节案例丰富,步骤完整,以具体应用为出发点,帮助读者快速掌握核心知识,为后续学习打好基础。

为了方便教学,本书还配有电子课件等资料,任课老师可以发邮件至 hustpeiit@163.com 索取。

本书可作为高等院校计算机相关专业的教材,也可作为计算机编程爱好者的自学教材。

图书在版编目(CIP)数据

Java 程序设计/林爱武,宋伟,齐晶薇主编. —武汉:华中科技大学出版社,2021.6(2023.8 重印)
ISBN 978-7-5680-7480-3

Ⅰ.①J… Ⅱ.①林… ②宋… ③齐… Ⅲ.①JAVA 语言-程序设计 Ⅳ.①TP312.8

中国版本图书馆 CIP 数据核字(2021)第 170138 号

Java 程序设计 　　　　　　　　　　　　　　　　　　林爱武　宋　伟　齐晶薇　主编
Java Chengxu Sheji

策划编辑:康　序
责任编辑:史永霞
封面设计:孢　子
责任监印:朱　玢
出版发行:华中科技大学出版社(中国•武汉)　　电话:(027)81321913
　　　　　武汉市东湖新技术开发区华工科技园　　邮编:430223
录　　排:武汉三月禾文化传播有限公司
印　　刷:武汉开心印印刷有限公司
开　　本:787mm×1092mm　1/16
印　　张:18.5
字　　数:474 千字
版　　次:2023 年 8 月第 1 版第 4 次印刷
定　　价:48.00 元

本书若有印装质量问题,请向出版社营销中心调换
全国免费服务热线:400-6679-118　竭诚为您服务
版权所有　侵权必究

前言

PREFACE

Java 语言是当前应用非常广泛的一种面向对象的程序设计语言,从大型复杂的企业级系统到小型移动设备系统开发,随处都可以看到 Java 活跃的身影。当前,大部分高校计算机相关专业都开设了 Java 程序设计相关课程。

Java 程序设计从基础到高级需要一个长期学习的过程,对于初学者来说,需要打好基础,树立信心、循序渐进,同时注重编程习惯的培养。本书针对应用型人才培养,强调实践动手能力,从需求出发,以案例驱动的形式进行组织。书中的案例都是精心设计的,只有读者实际动手敲过代码,调试过代码后才能熟能生巧,知其所用,才能真正掌握这些代码,感受到编写 Java 程序的乐趣。

全书共分为 13 个项目。

项目 1 主要介绍了 Java 语言的特点、JDK 的安装及 Eclipse 开发环境,实现第一个 Java 程序的开发。

项目 2 介绍 Java 语言的语法基础,如果读者有 C 语言基础,学习难度不大,但是对 JVM 内存划分需要仔细体会。

项目 3 和项目 4 是 Java 语言面向对象思想的最重要部分,详细讲解了类和对象的关系、封装、继承和多态等相关内容,只有理解了面向对象的编程思想,才能真正掌握 Java 语言的精髓。同时讲解了单例模式、简单工厂模式的实现。

项目 5 介绍了 Java 对异常的处理。

项目 6 详细讲解了 Java 对多线程技术的支持。其中生产者和消费者模型是难点,通过它可以深刻理解线程间通信。

项目 7 讲解了包装类、字符串相关类和 System 类。其中字符串相关类非常重要,读者要尽量掌握相关方法,并理解正则表达式。

项目 8 讲解了时间处理、随机数和 Math 类的用法,难度不大。

项目 9 讲解了集合类,要重点掌握各种集合的创建、增、删、改、查,以及遍历的方法。

项目 10 讲解 File 类和输入输出流,编写程序免不了要和文件打交道,涉及的类较多,同时讲解了装饰模式的实现。

项目 11 讲解 JDBC 编程,安装了 MySQL,详细讲解了 JDBC 开发过程。

项目 12 讲解反射的相关知识。反射是 Java 的高级特性。掌握反射的本质和应用,有助于将来的框架学习。

项目 13 给出了一个简单的 Java Web 程序开发示例,帮助读者理解 Java 在服务器端的开发应用。

本书由文华学院林爱武、南通理工学院宋伟、哈尔滨远东理工学院齐晶薇担任主编;由文华学院张采芳、张翼、黄金刚、仇亚萍、田笛担任副主编;南通理工学院孙溢洋、崔庆华参编。全书由文华学院林爱武审核并统稿。

为了方便教学,本书还配有电子课件等资料,任课老师可以发邮件至 hustpeiit@163.com 索取。

由于编者水平有限,加之时间比较仓促,书中难免有疏漏和不妥之处,恳请广大读者朋友批评指正。

编者

2021 年 5 月

目录

CONTENTS

项目 1　Java 语言简介及开发环境

1.1　Java 语言简介/1
　　1.1.1　Java 语言特点/1
　　1.1.2　Java 技术平台/3
1.2　JDK 的使用/3
　　1.2.1　JDK 的安装/3
　　1.2.2　JDK 目录说明/5
　　1.2.3　JDK、JRE 和 JVM 的关系/7
　　1.2.4　Windows 命令行窗口操作/7
　　1.2.5　系统环境变量设置/9
　　1.2.6　第一个 Java 程序/11
1.3　Java 集成开发环境/13
　　1.3.1　Eclipse 的安装与配置/13
　　1.3.2　利用 Eclipse 进行程序开发/16
　　1.3.3　项目的删除与导入/22
　　1.3.4　Eclipse 快捷键的使用/23

项目 2　Java 语言基础

2.1　Java 注释/25
2.2　关键字/26
2.3　标识符/26
2.4　数据类型/27
　　2.4.1　数据类型概述/27
　　2.4.2　基本数据类型/28
　　2.4.3　数据的类型转换/33
　　2.4.4　引用数据类型/35
　　2.4.5　数组/35
2.5　JVM 内存划分/41
2.6　运算符/43
　　2.6.1　算术运算符/43
　　2.6.2　赋值运算符/44
　　2.6.3　比较运算符/44
　　2.6.4　逻辑运算符/44
　　2.6.5　条件运算符/45
　　2.6.6　位运算符/45
　　2.6.7　运算符的优先级和结合性/46
2.7　流程控制语句/46
　　2.7.1　选择结构语句/47
　　2.7.2　循环结构语句/51
2.8　方法/55
　　2.8.1　方法的定义/55
　　2.8.2　方法的调用/56
　　2.8.3　方法的重载/57
　　2.8.4　方法的递归调用/58
2.9　变量的作用域/60

项目 3　对象和类

3.1　类的抽象/62
　　3.1.1　面向对象概述/62
　　3.1.2　类的定义/63
3.2　对象的创建和访问/65
　　3.2.1　构造方法/65
　　3.2.2　创建对象/66
　　3.2.3　访问对象/68
　　3.2.4　this 引用的使用/69
　　3.2.5　static 关键字的使用/73
　　3.2.6　方法中对象参数的传递/75
　　3.2.7　匿名对象/76
3.3　类的封装/77
3.4　类的访问控制/79
3.5　单例模式/80
3.6　生成帮助文档/83

项目 4　类的继承

4.1　继承的含义/87

4.2 super 关键字的使用/89
　　4.2.1 子类调用父类构造方法/89
　　4.2.2 子类访问父类成员/92
4.3 final 关键字的使用/94
4.4 Object 类/95
4.5 多态性/98
　　4.5.1 多态的含义/98
　　4.5.2 参数传递中多态性的应用/100
4.6 抽象类/101
4.7 接口/103
　　4.7.1 接口声明与实现/103
　　4.7.2 接口的多态/105
　　4.7.3 接口回调/106
　　4.7.4 Comparable 接口/106
4.8 匿名内部类/108
4.9 简单工厂模式/110

项目 5　异常机制

5.1 异常的含义/114
5.2 异常处理/116
　　5.2.1 捕获异常/116
　　5.2.2 抛出异常/118
5.3 自定义异常/120
5.4 运行时异常/122

项目 6　多线程技术

6.1 基本概念/125
6.2 创建线程/126
　　6.2.1 继承 Thread 类创建多线程/126
　　6.2.2 实现 Runnable 接口创建多线程/128
　　6.2.3 用户线程和守护线程/129
6.3 线程的状态及调度/130
　　6.3.1 线程调度/130
　　6.3.2 线程状态/131
6.4 线程的同步/134
　　6.4.1 同步问题的提出/134
　　6.4.2 线程同步的实现/136
　　6.4.3 死锁问题/140
6.5 线程间合作/141
　　6.5.1 线程间通信/141
　　6.5.2 生产者和消费者模型/142
6.6 线程池/145
　　6.6.1 线程池的使用/146
　　6.6.2 线程池的生命周期/148
6.7 定时任务调度/148
6.8 匿名内部类实现多线程/150

项目 7　包装类、字符串相关类和 System 类

7.1 包装类/152
　　7.1.1 包装类概述/152
　　7.1.2 基本数据类型与包装类之间的转换/153
　　7.1.3 基本数据类型与 String 类型之间的转换/154
7.2 字符串相关类/155
　　7.2.1 String 类概述/155
　　7.2.2 String 类常用方法/155
　　7.2.3 正则表达式/157
　　7.2.4 StringBuffer 类和 StringBuilder 类/160
7.3 System 类/162

项目 8　时间处理、随机数和 Math 类

8.1 时间处理相关类/165
　　8.1.1 Date 类/165
　　8.1.2 DateFormat 类和 SimpleDateFormat 类/166
　　8.1.3 Calendar 类/168
8.2 Random 类/171
8.3 Math 类/173

项目 9　集合类

9.1 集合概述/175
9.2 单列集合/175
　　9.2.1 Collection<E>接口/175
　　9.2.2 Iterator<E>接口/176
　　9.2.3 List<E>接口/177
　　9.2.4 ArrayList 类/177
　　9.2.5 LinkedList 类/180
　　9.2.6 Set 接口/180
　　9.2.7 HashSet 类/180
9.3 双列集合/182
　　9.3.1 Map<K,V>接口/182
　　9.3.2 Map.Entry<K,V>接口/182
　　9.3.3 HashMap 类/183
　　9.3.4 Properties 类/194

项目 10　File 类和输入输出流

10.1　File 类概述/199
10.2　遍历目录/202
　　10.2.1　列出当前目录下的目录和文件/202
　　10.2.2　递归遍历指定目录下所有文件/204
10.3　删除目录/205
　　10.4　IO 流概述/206
　　10.5　字节流/207
　　10.5.1　字节流概述/207
　　10.5.2　FileInputStream 类和 FileOutputStream 类/209
　　10.5.3　BufferedInputStream 类和 BufferedOutputStream 类/213
　　10.5.4　ObjectOutputStream 类和 ObjectInputStream 类/213
10.6　字符流/217
　　10.6.1　字符流概述/217
　　10.6.2　FileReader 类和 FileWriter 类/218
　　10.6.3　BufferedReader 类和 BufferedWriter 类/222
　　10.6.4　InputStreamReader 类和 OutputStreamWriter 类/223
10.7　装饰模式/225

项目 11　JDBC 编程

11.1　数据库概述/228
　　11.1.1　MySQL 简介/228
　　11.1.2　安装 MySQL/228
　　11.1.3　卸载 MySQL/232
　　11.1.4　创建测试数据库和表/232
11.2　什么是 JDBC/234
11.3　JDBC 常用 API/234
11.4　编写 JDBC 程序/238
　　11.4.1　导入驱动程序 JAR 包/238
　　11.4.2　通过 JDBC 连接数据库/239
　　11.4.3　通过 JDBC 向数据库增加数据/241
　　11.4.4　通过 JDBC 向数据库查询数据/242
　　11.4.5　通过 JDBC 向数据库修改数据/248
　　11.4.6　通过 JDBC 向数据库删除数据/248
　　11.4.7　JDBC 事务处理/249
11.5　数据库连接池 C3P0/251
　　11.5.1　javax.sql.DataSource 接口/251
　　11.5.2　C3P0 数据源/251

项目 12　反射

12.1　反射机制的含义/256
12.2　获取 Class 对象的三种方式/256
12.3　反射机制的常见操作/259
　　12.3.1　利用反射构造对象（Constructor<T>类）/259
　　12.3.2　利用反射操作属性（Field 类）/260
　　12.3.3　利用反射操作方法（Method 类）/262
12.4　代理模式/263
　　12.4.1　静态代理/264
　　12.4.2　动态代理/266

项目 13　Java Web 程序开发示例

13.1　Web 程序开发概述/269
　　13.1.1　软件体系架构 C/S 和 B/S/269
　　13.1.2　静态 Web 页面和动态 Web 页面/269
13.2　Eclipse 环境下配置 Tomcat 服务器/270
　　13.2.1　安装 Tomcat 服务器/270
　　13.2.2　Eclipse 中配置 Tomcat/271
13.3　利用 Eclipse 开发第一个 Web 项目/275
　　13.3.1　新建 Web 项目/276
　　13.3.2　实体层/277
　　13.3.3　表现层/277
　　13.3.4　控制层/280
　　13.3.5　业务层/284
　　13.3.6　持久层/284
　　13.3.7　部署 Web 项目/285
　　13.3.8　测试 Web 项目/286

参考文献

项目 1　Java 语言简介及开发环境

1.1　Java 语言简介

1.1.1　Java 语言特点

Java 语言是 Sun Microsystems 公司（2009 年被 Oracle 公司收购）于 1995 年 5 月推出的一种可以编写跨平台应用软件、完全面向对象的程序设计语言。时任 Sun 公司副总裁的詹姆斯·高斯林（James Gosling）是 Java 语言的主要设计师，被公认为"Java 之父"。在全球云计算和移动互联网的产业环境下，Java 具备了显著优势和广阔前景，成为当前最流行的编程语言之一。

Java 语言具有很多的优点，以下罗列出其中几个主要的特点。

1) 完全面向对象

Java 语言作为一门面向对象的程序设计语言也继承了面向对象的诸多好处，例如代码扩展、代码复用等。面向对象的编程使得程序间的耦合度更低，内聚性更强。

2) 简单性

Java 语言的语法比较简单，风格类似于 C++，但是比 C++简单。例如，Java 丢弃了 C++中运算符重载、多重继承等模糊难懂的概念。Java 增加了引用类型来代替指针，同时提供了自动垃圾回收机制管理内存，使程序员不用像 C++那样操心内存管理。

3) 安全性

Java 主要用于网络应用程序的开发，Java 通过自己的安全机制来有效防止病毒程序的产生和下载程序对本地系统的威胁破坏。例如，Java 程序在运行前会对字节码进行安全检查，确保程序不存在非法访问本地资源、文件系统的可能，保证了程序在网络间传送的安全性。

4）跨平台运行

Java 语言最大的优势在于与平台无关性，也就是可以跨平台使用。绝大多数的编程语言都是不可以跨平台使用的。所谓的平台，我们可以理解为操作系统。比如，C 语言在 Windows 系统下编译的 *.exe 文件在其他系统下是无法运行的。在不同的操作系统下可运行文件是不同的，所以同样功能的软件我们需要编写出多份适用于不同平台上的代码，造成重复开发，严重影响了开发效率。

但是 Java 语言不同，因为 Java 程序不是直接运行在操作系统上，而是在 JVM 中运行。JVM 是 Java virtual machine（Java 虚拟机）的缩写，它是虚构出来的计算机，是通过模仿实际计算机的各种功能实现的。也就是说，对于实际计算机中的某些功能，JVM 也可以实现。JVM 是 Java 跨平台使用的根本。

所以 Java 的编译程序只需要在 JVM 中生成目标代码（字节码）文件，就可以在不同的平台上直接运行了（不用修改），当然我们的操作系统中必须要有适合该系统的 Java 虚拟机。JVM 在执行字节码时，会把字节码解释为具体平台的机器指令，这也说明了 Java 既是编译型语言（编译为字节码）也是解释型语言。

Java 这种"一次编写，到处运行"（write once，run anywhere）的特性大大降低了程序开发和维护的成本。再次强调，不同平台的 JVM 有不同的实现，例如，Windows 平台有 JVM for Windows，而 Linux 平台有 JVM for Linux，对于开发者而言，不需要关心使用的平台是什么。

Windows、Linux、macOS 操作系统的 Java 虚拟机效果如图 1-1 所示。

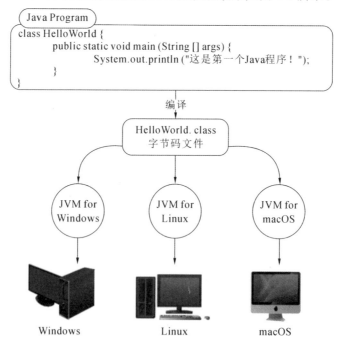

图 1-1　不同平台的 Java 虚拟机

5）支持多线程

多线程是现代程序设计中必不可少的一种特性，多线程处理能力使得程序具有更好的交互性、实时性。Java 支持多线程开发,控制线程的运行,并且使用同步机制保证对共享数据的正确操作。因此,Java 对多线程的支持使其能够成为服务器端的开发语言之一。Java 开发人员可以方便地写出多线程的应用程序,从而提高程序的执行效率,实现网络上的实时交互行为。

◆ 1.1.2 Java 技术平台

Oracle 公司根据应用领域的不同将 Java 技术划归为三个平台,即 Java SE、Java EE 和 Java ME。

1) Java SE

Java SE(Java platform,standard edition)是 Java 平台标准版的简称,用于开发普通桌面应用程序。Oracle 公司为 Java SE 提供了一套开发环境 JDK(Java development kit),包括了 Java 语言最核心的类库,例如集合、IO、JDBC、网络编程等。Java EE 和 Java ME 都是从 Java SE 的基础上发展起来的,因此,无论将来想从事哪个方面的程序开发,都应该从 Java SE 开始学习。

2) Java EE

Java EE(Java platform,enterprise edition)是 Java 平台企业版的简称,能够帮助程序员开发和部署可移植、健壮、可伸缩且安全的服务器端 Java 应用程序。Oracle 公司为 Java EE 提供了开发包 SDK(software development kit,包含相关 JDK)。Java EE 建立于 Java SE 之上,具有 Web 服务、组件模型以及通信 API 等特性,可以用来实现企业级的面向服务体系结构(SOA)和 Web 2.0 应用程序。

3) Java ME

Java ME(Java platform,micro edition)是 Java 微型版的简称。Java ME 为在移动设备和嵌入式设备(比如手机、PDA、电视机顶盒和打印机)上运行的应用程序提供一个健壮且灵活的环境。Java ME 包括灵活的用户界面、健壮的安全模型、许多内置的网络协议以及对可以动态下载的联网和离线应用程序的丰富支持。基于 Java ME 规范的应用程序只需编写一次,就可以用于许多设备,而且可以利用每个设备的本机功能。

1.2 JDK 的使用

◆ 1.2.1 JDK 的安装

本书通过 JDK 7.0(内部版本号为 1.7)来学习 Java SE 的相关知识。读者需要从 Oracle 公司官方网站(http://www.oracle.com/technetwork/java/javase/downloads/index.html)或者通过搜索引擎下载与自己平台匹配的 JDK 安装文件。本书采用的是 32 位版的 Windows 操作系统的 JDK 安装文件"jdk-7u15-windows-i586.exe",该安装文件在 64 位版的 Windows 操作系统下也可以安装。当然,采用其他更高版本的 JDK 也是可以的。

JDK 的安装和卸载说明如下:

(1) 安装前,本书在 D 盘下新建文件夹 JavaDevelop,用于集中管理 Java 开发用到的相关软件和文件,建议软件都不要安装在带有中文或者空格的目录下。

（2）双击 JDK 安装文件，进入 JDK 安装向导界面，如图 1-2 所示。

图 1-2　JDK 7.0 安装向导界面

点击【下一步】按钮进入 JDK 自定义安装界面，如图 1-3 所示。

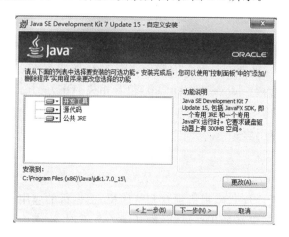

图 1-3　JDK 自定义安装界面

在图 1-3 中，点击【更改】按钮，更改安装目录为 D:\JavaDevelop\jdk1.7.0_15\，如图 1-4 所示。

图 1-4　更改 JDK 安装目录

更改 JDK 安装目录后,点击【确定】按钮,然后在"公共 JRE"下拉选项中选择"此功能将不可用。",如图 1-5 所示。

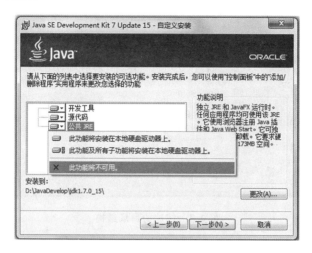

图 1-5　选择不安装公共 JRE

JRE 是 Java 运行环境(Java runtime environment)的英文缩写,由于开发工具中有一个 JRE,因此可以选择不安装。点击【下一步】按钮后便开始安装 JDK,安装完毕后进入图 1-6 所示的界面。点击【关闭】按钮后完成 JDK 的安装。

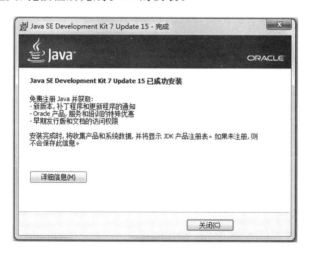

图 1-6　JDK 安装成功

(3) 如果由于更换版本等原因需要卸载已安装好的 JDK,不能直接删除 JDK 的安装目录。正确的做法是通过"控制面板"里的"添加/删除程序"卸载,或者通过专业的软件工具卸载。

◆ 1.2.2　JDK 目录说明

JDK 安装成功后,会在安装目录下生成若干子目录和文件,如图 1-7 所示。

其中比较重要的目录或文件的含义说明如下:

(1) bin 目录:该目录存放 Java 开发需要的编译、运行等工具,是可执行的程序。常用工具说明如下:

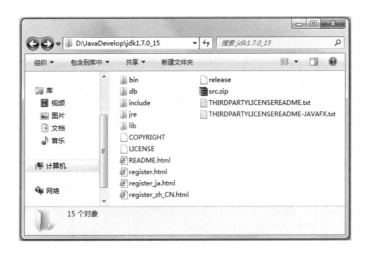

图 1-7　JDK 的目录结构

javac.exe：Java 编译器。可以将编写好的 Java 源文件（扩展名为 .java）编译成 Java 字节码文件（扩展名为 .class）。

java.exe：Java 运行工具。它会启动一个 Java 虚拟机（JVM）进程，专门负责运行 Java 编译器生成的字节码文件。

javadoc.exe：Java 文档生成工具。可以将 Java 程序中的文档注释提取出来，自动生成 HTML 格式的帮助文档，用于描述类（或接口）、字段、构造方法和普通方法。当程序文档化后，使用者就可以通过帮助文档了解该程序，正确使用所提供的功能。

jar.exe：打包工具。可以利用该工具把项目开发中编译的一堆扩展名为 .class 的字节码文件打包成一个 JAR 文件（也称 JAR 包），便于管理。JAR（Java archive，Java 归档）是一种与平台无关的文件格式，它允许将许多文件组合成一个压缩文件。在程序开发时，经常会导入和使用第三方提供的 JAR 文件。

（2）db 目录：JDK 附带的一个小型数据库 JavaDB，方便学习 JDBC 时不用额外再装数据库。本书采用的是 MySQL 数据库。

（3）include 目录：由于 JDK 是由 C 和 C++ 实现的，因此该目录包含需要引入的一些 C 语言开发时用到的头文件。

（4）lib 目录：lib 是 library 的缩写，存放的是 Java 类库文件。例如 rt.jar，rt 是 runtime 的缩写，是 Java 程序在运行时必不可少的文件，里面包含了 Java 程序开发时常用的类，包含 java.lang 包、java.util 包、java.io 包等。

（5）src.zip 文件：src 文件夹的压缩包，存放 Java 核心类的源代码。注意，rt.jar 中存放的是编译后的 .class 文件，通过 src.zip 文件可以查看相关类文件的源代码。

（6）jre 目录：JRE 是 Java 运行时环境（Java runtime environment）的缩写，目录结构如图 1-8 所示。

JRE 是运行 Java 程序所必需的环境的集合，包括 Java 虚拟机（JVM）、Java 核心类库和支持文件。但是，它不包含开发工具，如编译器、调试器和其他工具。因此，jre 目录里有 java.exe，但是没有 javac.exe 等开发时才用到的工具。

图 1-8　jre 目录结构

1.2.3　JDK、JRE 和 JVM 的关系

学习 Java 时,经常会提到 JDK、JRE 和 JVM,它们之间的关系说明如下:

(1) JDK 是 Java 开发工具包,是整个 Java 的核心,包括了 Java 运行环境 JRE、一堆 Java 工具和 Java 基础类库。如果要开发程序,必须安装 JDK。编译后的 Java 程序必须要有 JRE 才能运行,JDK 里自带了 JRE。

(2) JRE 是 Java 运行时环境,包含 JVM 标准实现及 Java 核心类库。JRE 是 Java 运行环境,并不是一个开发环境,因此没有包含任何开发工具(如编译器和调试器)。普通用户只需安装 JRE 即可运行 Java 字节码文件。

(3) 在执行字节码文件时,JVM 把字节码解释成具体平台上的机器指令执行,是 Java 能够"一次编译,到处运行"的原因。JVM 执行字节码文件时还需要 JRE 下类库的支持。

总之,JDK、JRE 与 JVM 之间的主要关系和区别如图 1-9 所示。

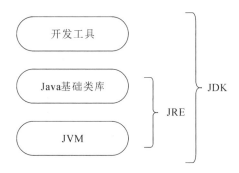

图 1-9　JDK、JRE 与 JVM 之间的关系

1.2.4　Windows 命令行窗口操作

当使用记事本和 JDK 开发 Java 程序时,就会和 Windows 命令行窗口(即 DOS 窗口)打交道,下面介绍如何打开命令行窗口以及常用的 DOS 命令。

1. 如何打开命令行窗口

JDK 中提供的 javac.exe、java.exe 等可执行文件都可以在 Windows 命令行窗口运行。

Windows 命令行窗口如图 1-10 所示。

图 1-10　Windows 命令行窗口

不同 Windows 版本启动命令行窗口的方式不同。以 Windows 7 为例,点击屏幕左下角的【开始】菜单,在【附件】中双击【命令提示符】进入命令行窗口。或者在【搜索程序和文件】栏中输入"cmd",然后按 Enter 键(或者鼠标左键点击左上角出现的"cmd.exe")即可进入 Windows 命令行窗口,如图 1-11 所示。

图 1-11　进入 Windows 命令行窗口

2. 常用 DOS 命令

首先,介绍一下 DOS 命令中常见的通配符"*"和"?"。"*"表示一个字符串,"?"代表一个字符。例如:"jdk *"表示以 jdk 开头的所有文件夹或文件;"*.java"表示扩展名为 java 的所有文件;"? s*.*"表示第二个字母为 s 的所有文件。

其次,命令行窗口中几个常用的 DOS 命令如下:

(1) 切换盘符。例如,要回到 D 盘,则在命令行窗口中敲入"d:",然后按 Enter 键即可。

(2) 显示一个目录下的文件和子目录。DOS 命令为"dir",dir 是 directory(目录)的缩写,可以结合通配符"*"使用,例如 dir *.java。

(3) 目录的进入。DOS 命令为"cd",cd 是 change directory(改变目录)的缩写,可以结合"dir"和通配符"*"使用。通过"dir"显示当前有哪些目录,通配符"*"可以方便使用者不用敲完整的目录名。

（4）目录的回退。DOS命令"cd.."表示回到上一层目录，注意"cd"与".."之间是有空格的。DOS命令"cd \"表示返回到根目录。

（5）DOS命令"cls"表示清屏。

（6）DOS命令"exit"表示退出命令行窗口。

例如，要求在Windows命令行窗口进入"D:\JavaDevelop\jdk1.7.0_15\bin"目录，同时显示以"java"开头的、扩展名为"exe"的文件。DOS命令操作过程如图1-12所示。

图1-12　DOS命令的演示

1.2.5　系统环境变量设置

系统环境变量相当于给系统设置的一些参数，具体起什么作用和具体的环境变量相关。通常，在使用JDK前需要配置两个系统环境变量，即path和classpath（不区分大小写）。下面分别介绍在Windows 7操作系统中如何设置这两个环境变量。

1. 设置path环境变量

path环境变量的作用是告诉操作系统，当要求操作系统运行一个程序而没有告诉它程序所在的完整路径时，操作系统除了在当前目录下面寻找该程序外，还应当在path环境变量里配置的那些路径下寻找。当在命令行窗口运行一个可执行文件时，操作系统首先会在当前目录下查找是否存在该文件，如果不存在会继续在path环境变量中定义的路径下寻找这个文件，如果仍未找到，系统会报错。

为了保证在Windows命令行窗口任意路径下均可执行JDK里的"javac.exe""java.exe"等命令，需要将这些命令所在的目录添加至path环境变量。具体步骤如下。

（1）打开环境变量窗口。

鼠标右键点击【计算机】，在下拉菜单中选择【属性】，在弹出的窗口中选择【高级系统设置】，在弹出的窗口中选择【高级】标签，然后点击【环境变量】按钮，如图1-13所示。

（2）设置path环境变量。

首先，新建JAVA_HOME变量。在系统变量下点击【新建】按钮，在弹出的"新建系统变量"对话框里输入变量名"JAVA_HOME"，变量值"D:\JavaDevelop\jdk1.7.0_15"，如图

图 1-13　环境变量窗口

1-14 所示。

然后，修改"Path"变量。选中"Path"系统变量，点击【编辑】按钮修改，在原有内容前插入"%JAVA_HOME%\bin;"，如图 1-15 所示。

最后，一路点击【确定】按钮完成设置。

图 1-14　新增 JAVA_HOME 系统变量　　　　图 1-15　修改"Path"系统环境变量

（3）查看并验证 path 系统环境变量。

打开 Windows 命令行窗口，执行"set path"命令查看当前 path 值，如图 1-16 所示。

从 path 取值来看，Java 命令所在的目录已经添加成功，放在最前面是为了优先查找。

在 Windows 命令行的任一目录下测试"javac.exe""java.exe"等命令，如果能显示该命令的帮助信息，则证明 path 系统环境变量设置成功，如图 1-17 所示。

图 1-16　查看 path 系统环境变量　　　　图 1-17　验证 path 系统环境变量

2. classpath 环境变量设置

classpath 环境变量也用于保存一系列路径（没有打包的文件，就用目录；已经打包的，必须指定到打包文件的名称），它和 path 环境变量的查看与配置方式完全相同。当 Java 虚拟机需要运行一个类时，会在 classpath 环境变量中所定义的路径下寻找所需要的 class 文件。

需要注意的是，从 JDK 5 开始，如果 classpath 环境变量没有进行配置，那么 Java 虚拟机会自动搜索当前路径下的类文件，并且自动加载"dt.jar"和"tools.jar"包中的 Java 类，因此，从 JDK 5 开始，可以不设置 classpath 环境变量。

1.2.6 第一个 Java 程序

在安装好 JDK、设置好系统环境变量后就完成了 Java 开发环境搭建,下面开始学习第一个 Java 程序:"Hello World!"。

【例 1-1】

通过记事本编写一个 Java 源程序,文件名为"HelloWorld.java"。在 Windows 命令行窗口里编译该 Java 源程序,并运行编译后的字节码文件(.class 文件),在命令行窗口打印"Hello World!"。

步骤 1:编写 Java 源程序。

在目录"D:\JavaDevelop\chapter1"目录下新建一个文本文档,名称为"新建文本文档.txt",然后重命名为"HelloWorld.java"。注意,如果在新建文本文件时名称里后缀没有发现扩展名".txt",这说明文件的扩展名被系统隐藏了,需要让文件名显示出扩展名。具体方法是:先找到【文件夹和搜索选项】,选择【查看】标签页,在"高级设置"中将"隐藏已知文件类型的扩展名"选项前的"√"取消掉,然后点击【确定】按钮退出,如图 1-18 所示。

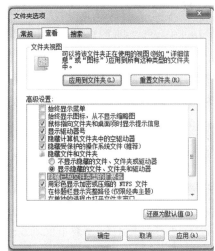

图 1-18　显示已知文件类型的扩展名

在编写 Java 代码时,需要注意以下几点:

(1) 程序中出现的空格、括号、分号等符号必须采用英文半角格式,否则程序编译会报错。

(2) 熟练掌握如下快捷键,开发过程中时常用到。

全选:Ctrl+A　　复制:Ctrl+C　　粘贴:Ctrl+V

剪切:Ctrl+X　　撤销:Ctrl+Z　　保存:Ctrl+S

(3) 建议 Java 源文件的名称和类名保持一致。

(4) Java 语言严格区分大小写,不要敲错。

(5) 程序中的括号都是成对出现的,注意配对问题。建议敲完左括号后马上敲右括号,然后再填写括号内的内容,避免出现少括号的问题。

(6) 程序中建议用 Tab 键缩进,目的是使得整个代码整齐,方便阅读。

用系统自带的记事本将 HelloWorld.java 文件打开,编写 Java 源程序,如图 1-19 所示。

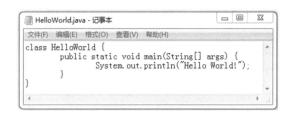

图 1-19　HelloWorld.java 源文件

例 1-1 中的代码实现了第一个 Java 程序,下面对其中的代码做简单解释。

(1) Java 程序最基本的单位是类,所以首先要定义一个类。class 是一个关键字,它用于定义一个类,所有的代码都需要在类中书写。HelloWorld 是类的名称,简称类名。class 关键字与类名之间需要用空格、制表符、换行符等任意的空白字符进行分隔。类名之后要写一对大括号,它定义了当前这个类的管辖范围。

(2) "public static void main(String[] args){}"定义了一个 main()方法,该方法是 Java 程序的执行入口,程序将从 main()方法所属大括号内的代码开始执行。

在 Java 中,方法即是其他语言中函数的意思。main 是方法名,方法名后面小括号里的"String[] args"是方法的参数列表,接着的{}表示方法体,关键字 void 表示该方法没有返回值,关键字 public 和 static 是该方法的两个修饰符。

(3) 方法体里的代码表示该方法要完成的功能,在 main()方法中只编写了一条执行语句"System.out.println("Hello World!");",它的作用是打印一段文本信息,执行完这条语句会在命令行窗口中打印字符串"Hello World!"。

步骤 2:编译 Java 源文件。

在 Windows 命令行窗口,首先进入该 Java 源文件所在的目录,然后执行"javac.exe"编译命令将 Java 源文件"HelloWorld.java"编译生成字节码文件,即在当前目录下生成"HelloWorld.class"文件,如图 1-20 所示。

图 1-20　编译 Java 源文件

如果 Java 源文件在编译过程中出现编译错误,则需要根据提示修改源代码,然后再重新编译。

步骤 3:运行 Java 程序。

通过 Java 命令运行编译后的"HelloWorld.class"文件,在命令行窗口显示程序运行结果,如图 1-21 所示。

图 1-21　运行 Java 程序

1.3　Java 集成开发环境

"工欲善其事，必先利其器"，实际开发中，程序员都会使用集成开发工具 IDE(integrated development environment)来提高开发效率。其中，Eclipse 是目前流行的 Java 集成开发工具之一，具有强大的代码辅助功能，能够帮助程序员自动完成语法修正、补全文字、代码修正、API 提示等工作，因此，使用 Eclipse 可以节省程序员大量的时间和精力。Eclipse 最初是由 IBM 公司开发的，在 2001 年 11 月给了开源社区，现在由非营利软件供应商联盟 Eclipse 基金会(Eclipse Foundation)管理。

◆ 1.3.1　Eclipse 的安装与配置

下面详细讲解 Eclipse 的安装及配置。

步骤 1：可以通过 Eclipse 官网(https：//www.eclipse.org/downloads/)或者搜索引擎下载 Eclipse 开发工具相关版本，本书采用 Eclipse 4.4 Luna 版。将下载好的"eclipse-java-luna-SR2-win32.zip"压缩包解压至指定目录(本书采用"D:\JavaDevelop")。卸载 Eclipse 时只需要删除解压后的文件夹"eclipse-java-luna-SR2-win32"即可。

步骤 2：启动 Eclipse 并设置工作空间(Workspace)。

在 Eclipse 解压后的目录中双击 eclipse.exe 即可直接启动 Eclipse，启动时会提示选择工作空间，本书工作空间设置为"D:\JavaDevelop\workspace"，如图 1-22 所示。

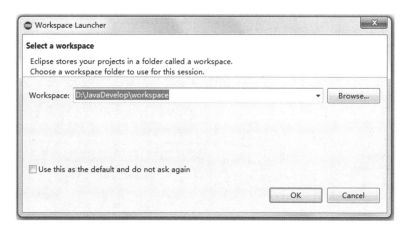

图 1-22　设置工作空间

工作空间用于保存 Eclipse 中创建的项目和相关设置。点击【OK】按钮后会进入欢迎界面，如图 1-23 所示。

关闭欢迎界面后进入 Eclipse 的工作台界面，如图 1-24 所示。

如果不小心关闭工作台上的某个视图或者弄乱了工作台，则可以通过重置透视图（Perspective）恢复到原始状态。方法是执行菜单栏中【Window】下的【Reset Perspective】选项，如图 1-25 所示。

图 1-23　欢迎界面

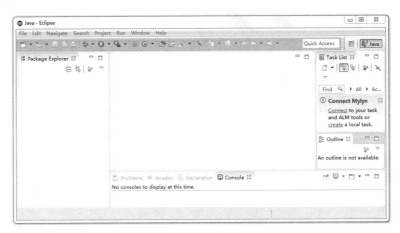

图 1-24　Eclipse 工作台界面

步骤 3：检查 Eclipse 使用 JDK 版本。

前面已经正确安装了 JDK 并设置了系统环境变量，Eclipse 启动时会自动寻找本机安装的所有 JDK（如果有多个版本的话）。检查方法如下：

（1）检查编译环境。

选择菜单栏中【Window】下的【Preferences】选项，在弹出的对话框中选择【Java】项，再选择【Compiler】项，如图 1-26 所示。

图 1-25　重置透视图

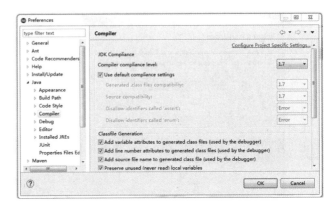

图 1-26　检查 Eclipse JDK 编译版本

（2）检查运行环境。

选择菜单栏中【Window】下的【Preferences】选项，在弹出的对话框中选择【Java】项，再选择【Installed JREs】项,右边面板会列出已安装的所有版本(如果不在面板中,可以点击【Add】按钮添加),选择需要的版本,在前面方框里打"√"即设为默认,如图 1-27 所示。

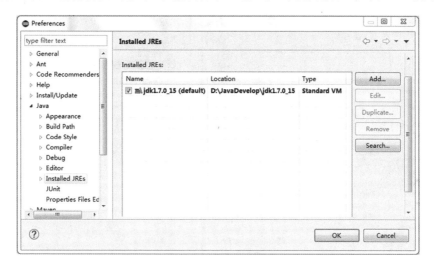

图 1-27　检查 Eclipse JDK 运行版本

低版本编译环境下编译的 Java 程序可以在高版本运行环境下执行,反之则不可以。建议编译环境和运行环境的版本保持一致。

步骤 4:设置 Eclipse 代码区和控制台字体。

(1) 设置 Eclipse 代码区字体方法如下:

选择菜单栏中【Window】下的【Preferences】选项,在弹出的对话框中选择【General】下的【Appearance】选项,再选择【Colors and Fonts】选项,在右边面板上选择【Java】选项,在下拉选项里双击【Java Editor Text Font (set to default:Text Font)】,弹出字体对话框,在该对话框里可以设置字体、字形和大小,如图 1-28 所示。

图 1-28　Eclipse 代码区字体设置

(2) 设置 Eclipse 控制台字体方法如下:

调整控制台 Console 输出字体大小的方法,可参考代码区字体设置的方法,在【Colors

and Fonts】选项里选择【Debug】选项,在下拉选项里双击 Console font 修改即可,如图 1-29 所示。

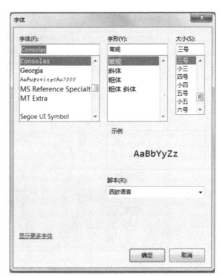

图 1-29 Eclipse 控制台字体设置

◆ 1.3.2 利用 Eclipse 进行程序开发

本小节利用 Eclipse 开发工具来完成 Java 程序的编写和运行。

使用 Eclipse 开发 Java 程序,实现和例 1-1 一样的功能。

步骤 1:新建一个 Java 项目(Java Project)。

Java 开发都是以项目为基本单位,从建立一个 Java 项目开始的。在 Eclipse 的【Package Explorer】视图中点击鼠标右键,在弹出的菜单中选择【New】,如图 1-30 所示。

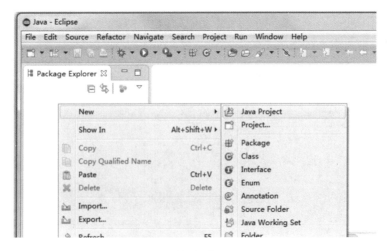

图 1-30 选择新建 Java 项目

再选择【Java Project】项,在弹出的对话框的"Project name"文本框里填入项目名称,本书根据授课需要,按照章节命名,这里填入项目名"chapter1",其余保持默认,点击【Finish】按钮完成,于是在【Package Explorer】视图中会出现名为"chapter1"的 Java 项目,如图 1-31 所示。

图 1-31　创建 Java 项目

步骤 2：在 Java 项目下创建包(Package)。

在 Java 项目下创建包,主要是为了对项目里的类进行分类管理。Java 包的名字都是由小写英文单词组成的。但是由于 Java 面向对象编程的特性,每一名 Java 程序员都可以编写属于自己的 Java 包,为了保障每个 Java 包命名的唯一性,在 Java 编程规范中,要求程序员在自己定义的包的名称之前加上唯一的前缀。由于互联网上的域名称是不会重复的,所以程序员一般采用自己在互联网上的域名称作为自己程序包的唯一前缀。例如：com.sun.swt。一般公司命名会以 com.公司名.项目名.模块名开头,所以会长一点。本书中,包的命名规范为：cn.人名缩写.项目名.模块名。

在项目 chapter1 下 src 文件夹上点击鼠标右键,在弹出的菜单中选择【New】,再选择【Package】,如图 1-32 所示。

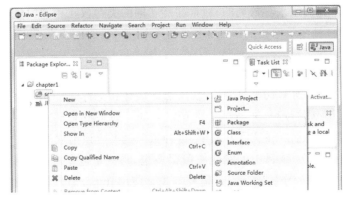

图 1-32　在 src 下选择新建包

在弹出的对话框中"Name"文本框里填入完整的包名称"cn.linaw.chapter1.demo01",如图 1-33 所示。

图 1-33 输入新建包的完整包名

点击【Finish】按钮完成包的创建。在项目下创建包，就是创建文件夹路径。Java 引入了包机制，程序可以通过声明包的方式对 Java 类定义目录。

下一步在该包下创建 Java 源文件，就会发现源文件会出现在文件夹"D：\JavaDevelop\workspace\chapter1\src\cn\linaw\chapter1\demo01"里，而编译后的字节码文件将会放在"D：\JavaDevelop\workspace\chapter1\bin\cn\linaw\chapter1\demo01"里。

通过包名还可以区分同名的类，例如 Java 类库里有两个不同的"Date.class"文件，分别为"java.sql.Date.class"和"java.util.Date.class"。

在 JDK 中，查看 JRE 的 lib 目录（D：\JavaDevelop\jdk1.7.0_15\jre\lib）下的"rt.jar"包，发现不同功能的类都放在不同的包下，如图 1-34 所示。

图 1-34 "rt.jar"中的内容

Java 中的包是专门用来存放类的，通常功能相同的类存放在相同的包中。在声明包时，使用 package 语句，具体示例如下：

```
package cn.linaw.chapter1.demo01;
    public class HelloWorld{...}
```

包必须在源文件中所有代码前声明，在不考虑注释和空行的情况下，它会位于源文件第一行。在使用 Eclipse 时，定义的类都是含有包名的。如果没有显式地声明 package 语句，创建的类会处于默认包下。在实际开发中，这种情况是不应该出现的。

另外，在开发时，一个项目中可能会使用很多包，当一个包中的类需要调用另一个包中的类时，就需要使用 import 关键字引入需要的类。使用 import 可以在程序中一次导入某个指定包下的类，这样就不必在每次用到该类时都书写完整类名，减少了代码量。

使用 import 关键字的具体格式为"import 包名.类名；"。

import 通常出现在 package 语句之后，类定义之前。如果有时候需要用到一个包中的许多类，则可以使用"import 包名.*；"来导入该包下所有类。

步骤 3：在包下创建 Java 类。

在项目的包名上点击鼠标右键，在弹出的菜单中选择【New】，再选择【Class】，如图 1-35 所示。

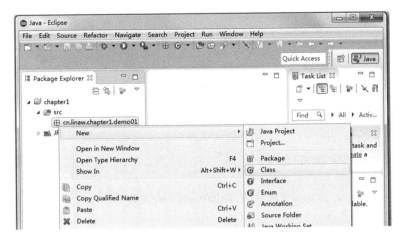

图 1-35　在包上选择新建 Java 类

在弹出的对话框中"Name"文本框里填入类名 HelloWorld，不要修改包名，然后点击【Finish】按钮就创建了一个 HelloWorld 类，如图 1-36 所示。

图 1-36　新建一个 Java 类

此时，在相应的包名下就会生成一个 HelloWorld.java 文件，并且在 Eclipse 编辑区域自动打开，如果代码行前没有显示行号，则可以右键点击其侧边栏，在弹出的菜单中勾选"Show Line Numbers"，如图 1-37 所示。

不用时可以关闭该源文件，如果需要再次编辑，则双击左边【Package Explorer】视图中

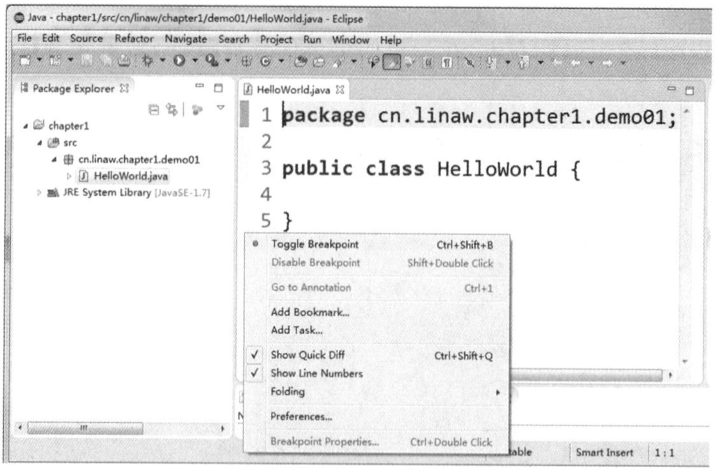

图 1-37　HelloWorld.java 文件

的"HelloWorld.java"源文件即可。

步骤 4：在代码区编写 Java 类源代码。

创建好 HelloWorld 类后，在代码区里编写代码。Eclipse 开发工具的编辑功能很强大，例如输入"main"后，按快捷键"Alt＋/"，会显示相关提示信息，如图 1-38 所示。

双击选择提示，Eclipse 将自动补全，给出 main()方法的模板，如图 1-39 所示。

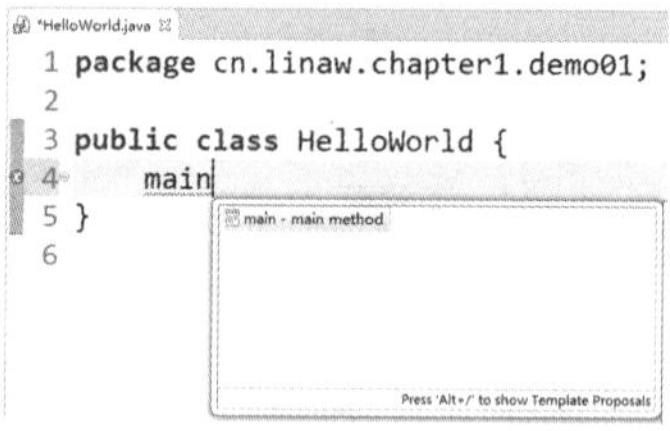

图 1-38　Eclipse"Alt＋/"快捷键提示 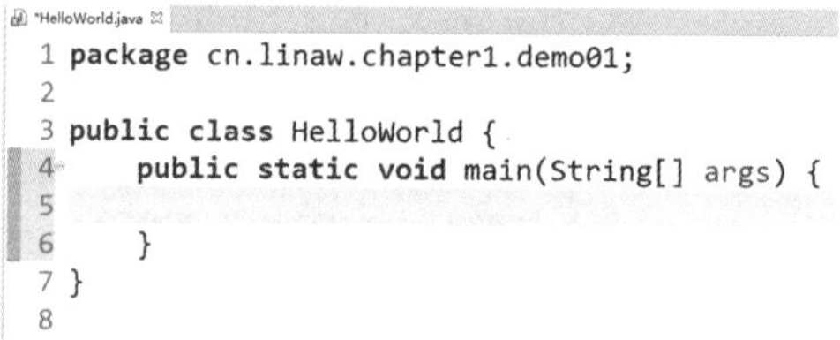　　　图 1-39　Eclipse 自动补全

在编写输出语句"System.out.println("Hello World!");"时，当输入"."时，Eclipse 也会给出提示，如图 1-40 所示。

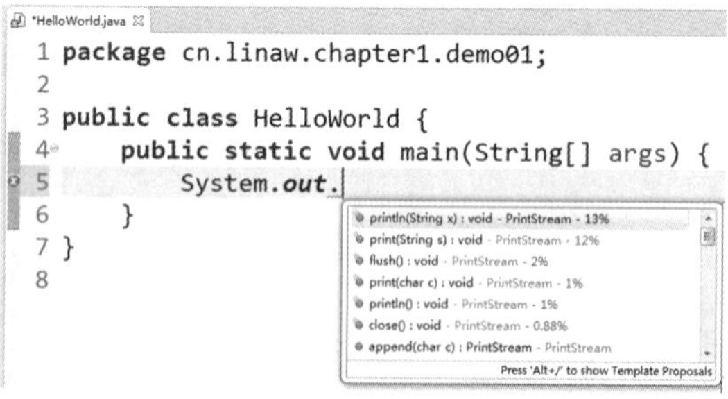

图 1-40　Eclipse 给出提示

调用输出语句还可以使用"syso＋Alt＋/"，即输入"syso"后，按快捷键"Alt＋/"，出现提示后，选择合适条目后按回车键或双击即可给出输出语句的模板，如图 1-41 所示。

在代码编写过程中，随时需要通过"Ctrl＋S"快捷键保存最新内容。"HelloWorld.java"源文件完整代码如图 1-42 所示。

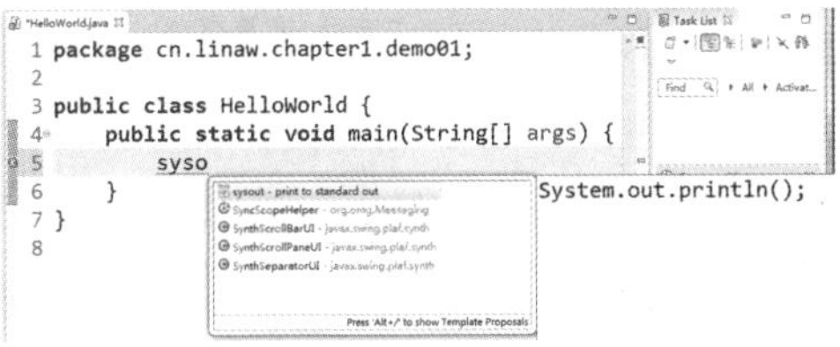

图 1-41　输出语句快捷方法"syso＋Alt＋/" 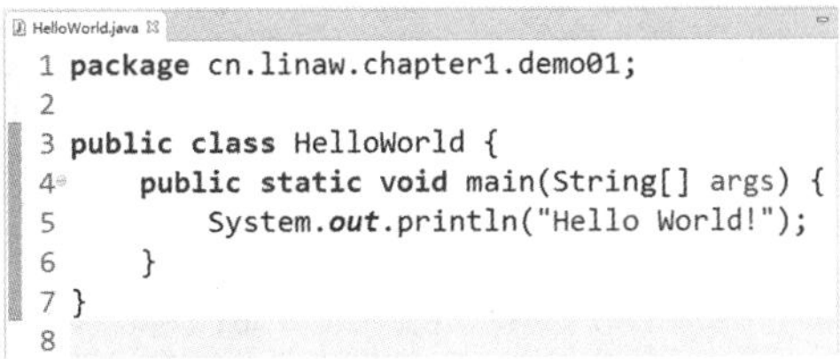　　　图 1-42　HelloWorld.java 源代码

同时,Eclipse 会自动完成编译,在相应目录下生成 HelloWorld.class,如图 1-43 所示。

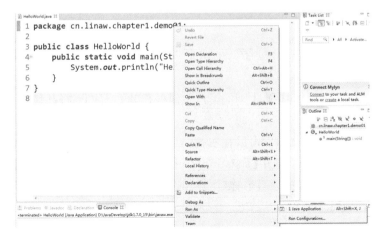

图 1-43　生成 HelloWorld.class 文件

> **注意:**
> java.lang 包包含着 Java 最基础和核心的类,凡是使用该包里的类,编译器在编译时会自动导入。因此,HelloWorld.java 程序里虽然使用了 java.lang.System 类,但程序并未使用 import 功能导入,即省去了语句"import java.lang.System;"。

步骤 5:运行 Java 程序。

在【Package Explorer】视图"HelloWorld.java"文件上,或者在"HelloWorld.java"代码区点击鼠标右键,在弹出的对话框中选择【Run As】选项,再选择【Java Application】即可运行程序,如图 1-44 所示。

图 1-44　运行 Java 程序

程序执行完毕后,在控制台 Console 下显示运行结果,如图 1-45 所示。

图 1-45　Console 下显示运行结果

1.3.3　项目的删除与导入

1. 删除项目

以 chapter1 项目为例。在【Package Explorer】视图中选中待删除的项目"chapter1",点击鼠标右键,在弹出的菜单中选择【Delete】,在弹出的对话框中有是否从硬盘删除的勾选项【Delete project contents on disk(cannot be undone)】,如果不选,只会将该项目从【Package Explorer】视图移除(后续如果想从硬盘删除,可以在硬盘上找到该项目文件夹,手动删除),然后点击【OK】按钮即可完成删除操作,如图 1-46 所示。

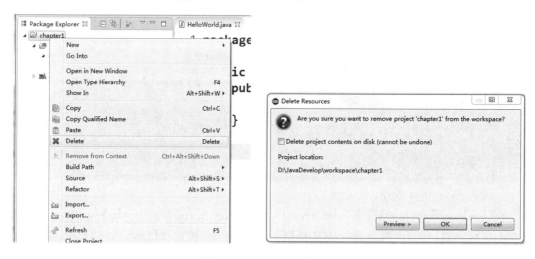

图 1-46　Eclipse 删除项目

2. 导入项目

(1) 如果需要导入的是一个包含". setting"". project"等文件的完整项目,且开发环境版本也配套,则可以直接导入。

假设收到一个完整的 Java 项目"chapter1",保存在"F:\"盘下,将其导入 Eclipse 的方法如下:

在【Package Explorer】视图点击鼠标右键,在弹出的菜单中选择【Import】,在弹出的对话框中找到【General】,展开后选中【Existing Projects into Workspace】,点击【Next】按钮,在弹出的对话框中选择要导入的项目名称(注意勾选 Options 相关选项),点击【Finish】按钮完成导入,如图 1-47 所示。

(2) 采用复制源文件的方式。

先在 Eclipse 中新建一个项目(项目名称可以不同),然后在原项目文件夹里找到 src 文件夹,将其拷贝到 Eclipse 的项目对应目录下覆盖即可。

图 1-47　Eclipse 导入项目

◆ **1.3.4　Eclipse 快捷键的使用**

利用 Eclipse 开发工具能够大大提高开发效率,下面介绍 Eclipse 中与编辑源代码相关的快捷键。

(1) 代码助手:Alt+/。

前面在 main()方法、输出语句模板补全时已经用到了 Alt+/,下面再列举 2 个应用。

例如,编写 for 循环时,在输入 for 后,使用快捷键"Alt+/"会弹出提示,可以具体选择普通 for 循环或 foreach 循环等,如图 1-48 所示。

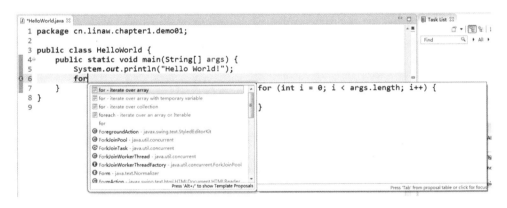

图 1-48　Eclipse "for+Alt+/"提示

再如,在处理异常时,输入 try 后使用快捷键"Alt+/"会提示补全 try catch 模板,如图 1-49 所示。

(2) 导入包:Ctrl+Shift+O。可自动导入所需要的 import 包(即自动写 import 语句)。

(3) 格式化代码:Ctrl+Shift+F。在编写代码过程中随时使用它对格式进行调整,也可以对选中的部分代码进行格式化调整。

(4) 用"//"注释掉当前行或者多行代码:Ctrl+/;取消"//"注释:Ctrl+\。

(5) 用"/＊ ＊/"注释掉代码块:Ctrl+Shift+/;取消"/＊ ＊/"注释:Ctrl+Shift+\。

(6) 删除当前行:Ctrl+D。

图 1-49　Eclipse"try＋Alt＋/"提示

（7）将选中的行上下移动：Alt＋↑或者 Alt＋↓。

项目总结

本项目主要讲解了 Java 语言的特点，以及如何开发 Java 程序。具体要求如下：

（1）理解 Java 语言的特点，尤其是跨平台的实现原理。

（2）分清 JVM、JRE 和 JDK 之间的联系；熟悉 JDK 下各目录文件的作用。

（3）熟悉 path 环境变量是用来存储 Java 的编译和运行工具所在的路径的，而 classpath 环境变量用来保存 Java 虚拟机要运行的".class"文件路径。

（4）使用 JDK 开发 Java 程序的过程为：编写源代码、编译和运行。要求会使用记事本和 JDK 开发 Java 程序：使用记事本输入源代码并保存为扩展名为.java 的文件，使用 javac.exe 命令编译 Java 源文件，最后利用 java.exe 解释执行字节码文件。

（5）熟练运用 Eclipse 集成开发环境开发 Java 程序；掌握 Eclipse 常用快捷键以提高开发效率。

项目作业

1. 简述 Java 是如何实现跨平台的。
2. 简述 JVM、JRE 和 JDK 之间的关系。
3. 简述 path 环境变量和 classpath 环境变量的作用。
4. 什么是包？在 Eclipse 中如何创建包？
5. 在自己的计算机上安装 JDK 并配置环境变量，使用记事本编写一个小程序，并编译执行。
6. 在自己的计算机上安装 Eclipse 开发环境，利用 Eclipse 重写上题 5 的小程序。

项目 2 Java 语言基础

学习任何一门语言,都需要从其基础语法开始。本项目依次从注释、关键字、标识符、数据类型、JVM 内存划分、运算符、流程控制语句、方法和变量的作用域等方面进行介绍。

2.1 Java 注释

Java 语言和其他语言一样,允许程序员在程序中写上一些说明性的文字,这些说明性的文字就是注释。注释能提醒编写者当时的思路,也能帮助别人更好地理解和使用编写者编写的程序。注释的内容可以是编程思路、程序的作用、参数说明、约束等。注释应简明扼要,提高程序的可读性。注释在 Java 程序中起到说明解释的作用,只在源文件中有效,因此,注释的内容不会出现在字节码文件中,即 Java 编译器在编译时会跳过这些注释语句。

Java 语言提供三种类型的注释。

1. 单行注释

语法格式为:∥注释内容。

单行注释一次只用一行来提供注释,其注释的内容从"∥"开始到本行结尾。这里的"一行"可以作为单独的一行放在被注释代码行之上,也可以放在某一行代码之后。单行注释通常用于对程序中的某一行代码进行解释。行注释除了起到注释作用,通常还用在调试过程中注释掉暂不需要执行的一行或多行代码。例如:

```
int i=10;    // 定义一个整型变量 i,初始化为 10
```

2. 多行注释

语法格式为:/*注释内容*/。

多行注释是以符号"/*"开头,并以符号"*/"结尾,之间的内容均为注释。多行注释一次可以用多行来提供注释，通常用来对一段代码进行统一的说明。例如：

```
/*定义一个整型变量 i
   将 10 赋值给变量 i */
int i;
i=10;
```

> **注意：**
> 多行注释可以嵌套单行注释，但是不能嵌套多行注释和文档注释。

3. 文档注释：

语法格式为：/＊＊注释内容＊/。

文档注释以符号"/＊＊"开头，并以符号"＊/"结尾，通常是对程序中某个类或类中的方法进行的系统性的解释说明。开发人员可以使用 JDK 提供的 javadoc 工具将程序中的文档注释提取出来生成一份 API 帮助文档。项目 3 的 3.6 节会通过一个案例来演示该过程。

2.2 关键字

　　Java 的关键字是被 Java 语言事先定义的、有特别含义的单词。Java 的关键字对 Java 的编译器而言有特殊的意义，因此关键字不能被用作变量名、方法名、类名、包名和参数等。Java 中组成关键字的字母全部是小写，并且在 Eclipse 等工具中，针对出现的关键字会用特殊的颜色标记加以区分。下面按类列出 Java 中的关键字：

　　（1）用于定义数据类型的关键字：class、interface、enum、byte、short、int、long、float、double、char、boolean、void。

　　（2）用于定义数据类型值的关键字：true、false、null。

　　（3）用于定义流程控制的关键字：if、else、switch、case、default、while、do、for、break、continue、return。

　　（4）用于定义访问权限修饰符的关键字：private、protected、public。

　　（5）用于定义类、函数、变量的修饰符关键字：abstract、final、static、synchronized。

　　（6）用于定义类与类之间关系的关键字：extends、implements。

　　（7）用于定义建立实例、引用实例及判断实例的关键字：new、this、super、instanceof。

　　（8）用于异常处理的关键字：try、catch、finally、throw、throws。

　　（9）用于包的关键字：package、import。

　　（10）其他修饰符关键字：native、strictfp、transient、volatile、assert。

　　（11）保留关键字：const、goto。

> **注意：**
> 在此，没有必要刻意去记忆这些关键字，随着后续章节逐步对使用到的关键字的讲解，代码写多了，这些关键字自然就掌握了。

2.3 标识符

　　在 Java 开发中，经常需要在程序中定义一些符号来标记一些名称，如包名、类名、方法名、参数名、变量名等,这些符号被称为标识符。Java 标识符的定义遵循以下规则:标识符可以由任意顺序的大小写字母、数字 0~9、下划线(_)或美元符号($)组成,但不能以数字开头,也不能是 Java 中的关键字。注意:Java 标识符是严格区别大小写的,但没有长度限制。

为了提高程序的可读性,标识符应做到"见名知意"。除此之外,Java 标识符的命名还有一些约定俗成的规则,建议初学者遵守:

(1) 包名所有字母一律小写。例如 cn.linaw.chapter1.demo01。

(2) 类名和接口名每个单词的首字母大写,例如 Animal、HelloWorld。

(3) 常量名所有字母全部大写,如果常量名是由多个单词组成的,则单词之间用下划线(_)连接,如 PI、MAX_VALUE。

(4) 变量名、参数名和方法名(构造方法例外):如果是一个单词,则字母全部小写;如果是由多个单词组成的,那么从第二个单词开始,每个单词首字母大写,其余字母小写。例如 age、getAge()。

2.4 数据类型

2.4.1 数据类型概述

程序的实质是对数据进行处理,程序中的任一数据都属于某一特定的数据类型。Java 是一门强类型的编程语言,对于数据类型的规范会相对严格,当 Java 分配内存空间存储数据时,分配的空间只能用来储存该类型的数据。

在 Java 中,数据类型分为两种:基本数据类型和引用数据类型。Java 数据类型的划分如图 2-1 所示。

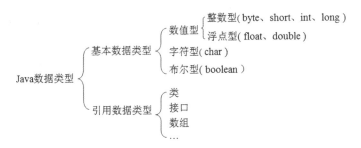

图 2-1 Java 数据类型的划分

Java 数据类型包括 8 种基本数据类型,其余都是引用数据类型。基本数据类型在 Java 中预先定义,类型名称属于 Java 关键字,例如 int、char 等。注意:基本数据类型的变量中保存的是数据的值,而引用数据类型的变量中保存的是其引用对象的内存地址。

下面解释 Java 中的常量和变量。

在程序运行过程中,其值不会发生改变的量,就是常量。常量分为字面值常量和自定义的符号常量。字面值常量,如 int 类型的数值 8,写出常量就可以知道常量的值,而符号常量是给常量起了一个名字,必须先定义后使用,语法格式如下:

[修饰符] final 数据类型 常量名 [=字面值常量];

例如:

```
public static final double PI=3.1415926;    //定义一个double类型常量PI
```

符号常量的优点在于见名知意,可读性好。注意:Java中的常量是由 final 关键字修饰的变量,final 关键字决定了该变量只能被赋值一次。也就是说,final 修饰的变量一旦被赋值,其值不能改变。如果再次对该变量进行赋值,则程序会在编译时报错。

程序运行过程中值可以在一定范围内改变的标识符称为变量。一个变量需要一个变量名来标识,通过变量名可以读取或修改其所占的内存空间的值,定义变量的语法格式有两种:

(1) 数据类型 变量名;
　　变量名=初始化值;
例如:

```
int x;      // 声明int型变量x
x=3;        // 初始化变量
```

变量在使用前必须对其声明,只有声明了一个变量名,系统才会根据变量的数据类型分配相应长度的内存单元。变量在初始化后还可以再被修改,这就是和常量的区别。注意:在一行中可以声明多个变量,例如 int i,j;,表示变量 i,j 的数据类型都是 int ,但是不提倡,逐一声明每一个变量可以提高程序的可读性。

(2) 数据类型 变量名=初始化值;
例如:

```
int x=3;    // 声明int型变量x的同时完成变量的初始化赋值
```

◆ 2.4.2 基本数据类型

Java 基本数据类型所占空间、范围及默认值如表 2-1 所示。

表 2-1　基本数据类型的空间、范围及默认值

数 据 类 型	所占字节	取 值 范 围	默 认 值
byte(字节型)	1	$-2^7 \sim 2^7-1$ 或者 $-128 \sim 127$	(byte)0
short(短整型)	2	$-2^{15} \sim 2^{15}-1$ 或者 $-32768 \sim 32767$	(short)0
int(整型)	4	$-2^{31} \sim 2^{31}-1$	0
long(长整型)	8	$-2^{63} \sim 2^{63}-1$	0L
float(单精度)	4	$-3.40E+38 \sim +3.40E+38$	0.0f
double(双精度)	8	$-1.79E+308 \sim +1.79E+308$	0.0d
char(字符型)	2	$0 \sim 65535$	'\u0000'
boolean(布尔型)	—	true 或 false	false

> **注意:**
> Java 默认初始化只对 Java 成员变量(成员属性)有效,当作为局部变量使用时,是没有默认值的,使用之前需要进行初始化赋值,否则编译时会报错。

整数型和浮点型的取值范围,可以通过各基本数据类型的包装类所提供的成员属性来获取。

【例 2-1】

演示获取数值型变量的取值范围。

数值型包括整数型和浮点型，获取其取值范围的方法如图 2-2 所示。

```
ValueRangeDemo.java

package cn.linaw.chapter2.demo01;
public class ValueRangeDemo {
    public static void main(String[] args) {
        System.out.println("byte取值范围："+Byte.MIN_VALUE+" ~ "+Byte.MAX_VALUE);
        System.out.println("short取值范围："+Short.MIN_VALUE+" ~ "+Short.MAX_VALUE);
        System.out.println("int取值范围："+Integer.MIN_VALUE+" ~ "+Integer.MAX_VALUE);
        System.out.println("long取值范围："+Long.MIN_VALUE+" ~ "+Long.MAX_VALUE);
        System.out.println("float最大正有限值："+Float.MAX_VALUE);
        System.out.println("double最大正有限值："+ Double.MAX_VALUE);
    }
}
```

```
Problems  Javadoc  Declaration  Console
<terminated> ValueRangeDemo (1) [Java Application] D:\JavaDevelop\jdk1.7.0_15\bin\javaw.exe (2019年4月6日 上午10:02:13)
byte取值范围：-128 ~ 127
short取值范围：-32768 ~ 32767
int取值范围：-2147483648 ~ 2147483647
long取值范围：-9223372036854775808 ~ 9223372036854775807
float最大正有限值：3.4028235E38
double最大正有限值：1.7976931348623157E308
```

图 2-2　数值型各变量取值范围

> **注意：**
>
> Java 中可以用 MAX_VALUE 这个字段来输出保存 float 类型/double 类型的最大正有限值的常量。同样，用 MIN_VALUE 保存 float 类型/double 类型数据的最小正非零值的常量。

1. 整数型

整数型数据用来存储没有小数部分的数值，被细分为 4 种子类型，区别在于所占用的内存空间和取值范围的不同。一个整数型常量值的默认类型是 int 型，若要表示一个整数为 long 型的常量值，则要在值后加字母 L 或 l，推荐使用大写字母 L，小写字母 l 容易和数字 1 混淆，例如，整数型常量值 25 表示 int 类型常量 25，而整数型常量值 25L 表示 long 类型常量 25。

Java 中针对整数型常量值提供了四种表现形式：

（1）二进制数：由 0，1 数字组成，以 0b 或者 0B 开头。例如：0b00011001。

（2）八进制数：由 0～7 之间的数字组成，以 0 开头。例如：031。

（3）十进制数：由 0～9 之间的数字组成，不能以 0 开头。整数类型常量值默认是十进制。例如：25。

（4）十六进制数：由 0～9，a～f 或 A～F 组成，以 0x 或者 0X 开头。例如：0x19。

2. 浮点型

浮点型的变量用来存储小数数值，进一步可以细分为 float 型和 double 型。float 型又称作单精度浮点数，尾数可以精确到 7 位有效数字，在很多情况下，float 型的数值精度很难满足需求；而 double 型又称作双精度浮点数，数值精度约是 float 型的两倍，为绝大多数程序采用。

目前，应用最广泛的浮点数格式是 IEEE 754 标准。采用 IEEE 754 浮点数计数标准，在内存中按科学计数法存储，只要给出符号(S)、阶码 (E)、尾数 (M)三部分，就能确定一个浮点数。float 型和 double 型这两种浮点数在内存中的存储结构如图 2-3 所示。

浮点数的精度是由尾数的位数来决定的：对于 float 型浮点数，尾数部分 23 位，换算成

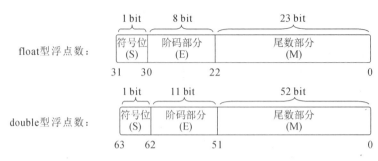

图 2-3 float 型和 double 型格式

十进制为 $2^{23}=8388608$,一共 7 位,这意味着尾数可以精确到 7 位有效数字;对于 double 型浮点数,尾数部分 52 位,换算成十进制为 $2^{52}=4503599627370496$,一共 16 位,这意味着尾数可以精确到 16 位有效数字。

在 Java 中,浮点型常量默认类型是 double 型,也可以在数值后加字母 d 或 D 明确表示其为 double 型。但是,如果要表示一个 float 型的浮点型常量值,则必须在值后加字母 F 或 f。例如,小数 0.25 或 0.25d 都表示 double 型常量值,占用 8 个字节,而 0.25F 则表示一个 float 型常量值,占 4 个字节。

> **注意:**
> 由于浮点数的计算精度问题,float 型和 double 型不适合用于不容许含入误差的金融领域。
> 例如,Java 中"System.out.println(0.09+0.01);",显示的结果为 0.09999999999999999,而并非 0.1。这在金融计算中是不可接受的,此时,需要使用 JDK 提供的 java.math.BigDecimal 类或者采用专门的工具类。

3. 字符型

计算机要准确地处理各种字符集文字,需要进行字符编码,以便计算机能够识别和存储各种文字。不同的字符编码表能识别特定的字符集,各有自己特定的编码规则,下面简单介绍几种常用的字符编码:

(1) ASCII(American standard code for information interchange)。

ASCII 字符集主要包括控制字符(回车键、退格、换行键等)和可显示字符(英文大小写字符、阿拉伯数字和西文符号)。ASCII 编码就是将 ASCII 字符集转换为计算机可以接受的数字系统的数的规则。标准 ASCII 编码使用 7 位(bits)表示一个字符,共 128 个字符。

(2) ISO-8859-1。

ISO-8859-1 字符集又称为 ISO 拉丁字母表。收录的字符除 ASCII 收录的字符外,还包括西欧语言、希腊语、泰语、阿拉伯语、希伯来语对应的文字符号。ISO-8859-1 编码用一个字节的 8 位来表示一个字符。

(3) GBK。

GBK 即"国标""扩展"汉语拼音的第一个字母,GBK 全称为《汉字内码扩展规范》。GBK 编码兼容 GB 2312 编码,融合了更多的中文文字符号。每个英文占一个字节,中文占 2 个字节。

(4) Unicode。

Unicode(统一码)为国际标准码,融合了目前人类使用的所有字符,为每个字符分配唯一的字符码。目前实际应用的 Unicode(统一码)版本对应于 UCS-2(universal character set coded in

2 octets),用两个字节来表示,最多可表示 65536 个字符,已基本满足各语言的使用。

（5）UTF-8。

UTF(unicode transformation format)是 Unicode 的转换格式。UTF-8 编码采用变长编码方式,根据不同的 Unicode 字符使用 1～4 个变化字节表示,目的是有效节省空间。UTF-8 使用单字节兼容 ASCII 码,而使用 3 个字节表示大多数汉字,例如字符"严"的 Unicode 值为'\u4E25',其 UTF-8 编码为 E4B8A5。

下面通过 Windows 自带的记事本来创建一个 UTF-8 编码格式的文本文件。步骤为:点击鼠标右键,新建一个文本文件,鼠标双击后打开该文本文件,在菜单栏【文件】上选择【另存为】,修改文件名为"UTF-8.txt",同时选择编码为"UTF-8",如图 2-4 所示。

图 2-4　选择字符编码方式

此时,查看文本文件 UTF-8.txt 的属性,发现空白文件的大小为 3 个字节,如图 2-5 所示。

> **注意:**
> 常用的文本编辑软件对 UTF-8 文件保存的支持方式并不一样,分为"不带 BOM 的 UTF-8"和"带 BOM 的 UTF-8",区别就在于文件开头有没有字节序标记 BOM(byte order mark),Unicode 字符编码为'\uFEFF',对应的 UTF-8 编码为 EFBBBF。例如,当 Windows 记事本另存为一个 UTF-8 编码的文件时,记事本程序会在文件开始处插入不可见的 BOM,因此空白 UTF-8.txt 文件的大小为 3 个字节。而 UltraEdit 软件则支持"UTF-8"和"UTF-8 -无 BOM"两种选择。

为使开发的应用具有更好的国际化支持,Eclipse 开发中文本文件最好使用 UTF-8 编码。而 Windows 7 平台默认编码格式为 GBK,因此,在 Eclipse 工作空间中建立的所有项目文本文件的编码默认是 GBK,这里,修改 Eclipse 工作空间的默认编码为 UTF-8,方法如下:

启动 Eclipse,选择菜单栏中【Window】下的【Preferences】选项,在弹出的对话框中选择【General】项,再选择【Workspace】项,在右边"Text file encoding"中可以看到默认编码是 GBK,选中 Other 单选框,在下拉框中选择"UTF-8",点击【OK】按钮完成修改,如图 2-6 所示。

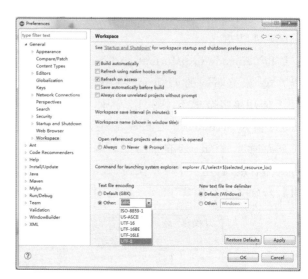

图 2-5　查看 UTF-8.txt 的大小属性　　图 2-6　修改 Eclipse 工作空间的编码

修改后,该工作空间下的所有项目均采用 UTF-8 编码。如果接收到的其他项目采用其他编码(如 GBK),那么最好另建一个工作空间,即建议修改编码以工作空间为单位,而不是在单个项目上修改,避免同一工作空间下各项目出现不同编码。

Java 的字符型数据用来表示通常意义上的"字符"(包括中文字符等),Java 字符为 char 类型,在内存中采用 Unicode 编码,每个 char 类型字符占两个字节,可用'\u0000'到'\uFFFF'的十六进制编码表示,例如,'\u0000'表示 Unicode 字符集里的空白字符。

char 类型字符常量可以用一对英文半角格式的单引号把单个字符括起来表示,如'a'、'林'等;也可以使用 0~65535 范围内的整数表示,在将整数值赋值给 char 类型变量时,计算机会自动将其转化为对应的字符。

【例 2-2】

演示字符常量的表示方式。

字符常量通常有以下三种表示方法,如图 2-7 所示。

```
package cn.linaw.chapter2.demo01;
public class CharConstantDemo {
    public static void main(String[] args) {
        char ch1 = 'A';    // 用一对单引号将一个字符括起来表示字符常量
        System.out.println("字符ch1 = " + ch1);
        char ch2 = '\u0041';   // 用字符的Unicode编码表示字符常量
        System.out.println("字符ch2 = " + ch2);
        char ch3 = 65;     // 用字符的Unicode编码转换成十进制的值表示字符常量
        System.out.println("字符ch3 = " + ch3);
    }
}
```

```
<terminated> CharConstantDemo (3) [Java Application] D:\JavaDevelop\jdk1.7.0_15\bin\javaw.exe (2019年4月6日 上午11:51:10)
字符ch1 = A
字符ch2 = A
字符ch3 = A
```

图 2-7　字符常量的三种表示方式

> **注意:**
> 在 Unicode 编码中,大写字母的编码值范围为 65~90,小写字母的编码值范围为 97~122,大写字母和小写字母编码值相差 32。

在字符常量中,为了表示一个不能显示的字符或者表示具有特殊含义的字符,需要借助特殊字符——反斜杠(\)。反斜杠被称为转义字符,用来转义后面的一个字符。常用的转义字符举例如下:

(1) \n:换行符,表示换到下一行的开头,Unicode 值为'\u000a'。

(2) \r:回车符,表示定位到当前行的开头,Unicode 值为'\u000d'。

(3) \t:制表符(Tab),将光标移动到下一个制表符的位置,Unicode 值为'\u0009'。

(4) \":双引号,Java 中双引号表示字符串的开始和结束,如果字符串中本身有双引号,需要使用转义符号,Unicode 值为'\u0022'。

(5) \':单引号,Java 中单引号表示字符的开始和结束,如果字符串中本身有单引号,需要使用转义符号,Unicode 值为'\u0027'。

(6) \\:反斜杠,如果需要表示字符反斜杠(\),需要用双反斜杠(\\)来表示,前一个反斜杠表示转义字符,Unicode 值为'\u005c'。

4. 布尔型

布尔型变量用来存储布尔值,只有 true 和 false 两个值。布尔型变量适用于逻辑运算,一般用于程序流程控制。

> **注意:**
> Java 定义的 8 种基本数据类型中,除了 boolean 类型,其他 7 种类型都定义了明确的内存占用字节数。这是因为,对于 Java 虚拟机来说,根本不存在 boolean 这个类型,boolean 类型在编译后会使用其他数据类型表示,具体取决于虚拟机的实现。

◆ **2.4.3 数据的类型转换**

Java 是强类型语言,当把一种数据类型的值赋给另外一种数据类型的变量时,需要进行数据类型转换。根据转换方式的不同,数据类型转换可分为两种:自动类型转换和强制类型转换。转换规则是:Java 按照取值范围,将取值范围小的数据类型的值赋给取值范围大的数据类型的变量时,系统自动完成数据类型的转换;反之,则必须进行强制类型转换。

1. 自动类型转换

自动类型转换也叫隐式类型转换,指的是两种数据类型在转换的过程中不需要显式地进行声明。当把一个类型取值范围小的数值直接赋给另一个取值范围大的数据类型变量时,系统就会进行自动类型转换。对于基本数据类型,自动类型转换规则如图 2-8 所示。

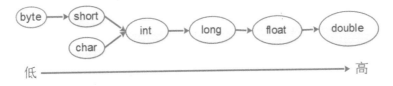

图 2-8 基本数据自动类型转换图

关于自动类型转换,需注意以下几点:

(1) byte、short、char 类型相互之间不参与转换,它们参与运算时首先会自动转换为 int

类型。例如：

```
byte b=2;           // int 类型常量值 2 在 byte 取值范围内,可以赋值
int x=b+'a';       // 变量 b 和'a'都会自动转换为 int 型,然后再运算,结果为 int 类型
```

(2) 取值范围小的类型的数据可以默认转换为取值范围大的数据类型。例如：

```
byte a=5;
int x=a;          //正确。将 byte 型变量 a 的值自动转换为 int 型,赋值给变量 x
double y=x;     //正确。将 int 型变量 x 的值自动转换为 double 型,赋值给变量 y
```

(3) 同一优先级表达式中有多种类型的数据混合运算时,编译系统首先将所有数据自动转换成取值范围最大的那一种数据类型,然后再进行计算。例如：

```
int i=3;
double y=i/2.0;            // 正确。结果 y 为 1.5
```

2. 强制类型转换

强制类型转换也叫显式类型转换,指的是两种数据类型之间的转换需要进行显式地声明。当两种类型彼此不兼容,或者目标类型取值范围小于源类型时,自动类型转换无法进行,这时就需要进行强制类型转换,其语法格式为：

```
目标类型 变量名=(目标类型)(被转换的数据);
```

例如：

```
    byte c=(byte)129;
```

> **注意：**
> 本例中,将一个 int 类型的数转换为 byte 类型,前 3 个高字节的数据就会丢失,这样数值就可能发生变化。因此,强制类型转换要慎用,除非知道它不会造成数据丢失。

【例 2-3】

字符类型和整数类型的转换。要求:给定一个整数值 97,打印其对应的字符;给定字符'0',打印其对应的整型值。

程序 TypeCastingDemo.java,如图 2-9 所示。

TypeCastingDemo.java

```java
package cn.linaw.chapter2.demo01;
public class TypeCastingDemo {
    public static void main(String[] args) {
        int x = 97;
        char ch1 = (char) x;  // int型转为char型, 要强制类型转换
        System.out.println("Unicode十进制编码值97对应的字符为" + ch1);
        char ch2 = '0';
        int y = ch2;  // char型转为int型, 自动类型转换, 等同于int y = (int)ch2;
        System.out.println("字符\'0\'对应的Unicode十进制编码值为" + y);
    }
}
```

Problems Javadoc Declaration Console

```
<terminated> TypeCastingDemo (3) [Java Application] D:\JavaDevelop\jdk1.7.0_15\bin\javaw.exe (2019年4月6日 下午6:43:31)
Unicode十进制编码值97对应的字符为a
字符'0'对应的Unicode十进制编码值为48
```

图 2-9　字符类型和整数类型的转换

> **注意：**
> int 类型转换为 char 类型,需要用到强制类型转换;而 char 类型转换为 int 类型,系统完成自动类型转换。

2.4.4 引用数据类型

一个引用数据类型的变量,存储的是一个内存地址值,该内存地址值指向该变量所引用的对象。当引用数据类型声明的变量作为成员变量使用时,默认值为"null",表示没有指向任何对象;而作为局部变量使用时,是没有默认值的,使用之前需要进行初始化赋值,否则编译时会报错。

> **注意:**
> Java 中 8 种基本数据类型不存在"引用"的概念,基本数据类型的值都直接存储在 JVM 的栈内存中。引用数据类型变量的值在栈内存中,而所引用的对象本身存储在堆内存中。

【例 2-4】

假设 main() 方法中有一条语句"Person p = new Person();",请说明 JVM 内存分配过程。

分析:这里要用到类和对象的相关知识,该条语句通过 Person 类的构造方法来创建一个 Person 对象,并将该 Person 对象的地址赋值给 Person 类型的引用变量 p。

当 JVM 调用 main() 方法时,JVM 会在栈内存为该方法分配一个栈帧,用于存储该方法用到的局部变量。当 JVM 执行到语句"Person p = new Person();"时,首先,在 main() 方法栈帧中创建一个 Person 类型的变量 p。然后,执行 Person 类的构造方法 new Person(),在堆内存中新建一个 Person 类的实例对象,对象构造完成后,JVM 将该 Person 对象在堆内存中的首地址赋值给栈中的引用变量 p,于是变量 p 便拥有了对该 Person 对象的引用关系。如图 2-10 所示。

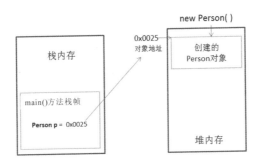

图 2-10 引用变量和对象在内存中的分配

在程序后续执行中,可以通过栈中的引用变量 p 找到所引用的堆中的对象。

> **注意:**
> 当 main() 方法返回时,分配的栈帧将会被弹出,该栈帧的所有局部变量将会释放。而堆内存中的对象不会被释放,当对象没有被变量引用时,会通过 JVM 垃圾回收机制回收。

2.4.5 数组

所谓数组是指一组相关数据类型的数据元素的集合,并且各数据元素在内存中按顺序连续存放。数组为每个元素都分配了索引(或下标),编号从 0 开始。数组本身属于引用数据类型,数组变量只是一个引用,通过这个引用访问它所指向的有效内存(数组对象本身),访问某个数组元素时需要使用该数组的数组名和该元素在数组中的索引。

> **注意：**
> 在数组中可以存放任意类型的元素，既可以是基本数据类型中的值，也可以是引用数据类型的值（此时为对象数组），但同一个数组中存放的元素类型必须一致。

数组分为一维数组和多维数组。当数组中每个元素都只带有一个下标时，这种数组就是一维数组。一维数组实质上是一组相同类型数据的线性集合，是数组中最简单的一种数组。

1. 一维数组的声明

为了在程序中使用一个数组，必须声明一个引用该数组的变量，并指明该变量引用的数组类型。声明一维数组的语法格式为：

数据类型[ ] 数组名；　　// 例如，char[ ] c；

或

数据类型 数组名[ ]；　　// 例如，char c[ ]；

可见，数组的声明有两种形式：一种是中括号"[ ]"跟在元素数据类型之后，另一种是中括号"[ ]"跟在变量名之后。对于以上两种语法格式而言，Java 推荐采用第一种声明格式。

> **注意：**
> 声明一个数组，只是得到了一个存放数组的引用变量，并没有为数组元素分配内存空间，因此还不能使用。

2. 一维数组的创建

创建数组，就是为该数组分配内存空间，这样，数组的每一个元素才有一个空间进行存储。在 Java 中可以使用 new 关键字来给数组分配空间，分配空间的语法格式如下：

数组名=new 数据类型[数组长度]；　　// 例如 c=new char[3]；

其中，数组长度就是数组中能存放的元素个数，显然应该为大于 0 的整数。一旦声明了数组的大小，就不能再修改。

> **注意：**
> 数组元素下标的取值范围从 0 开始，到"数组长度-1"为止。访问超过元素下标取值范围的数据元素将会产生数组下标越界异常。

当然，也可以在声明数组时就给它分配空间，语法格式如下：

数据类型[ ] 数组名=new 数据类型[数组长度]；// 例如，char[ ] c=new char[3]；

> **注意：**
> （1）创建数组，其实就是创建数组对象，JVM 根据数据类型和数组长度在堆中为该数组分配内存空间，并将数组中的各元素根据其数据类型执行默认初始化工作，最后将该数组对象的首地址赋值给栈中的数组引用变量。
> （2）数组对象提供了一个 length 属性来表示数组的长度，调用该属性的语法为"数组名.length"，例如，本例中数组 c 的下标最大为 c.length −1。数组对象的 length 属性在数组遍历中尤其有用。

3. 一维数组的初始化

所谓数组的初始化就是为数组的每个元素赋初始值。在 Java 中，数组的初始化有以下三种方式：

1）默认初始化

数组一经创建，内存中每个元素都会有一个该数据类型的默认值。例如语句"char[ ] c

=new char[3];"中各元素 c[0]、c[1]、c[2]的默认初始化值为'\u0000'。

2) 静态初始化

静态初始化是指创建数组时指定每个数组元素的初始值,系统会根据初始化情况得到数组的长度。静态初始化语法格式为:

数组名=new 数据类型[ ]{数组元素0,数组元素1,数组元素2,…};

例如:

```
char[ ] c;
c=new char[ ]{ 'a', 'b', 'c'};
```

或者在一条语句里完成,声明数组的同时静态初始化,语法格式为:

数据类型[ ] 数组名=new 数据类型[ ]{数组元素0,数组元素1,数组元素2,…};

例如:

```
char[ ] c=new char[ ]{ 'a', 'b', 'c'};
```

说明:该语句相当于声明了一个一维 char 数据类型的数组,数组名为 c;在内存中定义了3个 char 类型的数组元素(c.length 为3),依次为 c[0]、c[1]、c[2],分别初始化为 c[0]='a'、c[1]='b'、c[2]='c'。

> **注意:**
> 不能在静态初始化时指定数组长度。例如,下面这种写法是错误的:
> char[ ] c=new char[3]{ 'a', 'b', 'c'};

关于静态初始化的语法格式,还有一种简化写法:

数据类型[ ] 数组名={数组元素0,数组元素1,数组元素2,…};

例如:

```
char[ ] c={ 'a', 'b', 'c'};
```

> **注意:**
> 使用这种方式时,数组的声明和初始化操作要同步,即不能省略数组变量的数据类型。例如,下面这种写法是错误的:
> char[ ] c;
> c={ 'a', 'b', 'c'};

3) 动态初始化

动态初始化是指默认初始化后,再由程序为数组元素赋值。

例如:

```
char[ ] c=new char[3]; c[0]='a'; c[1]='b'; c[2]='c';
```

4. 一维数组的内存分配

数组本身属于引用数据类型,对于引用数据类型的内存分配需要结合栈和堆理解。

【例 2-5】

假设 main 方法中有一条语句"int[ ] x=new int[ ]{1,2,3};",请说明其内存分配过程。

内存分配情况如图 2-11 所示。

说明:

(1) 语句"="左边,表示声明一个数组变量,JVM 在栈内存定义一个 int 类型的数组引

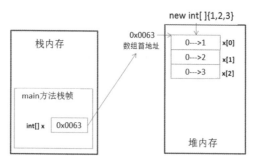

图 2-11　数组内存分配过程

用变量 x。

（2）语句"="右边，Java 关键字 new 表示在堆内存分配对象空间，在堆里分配了 3 个 int 类型的数组元素，默认初始化值为 0，随后立即分别修改为 1,2 和 3。

（3）JVM 将堆内存中数组对象所在数组首地址赋值给栈内存数组引用变量 x。

5．一维数组的遍历

所谓数组的遍历，是指沿着某条搜索路线，依次对数组中的每个结点均做一次且仅做一次访问。

当数组中的元素数量不多时，要获取数组中的全部元素，可以使用下标逐个获取元素。但是，如果数组中的元素过多，再使用单个下标则显得烦琐。通常，遍历数组都是使用 for 循环语句实现的，数组的长度通过数组的 length 属性获得。

【例 2-6】

给定 int 类型数组｛1，2，3｝，利用 for 循环语句遍历该数组中的全部元素，并将元素的值输出。

程序 ArrayDemo.java 如图 2-12 所示。

```
package cn.linaw.chapter2.demo01;
public class ArrayDemo {
    public static void main(String[] args) {
        int[] arr = { 1, 2, 3 };// 定义int型一维数组，并静态初始化
        System.out.println("数组长度 = " + arr.length); // 打印数组长度
        System.out.println("数组引用变量arr = " + arr); // 实际调用arr.toString()
        for (int i = 0; i < arr.length; i++) { // 遍历数组
            // 打印数组每个元素的值
            System.out.println("元素arr[" + i + "]= " + arr[i]);
        }
    }
}
```

```
<terminated> ArrayDemo (1) [Java Application] D:\JavaDevelop\jdk1.7.0_15\bin\javaw.exe (2019年4月7日 上午8:32:56)
数组长度 = 3
数组引用变量arr = [I@145c859
元素arr[0]= 1
元素arr[1]= 2
元素arr[2]= 3
```

图 2-12　一维数组的遍历

说明：

（1）程序第 6 行打印数组引用变量 arr，实际上调用的是 arr 的 toString()方法，arr 里存放的是堆内存里数组对象的地址，通过 arr 找到该数组对象。

（2）在 JDK 1.5 之后，增加了 foreach 循环，也称为增强 for 循环，能在不使用索引的情况下遍历数组或者集合。利用 foreach 循环，程序第 7～10 行也可以改成如下语句：

```
for(int x : arr){
    System.out.println(x);
}
```

foreach 循环遍历数组 arr,每次把取得的数组元素赋值给 int 型临时变量 x,每次打印的其实是临时变量 x,因此,foreach 循环无法改变原数组内容。

6. 多维数组

多维数组是指数组维数在二维或以上的数组,多维数组实质上是多个一维数组嵌套组成的。以二维数组为例,二维数组就是一个特殊的一维数组,数组中的每一个元素又是另外一个一维数组。实际开发中,使用最多的就是一维数组,多维数组中较常见的就是二维数组,更高维度的数组几乎不用,下面以二维数组为例进行讲解。

二维数组的声明有如下 2 种语法格式:

数据类型[ ][ ] 数组名;   // 推荐使用
数据类型 数组名[ ][ ];

二维数组在使用前,需要先创建,即分配空间。如果要创建一个 m 行×n 列的二维数组,语法格式为:

数组名= new 数据类型[m][n];

其中,行数 m 表示这个二维数组有多少个一维数组,列数 n 表示每一个一维数组的元素个数。

或者用一条语句完成上述二维数组的声明和创建,语法格式为:

数据类型[ ][ ] 数组名=new 数据类型[m][n];

【例 2-7】

以 main()方法中 int[][] x=new int[2][3];语句为例,说明二维数组内存分配情况。

分析:上面的代码相当于定义了一个 2×3 的二维数组,这个二维数组的长度为 2,即可以将其看成 2 个 int[]类型的一维数组,每一个一维数组中的元素又是一个长度为 3 的一维数组。二维数组内存分配如图 2-13 所示。

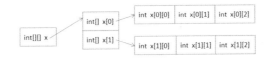

图 2-13 二维数组内存分配

说明:

(1) 语句"="左边,在 main 栈帧中声明一个 int[ ][ ]型引用变量 x,用于存放二维数组的地址。

(2) 语句"="右边,根据指定的行数,JVM 在堆中分配空间,创建一个长度为 2 的一维数组,数组中的元素 x[0]和 x[1]都是 int[ ]型引用型变量,用于存放一维数组的地址。将分配好的数组内存地址赋值给变量 x。

根据指定的列数,在堆中为每一行分配空间,然后将分配好的数组内存地址赋值给 x[0]、x[1],即 x[0]指向包含 x[0][0]、x[0][1]、x[0][2]这三个元素的一维数组,而 x[1]指向包含 x[1][0]、x[1][1]、x[1][2]这三个元素的一维数组。

【例 2-8】

定义一个指定行列的二维数组,并初始化,最后输出该二维数组中的所有元素值。

程序 ArrayDemo2. java 如图 2-14 所示。

```
ArrayDemo2.java
1 package cn.linaw.chapter2.demo01;
2 public class ArrayDemo2 {
3     public static void main(String[] args) {
4         int[][] x = new int[2][3]; // 声明、创建、默认初始化
5         System.out.println("x[0] = " + x[0]);
6         System.out.println("x[0][0] =" + x[0][0]);
7         x[0][0] = 1; // 动态初始化
8         x[1][2] = 5; // 动态初始化
9         System.out.println("--------二维数组遍历-----------");
10        for (int i = 0; i < x.length; i++) {
11            for (int j = 0; j < x[i].length; j++) {
12                System.out.println("x[" + i + "]" + "[" + j + "[= " + x[i][j]);
13            }
14        }
15    }
16 }
```

```
Problems  Javadoc  Declaration  Console
<terminated> ArrayDemo2 (2) [Java Application] D:\JavaDevelop\jdk1.7.0_15\bin\javaw.exe (2019年4月7日 上午10:26:43)
x[0] = [I@145c859
x[0][0] =0
--------二维数组遍历-----------
x[0][0[= 1
x[0][1[= 0
x[0][2[= 0
x[1][0[= 0
x[1][1[= 0
x[1][2[= 5
```

图 2-14　指定行列的二维数组初始化及遍历

说明:程序第 4 行,当创建好一个二维数组后会执行默认初始化;第 5、6 行打印默认初始化后 x [0]和 x [0] [0]的值;第 7、8 行是程序对数组元素动态初始化,为其中 2 个数组元素赋值,剩余的元素保持默认值,不做修改;第 10～14 行用双重 for 循环完成该二维数组的遍历,外层循环对应二维数组的行,内层循环对应每行中的列。

如果在创建二维数组时,只知道行,不知道列,那么,创建二维数组的语法格式为:

数据类型[ ][ ] 数组名= new 数据类型[m][ ];

该格式指定这个二维数组有多少个一维数组,但是不指定每个一维数组有多少个元素,而是后续程序动态指定,那时,每个一维数组的长度可以相同,也可以不相同。

【例 2-9】

举例说明指定行但不指定列的二维数组的初始化情况。

程序 ArrayDemo3. java 如图 2-15 所示。

```
ArrayDemo3.java
package cn.linaw.chapter2.demo01;
public class ArrayDemo3 {
    public static void main(String[] args) {
        int[][] y = new int[2][]; // 只指定行，不指定列
        for (int i = 0; i < y.length; i++) {
            System.out.println("y[" + i +"] = " + y[i]);
        }
        y[0] = new int[2]; // 确定该行列数，创建数组并默认初始化
        y[1] = new int[]{1,2,3}; // 确定该行列数，创建数组并静态初始化
        y[0][0] = 2; // 动态初始化
        System.out.println("--------指定列后--------");
        for (int i = 0; i < y.length; i++) {
            System.out.println("y[" + i +"] = " + y[i]);
        }
    }
}
```

```
Problems  Javadoc  Declaration  Console
<terminated> ArrayDemo3 [Java Application] D:\JavaDevelop\jdk1.7.0_15\bin\javaw.exe (2019年4月7日 上午11:07:12)
y[0] = null
y[1] = null
--------指定列后--------
y[0] = [I@18f1d7e
y[1] = [I@d9660d
```

图 2-15　只指定行不指定列的二维数组初始化

说明:程序第 4 行没有指定列时,引用变量 y[0]和 y[1]的值为 null;第 8、9 行指定列分别创建一维数组,并将地址值分别赋给 y[0]、y[1]。

和一维数组类似,二维数组也可以通过静态初始化的方式定义,其语法格式为:

数据类型[ ][ ] 数组名= new 数据类型[ ][ ]{{元素 1,元素 2,...},{元素 1,元素 2,...},{元素 1,元素 2,...}};

例如:

int z[ ][ ]= new int [ ][ ]{ { 1 },{ 2,3,4 },{ 5,6 } }; // 声明并初始化

这种格式在声明二维数组的同时分配空间并指定初始化值,适合已确定知道数组元素的情况。简化后的语法格式为:

数据类型[ ][ ] 数组名= {{元素 1,元素 2,...},{元素 1,元素 2,...},{元素 1,元素 2,...}};

例如:

int [ ][ ] z = { { 1 },{ 2,3,4 },{ 5,6 } }; // 声明并初始化

2.5 JVM 内存划分

JVM 在执行 Java 程序时会把它管理的内存区域划分为若干个不同的数据区域,统称为运行时数据区。根据《Java 虚拟机规范》,JVM 会把它管理的内存划分为 5 个不同的区域:程序计数器(program counter register)、虚拟机栈(VM stack)、本地方法栈(native method stack)、方法区(method area)、堆(heap)。理解 JVM 内存划分,有助于理解 Java 程序的执行过程。

1. 程序计数器

程序计数器的功能类似于计算机组成原理中的 PC 寄存器,用于存放下一条指令所在单元的地址。JVM 中的 PC 存放的是程序正在执行的字节码的行号,字节码解释器的工作就是通过改变程序计数器的值来选择下一条需要执行的字节码指令。

2. 虚拟机栈

虚拟机栈,也就是我们常说的 FILO 栈,描述的是 Java 方法执行的内存模型:虚拟机栈存放每个方法执行时创建的栈帧(stack frame),每个栈帧对应一个被调用的方法。每个线程都会有一个自己的虚拟机栈,互不干扰。当线程执行一个方法时,就会随之创建一个对应的栈帧,并将建好的栈帧压栈,当方法执行完毕后,便会将该栈帧弹出栈。活动线程中,只有栈顶的栈帧是有效的,称为当前栈帧,这个栈帧所关联的方法称为当前方法,执行引擎所运行的所有字节码指令都只针对当前栈帧进行操作。大致结构如图 2-16 所示。

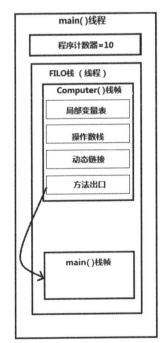

图 2-16 虚拟机栈与栈帧

单个线程中,对每一个调用方法,JVM 都会为其分配一个栈帧。图 2-16 中,main()方法中包含一个栈帧,然后在 main()方法里面调用了 Computer()方法,然后这个 Computer()方法也会含有自己的栈帧。

可见,栈帧是用于支持虚拟机进行方法调用和方法执行的数据结构。它是虚拟机运行时虚拟机栈的栈元素。栈帧存储了方法的局部变量表、操作数栈、动态链接和方法返回地址(方法出口)等信息。下面分别介绍。

1) 局部变量表

局部变量表是一组变量值存储空间,用于存放方法参数和方法内部定义的局部变量。

在方法执行时,虚拟机是使用局部变量表完成参数变量列表的传递过程,如果是实例方法,那么局部变量表中的第一个位置默认是用于传递方法所属对象实例的引用,在方法中可以通过关键字"this"来访问这个隐含的参数,其余参数则按照参数列表的顺序来排列,参数表分配完毕后,再根据方法体内部定义的变量顺序和作用域来分配剩余容量。

局部变量不像类的实例变量那样会有默认初始化值,所以局部变量需要显式初始化,如果定义了一个局部变量但没有初始化是无法使用的。

另外注意,类的静态成员(静态变量和静态方法)都存储在方法区中的静态区(这里指类被加载后,静态成员的存储位置)。

2) 操作数栈

所谓操作数是指那些被指令操作的数据,程序中的计算是通过操作数栈来完成的。

3) 动态链接

每一个栈帧内部都包含一个指向运行时常量池中该栈帧所属方法的引用。包含这个引用的目的就是支持当前方法的代码能够实现动态链接。

4) 方法返回地址

在方法退出之前,都需要返回到方法被调用的位置,程序才能继续执行,方法返回时可能需要在栈帧中保存一些信息,用来帮助恢复它的上层方法的执行状态。一般来说,方法正常退出时,调用者 PC 计数器的值就可以作为返回地址,栈帧中很可能会保存这个计数器值。而方法异常退出时,返回地址是要通过异常处理器来确定的,栈帧中一般不会保存这部分信息。

方法退出的过程实际上等同于把当前栈帧出栈,因此退出时可能执行的操作有:恢复上层方法的局部变量表和操作数栈,把返回值(如果有的话)压入调用栈帧的操作数栈中,调用 PC 计数器的值以指向方法调用指令后面的一条指令等。

3. 本地方法栈

该区域与虚拟机栈所发挥的作用非常相似,只是虚拟机栈为虚拟机执行 Java 方法服务,而本地方法栈则为使用到的本地操作系统(Native)方法服务。在 JVM 规范中,并没有对本地方法栈的具体实现方法以及数据结构做强制规定,虚拟机可以自由实现它。

4. 方法区

方法区是被各个线程共享的内存区域,用于存储已被虚拟机加载的每个类的信息(包括类的名称、方法信息、字段信息)、静态变量、常量以及编译器编译后的代码等。

在方法区中有一个非常重要的部分,就是运行时常量池。常量池是指在编译期被确定,并被保存在已编译的 class 文件中的一些数据,包括编译期生成的各种字面量、符号引用、文字字符串、final 变量值、类名和方法名常量等。

5. 堆

堆也是被所有线程共享的,在 JVM 中只有一个堆。Java 中堆是用来存储对象本身以及数组的。堆也是 Java 垃圾收集器管理的主要区域,所以很多时候会称它为 GC 堆。

2.6 运算符

在程序中,对数据(包括常量和变量)进行加工和处理的过程称为运算。参与运算的各种符号称作运算符,参与其中运算的数据即为操作数。

表达式是由常量、变量、方法调用、一个或多个运算符按一定规则组合而成的,主要用于计算或对变量赋值。例如:

```
int a=2;
int b=1+2*a;
```

第一条语句定义了一个 int 型变量 a,并赋值为 2。第二条语句对右边表达式"1+2*a"进行运算后,将结果赋值给左边 int 型变量 b,其中,int 型常量 1、int 型常量 2 和 int 型变量 a 都是该运算的操作数,"+""*"是该运算的运算符。

Java 提供了一套丰富的运算符,分为算术运算符、赋值运算符、比较运算符、逻辑运算符、条件运算符和位运算符等。

◆ 2.6.1 算术运算符

算术运算主要用于完成加(即求和,运算符为"+")、减(即求差,运算符为"-")、乘(即求积,运算符为"*")、除(即求商,运算符为"/")、取模(即求余,运算符为"%")、自增(运算符为"++")和自减(运算符为"--")等算术运算。

算术运算符注意事项如下:

(1) 运算符"+"除了表示正号、加法运算符,还可以作为字符串连接符。只要运算符"+"两侧的操作数中有一个是 String 类型,系统就自动将另一个操作数转换成字符串后再进行连接。在前面的打印语句中,就用到了运算符"+"的字符串连接功能。

(2) 运算符"++"和"--"的作用是对操作数(只能是变量)自加 1 或自减 1。放在操作数的前面表示先自增或自减,然后再参与其他操作;而放在操作数的后面表示先参与其他操作,然后再自增或自减。例如:

```
int x=2;
int y=++x;      //最终 y 的值为 3,x 的值为 3
```

再例如:

```
int a=2;
int b=a++;      //最终 b 的值为 2,a 的值为 3
```

单独使用时,i++和++i 效果一样。

(3) 运算符"/"是求商(需要注意操作数的数据类型)。

例如,5/2 的结果为 2,因为被除数和除数均为 int 型,结果为 int 型,即为整除;而 5/2.0 的结果为 2.5,因为被除数是 int 型,除数是 double 型,结果为 double 型。

(4) "%"是求余数(结果符号与被除数符号相同)。

例如,5%2 和 5%(-2)的结果为 1;而-5%2 和-5%(-2)的结果均为-1。

2.6.2 赋值运算符

赋值运算用于给某一变量赋值。赋值运算符的使用如表 2-2 所示。

表 2-2 赋值运算符

运算符	范 例	说 明
=	int x=2; x=x+1;	赋值运算符左侧为变量，右侧为常量、变量和表达式等。若右侧是表达式，则先计算出表达式结果，然后再赋值给左侧变量
+=	int x=2; x+=1;	加等于，x+=1 等价于 x=x+1
-=	byte x=2; x-=1;	减等于，x-=1 等价于 x=(byte)(x-1)，隐含了强制类型转换
*=	int x=2; x*=1;	乘等于，x*=1 等价于 x=x*1
/=	int x=2; x/=1;	除等于，x/=1 等价于 x=x/1
%=	int x=2; x%=1;	模等于，x%=1 等价于 x=x%1

注意表 2-2 中赋值运算符"-="的范例，如果使用其说明中的赋值运算符"="，将 int 型的值赋给 byte 型时，由于目标类型取值范围缩小了，因此需要显式进行类型的强制转换，而如果采用赋值运算符"-="，则 JVM 会自动完成类型转换。其他 4 种 +=、*=、/=、%= 也是一样的。

2.6.3 比较运算符

比较运算符又称为关系运算符，用来比较运算符两端的关系。Java 语言提供了 6 种比较运算符：==（等于）、!=（不等于）、>（大于）、>=（大于等于）、<（小于）和 <=（小于等于）。

无论比较运算符两端是简单还是复杂，比较的结果都是一个 boolean 类型的值，如果所表达的关系成立就为 true，否则为 false。例如：

```
int a=2; int b=5;
```

如果运算"a==b"，结果为 false，因为表达的关系不成立；如果运算"a<=b"，结果则为 true。注意，不能把比较运算符"=="和赋值运算符"="相混淆。

2.6.4 逻辑运算符

逻辑运算又称为布尔运算。逻辑运算符用于对 boolean 类型的值或表达式进行操作，其结果仍然是一个 boolean 类型值。Java 中的逻辑运算符有 6 种，用法如表 2-3 所示。

表 2-3 逻辑运算符

运算符	运算	范例	结 果
&	与	a & b	两端 a,b 运算的布尔值同时为 true,结果为 true,否则为 false
|	或	a | b	两端 a,b 运算的布尔值中只要有一个为 true,结果为 true,否则为 false
^	异或	a ^ b	两端 a,b 运算的布尔值不同,结果为 true,否则为 false
!	非	! a	取反操作。若 a 为 false,结果为 true；若 a 为 true,结果为 false
&&	短路与	a && b	结果和 & 一样,不过有短路效果,如果左边 a 结果是 false,右边不再执行,提高效率
||	短路或	a || b	结果和 | 一样,不过有短路效果,如果左边 a 结果是 true,右边不再执行,提高效率

2.6.5 条件运算符

条件运算符又称为三元运算符,语法格式为:

比较表达式？表达式 1：表达式 2；

首先计算比较表达式的值,如果布尔值结果为 true,则整个运算的结果为表达式 1 的值,否则,整个运算的结果为表达式 2 的值。

【例 2-10】

使用条件运算符和 if 语句分别获取两个 int 型整数中的最大值。

程序 ConditionalOperatorDemo.java 如图 2-17 所示。

```java
package cn.linaw.chapter2.demo01;
public class ConditionalOperatorDemo {
    public static void main(String[] args) {
        int a = 10;
        int b = 20;
        int max = (a > b) ? a : b; // 如果a > b成立,则max = a,否则max = b
        System.out.println("使用条件运算符计算a,b最大值为:" + max);
        if(a > b){ //条件运算转换为if语句
            max = a;
        }else{
            max = b;
        }
        System.out.println("使用if语句计算a,b最大值为:" + max);
    }
}
```

```
<terminated> ConditionalOperatorDemo [Java Application] D:\JavaDevelop\jdk1.7.0_15\bin\javaw.exe (2019年4月7日 下午8:56:54)
使用条件运算符计算a,b最大值为:20
使用if语句计算a,b最大值为:20
```

图 2-17 条件运算符示例

显然,条件运算符是某些 if 条件语句的简化形式,条件运算符都可以改写成 if 条件语句,但是,反之不成立,条件运算符的使用是有局限的。

2.6.6 位运算符

位运算符是针对二进制数的每一位进行运算的符号,它是专门针对数字 0 和 1 进行操作的。在使用位运算符时,都会先将操作数转换成二进制数的形式进行位运算,然后将得到的结果再转换成想要的进制数。位运算符的用法如表 2-4 所示。

表 2-4 位运算符

运算符	运算	范例	结果
&	按位与	a & b	a 和 b 每一位进行"与"操作后的结果。例如 0&1 的结果为 0
|	按位或	a | b	a 和 b 每一位进行"或"操作后的结果。例如 0|1 的结果为 1
~	取反	~ a	a 的每一位进行"非"操作后的结果。例如~5 的结果为 −6
^	按位异或	a ^ b	a 和 b 每一位进行"异或"操作后的结果。例如 1^0 的结果为 1
<<	左移	a << b	将 a 左移 b 位,右边空位用 0 填充。例如 1001001<<2 的结果为 0100100
>>	右移	a >> b	将 a 右移 b 位,丢弃被移出位,左边最高位用 0 或 1 填充(原来是负数就全部补 1,是正数就全部补 0)。例如 11100010>>2 的结果为 11111000
>>>	无符号右移	a >>> b	将 a 右移 b 位,丢弃被移出位,左边最高位用 0 填充(不考虑原数正负)。例如 11100010 >>>2 的结果为 00111000

2.6.7 运算符的优先级和结合性

如果多个运算符出现在一个表达式中,就会涉及运算符的优先级问题。Java 运算符的优先级及结合性如表 2-5 所示。

表 2-5　Java 运算符的优先级及结合性

优先级	运算符	结合性
1	()、[]	从左向右
2	!、+(正)、-(负)、~、++、--	从右向左
3	*、/、%	从左向右
4	+(加)、-(减)	从左向右
5	<<、>>、>>>	从左向右
6	<、<=、>、>=、instanceof	从左向右
7	==、!=	从左向右
8	&(按位与)	从左向右
9	^	从左向右
10	|	从左向右
11	&&	从左向右
12	||	从左向右
13	?:	从右向左
14	=、+=、-=、*=、/=、%=、&=、|=、^=、~=、<<=、>>=、>>>=	从右向左

表 2-5 中优先级按照从高到低的顺序书写,即数字越小表示优先级越高。运算符的优先级繁多,难以记忆。实际开发中,不需要去记忆运算符的优先级别,对于不清楚优先级的地方使用小括号。使用小括号来管理运算次序,既能防止出错,也能提高代码可读性。

运算符的结合性是指同一优先级的运算符在表达式中操作的组织方向。例如表达式"a? b:c? d:e"的计算,两个运算符"?:"优先级一样,此时再看运算符"?:"的结合性,为从右向左,于是,表达式先算"c? d:e",再算"a? b:(c? d:e)"。实际上,一般结合性的问题都可以用小括号来解决。

2.7 流程控制语句

计算机科学家 Bohm 和 Jacopini 证明了:任何简单或复杂的算法都可以由顺序结构、选择结构和循环结构这三种基本结构组合而成。

顺序结构是指程序中的各个操作按照它们在源代码中的排列顺序自上而下依次执行。

选择结构是根据某个特定的条件进行判断,根据结果选择不同的代码段执行。Java 提供了 if 语句和 switch 语句来实现选择结构。

循环结构是指需要重复执行同样的某一代码段。Java 提供了 while 循环、do…while 循环和 for 循环来实现循环结构。JDK 1.5 还引入了针对数组和集合的增强 for 循环。

◆ 2.7.1 选择结构语句

1. if 语句

if 语句包括三种语法格式,分别为 if 单分支结构、if…else 双分支结构和 if…else if…else 多分支结构。

首先学习 if…else 双分支结构,语法格式为:

```
if(判断条件){
    语句块 1   // 判断条件为 true 时执行的语句块
}else {
    语句块 2  // 判断条件为 false 时执行的语句块
}
```

说明:if 是该语句中的关键字,后续紧跟一对小括号,该对小括号任何时候都不能省略,小括号的内部是具体的条件,语法上要求该表达式结果为 boolean 类型。后续为功能代码,当 if 语句的判断条件成立时,执行 if 后面的语句块 1,如果不满足 if 条件,则执行 else 后的语句块 2。

if…else 双分支结构流程图如图 2-18 所示。

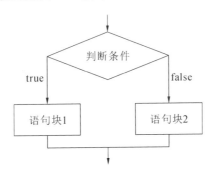

图 2-18 if…else 双分支结构流程图

> **注意:**
> (1) if 语句控制的语句块中如果只有一条语句,则可以省略一对大括号,否则需要用一对大括号将多条语句括在一起。建议即使语句块里只有一条语句,也不要省略大括号,这样整个程序的结构更加清楚。
> (2) if…else 语句实现了封闭的条件,else 关键字的作用是"否则",即条件不成立时的情况。
> (3) 在程序书写时,为了直观地表达包含关系,功能代码一般需要缩进。

如果 if…else 语句中只执行判断条件为 true 的语句块 1,否则将跳过 if 语句执行后面的代码,则 if…else 语句简化为 if 单分支结构,语法格式为:

```
if(判断条件){
    语句块
}
```

if 单分支结构流程图如图 2-19 所示。

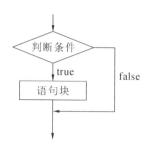

图 2-19 if 单分支结构流程图

> **注意：**
> 在实际开发中，有些公司不使用 if 单分支结构，而用 if…else 双分支结构替代。因为 if 单分支结构是 if…else 双分支结构的特例，当判断条件不成立时，else 中的代码块为{}，不书写执行代码，这样做的目的是让条件封闭，非此即彼。

如果 if…else 语句中需要对判断条件结果为 false 的分支进一步细分判断，则会出现 if…else if…else 多分支结构。语法格式如下：

```
if(判断条件 1){
    语句块 1;   // 判断条件 1 的值为 true 时执行的语句块
}else  if(判断条件 2){
    语句块 2;   // 判断条件 2 的值为 true 时执行的语句块
}
    …
else {
    语句块 n+1;   // 可选,不满足上述条件时执行的语句块
}
```

if…else if…else 多分支结构流程图如图 2-20 所示。

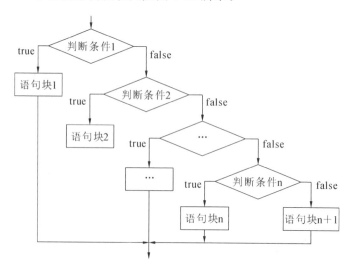

图 2-20 if…else if…else 多分支结构流程图

> 注意:
> (1) if…else if…else 多分支结构执行流程:当判断条件 1 成立时,则执行语句块 1;当判断条件 1 不成立且判断条件 2 成立时,则执行语句块 2;如果判断条件 1、判断条件 2 都不成立但判断条件 3 成立,则执行语句块 3,依次类推,如果所有判断条件都不成立,则执行最后 else 分支的语句块 n+1。
> (2) 注意"else if"是 else 和 if 两个关键字,中间使用空格间隔;else if 语句可以有任意多句;最后一个 else 分支为可选,不过,有的公司为了条件的封闭,最后一个 else 分支不能省,只不过语句块 n+1 里不写任何代码,即{}。

【例 2-11】

随机产生一个分数,根据条件判断分数等级。分数高于或等于 90,等级为 A;高于或等于 80,但是小于 90,等级为 B;高于或等于 60,但是小于 80,等级为 C;剩下的为 D。

分析:利用 Math 类的静态方法 random()随机产生一个分数。

使用 if 单分支结构对该分数划分等级,程序如图 2-21 所示。

图 2-21 if 单分支结构实现

如果采用 if…else if…else 多分支结构实现,程序改写,如图 2-22 所示。

图 2-22 if…else if…else 多分支结构实现

对于 if…else if…else 多分支结构,在判断条件为 false 的前提下继续测试下一个条件。当前面的条件都不满足时,采用 else{…}分支,将 grade 赋值为'D',条件封闭。

2. switch 语句

switch 语句也是一种很常用的选择结构语句,它由一个 switch 控制表达式和多个 case

关键字组成。switch 语句的基本语法格式如下：

```
switch(控制表达式){
    case 值 1:
        语句块 1  // 控制表达式的值为"值 1"时执行的语句块
        break;    // 可选。跳出 switch 语句
    case 值 2:
        语句块 2  // 控制表达式的值为"值 2"时执行的语句块
        break;    // 可选。跳出 switch 语句
    …
    default:
        语句块 n // 可选。不满足以上情况时默认执行的语句块
}
```

switch 语句规则：switch 语句根据控制表达式的值匹配 case 标签的值，从相匹配处开始执行，一直执行到 break 语句（用于结束 switch 语句）或者执行到 switch 语句末尾。如果控制表达式的值和所有 case 标签的值都不匹配，则进入 default 语句块执行（可选分支，如果存在就执行）。

说明：与 if 条件语句不同的是，switch 语句的控制表达式结果类型必须是该 JDK 版本所支持的有限类型。JDK 1.7 支持 char、byte、short、int、enum（枚举）和 String 类型，而不能是 if 语句支持的 boolean 类型。

【例 2-12】

采用 switch 语句重新实现例 2-11。

分析：程序实现如图 2-23 所示。

```java
1  package cn.linaw.chapter2.demo02;
2  public class SwitchDemo {
3      public static void main(String[] args) {
4          char grade = '\u0000';  // 局部变量需要初始化
5          int score = (int) (100 * Math.random()); // 利用Math类方法产生[0, 100)的随机整数
6          switch (score / 10) {  // 根据分数除以10后的商匹配case值
7          case 9:
8              grade = 'A';
9              break;
10         case 8:
11             grade = 'B';
12             break;
13         case 7:
14         case 6:
15             grade = 'C';
16             break;
17         default:
18             grade = 'D';
19         }
20         System.out.println("该生分数为：" + score + ", 等级为：" + grade);
21     }
22 }
```

`<terminated> SwitchDemo (1) [Java Application] D:\JavaDevelop\jdk1.7.0_15\bin\javaw.exe (2019年4月8日 上午10:56:53)`
该生分数为：77, 等级为：C

图 2-23 采用 switch 语句实现

> **注意：**
> (1) Java 提供的 switch 语句格式比较整齐，但是，由于 switch 表达式语句是针对控制表达式的结果值判断的，和 if 语句相比，switch 语句适应面窄。因此，switch 语句一定可以改写成 if 语句，反之不一定。
> (2) 本例中，分数为 77 分，switch 表达式的值为 7，于是匹配到 case 7，程序从匹配处一直执行到 case 6 语句块的 break 语句为止才跳出 switch 语句，我们把这种现象称为 switch 语句的向下贯通行为。
> (3) default 是可选的，作用类似于 if 条件语句中的兜底 else{…}分支。

2.7.2 循环结构语句

1. while 循环结构

while 循环是最基本的循环，只要循环条件结果为 true，就反复执行循环体，当结果为 false 时就终止整个 while 循环，执行 while 语句后的一条语句。while 循环的语法格式为：

```
while(循环条件){
    循环体；  // 循环内容
}
```

while 循环的执行流程如图 2-24 所示。

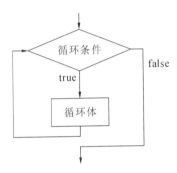

图 2-24　while 循环结构流程图

满足循环条件时重复执行的某一段代码称为循环体。循环条件是一个布尔表达式，这个表达式的值能决定是否执行循环体。因此，可以通过控制布尔表达式中的变量取值，使得循环在适当时机结束。如果循环条件永远为 true，则循环一直执行下去，形成所谓的无限循环或者死循环。

2. do…while 循环结构

do…while 循环和 while 循环的功能类似，语法格式为：

```
do {
    循环体；
}while(循环条件);
```

do…while 循环的执行流程如图 2-25 所示。

> **注意：**
> while 循环是先测试循环，意思是先要通过布尔表达式判断循环是否继续，结果为 true 才执行循环体。而 do…while 循环属于后测试循环，意思是先无条件执行一遍循环体，然后再通过布尔表达式去判断循环是否继续。

3. for 循环结构

for 循环和 while 循环一样，也属于先测试循环。for 循环的语法格式如下：

```
for(初始化表达式;循环条件;操作表达式){
    循环体
}
```

for 循环的执行流程如图 2-26 所示。

for 循环结构执行过程概括如下：

步骤 1：执行初始化表达式，该操作只执行一次，包括定义和初始化用于循环判断的控制变量。该控制变量的作用域为整个 for 循环，for 循环结束后，该控制变量就从内存释放。

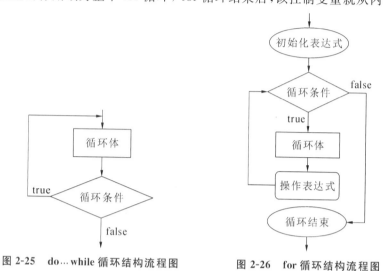

图 2-25　do…while 循环结构流程图　　图 2-26　for 循环结构流程图

步骤 2：通过布尔表达式判断循环是否继续，如果布尔表达式结果是 false，则循环条件不满足，循环结束，进入 for 循环结构后的第一条语句；如果布尔表达式结果是 true，则循环条件成立，继续执行步骤 3。

步骤 3：执行循环体。

步骤 4：执行操作表达式来控制循环条件。for 循环通过操作表达式中的控制变量来控制循环体的执行次数，通常是对控制变量进行自增或自减。

步骤 5：回到步骤 2 继续执行。

【例 2-13】

通过三种循环结构分别计算从 1 加到 100 的和。

（1）采用 while 循环实现，程序如图 2-27 所示。

```java
package cn.linaw.chapter2.demo02;
public class WhileDemo {
    public static void main(String[] args) {
        int sum = 0;
        int x = 1; // x为循环控制变量
        while (x <= 100) {
            sum += x;
            x++; // 循环控制变量自增
        }
        System.out.println("从1加到100的和为：" + sum);
    }
}
```

从1加到100的和为：5050

图 2-27　采用 while 循环结构实现

（2）采用 do…while 循环实现，程序如图 2-28 所示。

（3）采用 for 循环实现，程序如图 2-29 所示。

```java
DoWhileDemo.java
public class DoWhileDemo {
    public static void main(String[] args) {
        int sum = 0;
        int x = 1; // x为循环控制变量
        do {
            sum += x;
            x++; // 循环控制变量自增
        } while (x <= 100);
        System.out.println("从1加到100的和为：" + sum);
    }
}
```

```
Problems  Javadoc  Declaration  Console
<terminated> DoWhileDemo [Java Application] D:\JavaDevelop\jdk1.7.0_15\bin\javaw.exe (2019年4月8日 下午1:39:52)
从1加到100的和为：5050
```

图 2-28　采用 do…while 循环结构实现

```java
ForDemo.java
package cn.linaw.chapter2.demo02;
public class ForDemo {
    public static void main(String[] args) {
        int sum = 0;
        for (int x = 1; x <= 100; x++) { // x为循环控制变量，注意作用域
            sum += x;
        }
        System.out.println("从1加到100的和为：" + sum);
    }
}
```

```
Problems  Javadoc  Declaration  Console
<terminated> ForDemo [Java Application] D:\JavaDevelop\jdk1.7.0_15\bin\javaw.exe (2019年4月8日 下午1:41:48)
从1加到100的和为：5050
```

图 2-29　采用 for 循环结构实现

4. 循环结构的选择

三种循环结构在表达上是等价的，可以使用任何一种形式完成一个循环。通常情况下，如果提前知道重复次数，采用 for 循环结构比较方便，而 while 循环结构（或 do…while 循环结构）适合重复次数无法确定的场景。

5. 嵌套循环

在一个循环体中又包含另一个循环语句的语法结构，称为嵌套循环。while、do…while、for 循环语句都可以进行循环嵌套，并且它们之间也可以互相嵌套。嵌套循环中，每当重复执行一次外层循环，都要执行完内层循环，只有当最外层循环的循环继续条件不满足时，整个嵌套循环才会结束。在实际开发时，我们最常用的是 for 循环嵌套。双层 for 循环的语法格式如下：

```
for(初始化表达式；循环条件；操作表达式){
        ...
        for(初始化表达式；循环条件；操作表达式){
            ...
        }
}
```

在双层 for 循环嵌套中，外层循环每执行一轮，都要执行完内层循环中的整个 for 循环，然后执行外层循环第二轮，接着再执行完内层循环中的整个 for 循环，以此类推，直至外层循环的循环条件不成立，才会跳出整个嵌套 for 循环。

【例 2-14】

利用 for 嵌套循环实现九九乘法表。

程序设计如图 2-30 所示。

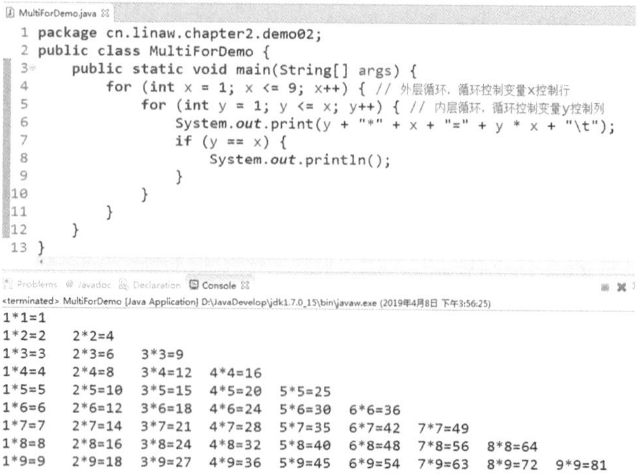

```
 1  package cn.linaw.chapter2.demo02;
 2  public class MultiForDemo {
 3      public static void main(String[] args) {
 4          for (int x = 1; x <= 9; x++) {  // 外层循环,循环控制变量x控制行
 5              for (int y = 1; y <= x; y++) {  // 内层循环,循环控制变量y控制列
 6                  System.out.print(y + "*" + x + "=" + y * x + "\t");
 7                  if (y == x) {
 8                      System.out.println();
 9                  }
10              }
11          }
12      }
13  }
```

```
1*1=1
1*2=2   2*2=4
1*3=3   2*3=6   3*3=9
1*4=4   2*4=8   3*4=12  4*4=16
1*5=5   2*5=10  3*5=15  4*5=20  5*5=25
1*6=6   2*6=12  3*6=18  4*6=24  5*6=30  6*6=36
1*7=7   2*7=14  3*7=21  4*7=28  5*7=35  6*7=42  7*7=49
1*8=8   2*8=16  3*8=24  4*8=32  5*8=40  6*8=48  7*8=56  8*8=64
1*9=9   2*9=18  3*9=27  4*9=36  5*9=45  6*9=54  7*9=63  8*9=72  9*9=81
```

图 2-30　利用 for 嵌套循环实现九九乘法表

> **注意：**
> 本例定义了一个双层 for 循环,外层循环用于控制循环的行数,内存循环用于控制循环的列数,针对每一个外层循环控制变量 x,内层循环控制变量 y 都要从 1 取到 x。

6. 关键字 break 和 continue

在循环语句中,可以利用关键字 break 和 continue 为循环提供额外的控制,实现循环语句执行过程中程序流程的跳转。

在 switch 语句中已经使用过关键字 break,它的作用是终止某个 case 并跳出 switch 结构;当 break 出现在循环结构语句中时,作用是跳出当前循环结构语句,执行后面的代码。

continue 语句的作用是终止本次循环,不再执行本次循环 continue 之后的语句,继续执行下一次循环。

需要强调的是,在程序设计中慎用 break 和 continue,过度使用会使程序容易出错且难于理解。

【例 2-15】

计算从 1 加到 100 的和,要求使用关键字 break 跳出循环。

程序如图 2-31 所示。

> **注意：**
> break 只能跳出当前循环。如果 break 语句出现在双层嵌套循环中的内层循环,则它只能跳出内层循环。

【例 2-16】

计算从 1 到 100 之间奇数的和,要求使用关键字 continue。

程序如图 2-32 所示。

> **注意：**
> continue 语句用在循环语句中,它的作用是跳过本次循环体 continue 语句后面剩余的代码,进行下一次循环,而不是终止整个循环的执行。

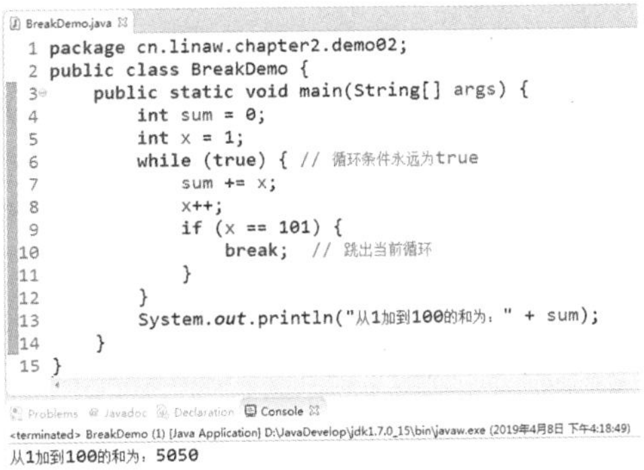

```
BreakDemo.java
1  package cn.linaw.chapter2.demo02;
2  public class BreakDemo {
3      public static void main(String[] args) {
4          int sum = 0;
5          int x = 1;
6          while (true) { // 循环条件永远为true
7              sum += x;
8              x++;
9              if (x == 101) {
10                 break;  // 跳出当前循环
11             }
12         }
13         System.out.println("从1加到100的和为: " + sum);
14     }
15 }
```
从1加到100的和为: 5050

图 2-31 break 关键字应用示例

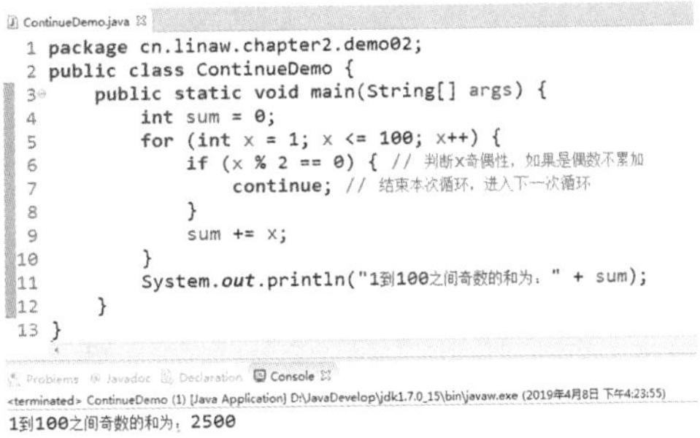

```
ContinueDemo.java
1  package cn.linaw.chapter2.demo02;
2  public class ContinueDemo {
3      public static void main(String[] args) {
4          int sum = 0;
5          for (int x = 1; x <= 100; x++) {
6              if (x % 2 == 0) { // 判断x奇偶性,如果是偶数不累加
7                  continue;  // 结束本次循环,进入下一次循环
8              }
9              sum += x;
10         }
11         System.out.println("1到100之间奇数的和为: " + sum);
12     }
13 }
```
1到100之间奇数的和为: 2500

图 2-32 continue 关键字应用示例

2.8 方法

程序开发中一个重要的思想就是代码的可重用性。在 Java 中,方法(method)就是为了完成特定功能而创建的可重复调用的代码块。在某些语言中,带返回值的方法称为函数(function),不带返回值的方法称为过程(procedure)。

◆ 2.8.1 方法的定义

Java 中的方法定义在类中,一个方法包含方法头和方法体。定义方法的语法格式如下:

修饰符 返回值类型 方法名(参数列表){   // 方法头
    // 方法体;
}

下面详细说明方法的语法格式:

(1) 修饰符:可选,对方法的修饰。

(2) 返回值类型:指定了方法返回的数据类型。如果方法有返回值,则用于明确及限定返回值的数据类型。如果方法只完成某些操作而没有返回值,则返回值类型必须为 void。

(3) 方法名:给方法取的名称。要求符合 Java 命名规范,通常以英文动词开头。

(4) 参数列表:用于指明方法中各参数的参数类型和参数名。注意各参数是有顺序的。参数列表中参数是可选的,如果参数列表不包含任何参数,则该方法称为无参方法。参数类型限定调用方法时传入参数的数据类型;参数列表也称为形参列表,形参(全称为形式参数)本质上是一个局部变量,形参用来接收调用该方法时传入的实参(全称为实际参数)。在调用方法时,实参将赋值给形参,因此,必须注意实参的个数、类型应与形参一一对应,并且实参要有确定的值。

(5) 方法体:实现相关功能的代码集合。如果方法需要返回值,则方法体中必须通过带 return 关键字的语句结束,将结果返回给调用者。如果是一个不带返回值的 void 方法,则不能在方法中使用 return 语句返回一个值,但是可以单独写"return;"语句来作为方法的结束。

【例 2-17】

定义一个方法,该方法的功能是返回两个整数中的较大值。

定义方法代码如图 2-33 所示。

```java
public static int getMax(int a, int b) {// 方法头
    // 以下为方法体
    int max = 0;
    if (a > b) {
        max = a;
    } else {
        max = b;
    }
    return max;// 返回值
}
```

图 2-33　方法定义示例

下面分析该方法的各要素：

（1）修饰符：本例用到了 public 和 static 关键字，是对方法的修饰。后续项目 3 会详细讲解。

（2）返回值类型：本例中，返回值的类型为 int 型。

（3）方法名：本例中的方法名为 getMax，见名知意。

（4）参数列表：本例方法有 2 个参数，一个是 int 类型形参 a，另一个是 int 类型形参 b。

（5）方法体：本例方法体完成了两个 int 型数据的大小比较，并将较大值返回。

> **注意：**
> 在写一个方法时，首先要明确参数列表，考虑本方法需要接收什么参数，然后确定返回给调用者什么类型的结果，最后再考虑算法具体怎么实现。

2.8.2　方法的调用

创建方法就是为了被使用或者被调用。根据方法是否有返回值，分为两种情况：如果方法有返回值，调用者通常用一个变量来接收该方法被调用后的返回值；如果方法没有返回值，即为 void 方法，那么调用者通过一条语句调用即可，void 方法不能有赋值操作。

【例 2-18】

编写一个测试程序，给定两个 int 型值，通过调用 getMax 方法得到最大值。

程序如图 2-34 所示。

```java
 1  package cn.linaw.chapter2.demo03;
 2  public class GetMaxDemo {
 3      public static void main(String[] args) {
 4          int max = 0;
 5          int x = 2;
 6          int y = 5;
 7          max = getMax(x, y); // x、y为实参，调用方法后将返回值赋给变量max
 8          System.out.println("x和y之间的最大值是：" + max); // void方法，无返回值
 9      }
10      public static int getMax(int a, int b) {// 方法头
11          // 以下为方法体
12          int max = 0;
13          if (a > b) {
14              max = a;
15          } else {
16              max = b;
17          }
18          return max;// 返回值
19      }
20  }
```

```
<terminated> GetMaxDemo [Java Application] D:\JavaDevelop\jdk1.7.0_15\bin\javaw.exe (2019年4月8日 下午5:35:19)
x和y之间的最大值是：5
```

图 2-34　方法调用示例

该程序中，main()方法是由 JVM 调用的，当 main 方法调用 getMax()方法时，将 int 型变量 x 的值 2(实参)传递给 getMax()方法的 int 型变量 a(形参)，将 int 型变量 y 的值 5(实参)传递给 getMax()方法的 int 型变量 b(形参)，getMax()方法根据传递来的参数，执行自己方法体中的语句，通过 return 语句将结果返回给 main()方法调用处，main()方法通过 int 型变量 max 接收该返回值。程序控制权回到调用者 main()方法中，继续执行。

方法的调用过程需要结合 JVM 栈内存分配来学习。本例中，JVM 调用 main()方法，在虚拟机栈里开辟了一个 main()方法栈帧，局部变量 int 型变量 max、x 和 y 都存储其中。当 main 方法调用 getMax()方法时，在栈顶又开辟 getMax()方法栈帧，局部变量 int 型参数 a、int 型参数 b 和 int 型变量 max 都存储其中，a 和 b 的值通过方法调用时的实参传递进来。当 getMax()方法执行结束时，JVM 会将 getMax()栈帧里局部变量 max 的值通过 return 语句返回给 main()方法栈帧局部变量 max，getMax()方法栈帧被弹出释放，main()方法栈帧重为栈顶，继续执行下一条语句。

本例第 8 行的 println()方法就是一个不带返回值的方法调用，不能做赋值操作。注意，System 类中的 out 是一个 PrintStream 类的静态常量，可查看 PrintStream 类 API，该方法为：public void println(String x)。

2.8.3 方法的重载

Java 方法的重载(method overloading)，就是在一个类中可以创建多个方法名相同，但是参数列表不同的方法。参数列表又叫作参数签名，包括参数的类型、参数的个数和参数的顺序，只要有一个不同就叫作参数列表不同。注意，仅仅参数变量名称不同是不可以的。系统调用重载方法时，通过不同的参数列表来匹配使用哪个具体方法。

开发规范中，要求实现某一功能的方法的命名要有意义，但是有的方法可能需要不同的参数列表，如果没有重载的话就要取不同的方法名，这样不方便使用者使用。有了方法重载的概念，就能为同一方法名根据不同参数列表提供多种实现方式，这样，这些方法既可以体现方法名的意义，又能体现它们是相关的一组方法，方便使用者调用。

Java 利用方法签名(包括方法名和参数列表)来区别一个方法不同于另一个方法。方法是否重复定义，与方法的返回值、修饰符以及异常无关，只与方法的签名相关，方法签名相同，才会被编译器认为是同一个方法。

【例 2-19】

设计一个案例，演示方法的重载。

分析：例 2-17 中的 getMax()方法是对 2 个 int 型值求最大值。假设在程序中需要对 3 个 int 型数据取最大值，或者对 2 个浮点型数据取最大值等，这些新增的方法本质上都是求取几个数的最大值，功能一样，只是参数列表不同，这时最好采用方法重载。

MethodOverloadingDemo.java 如图 2-35 所示。

本例中，为方法 getMax(int a, int b)增加了另外两个重载方法：一是对 3 个 int 类型数据取最大值，一是对 2 个 double 类型数据取最大值。

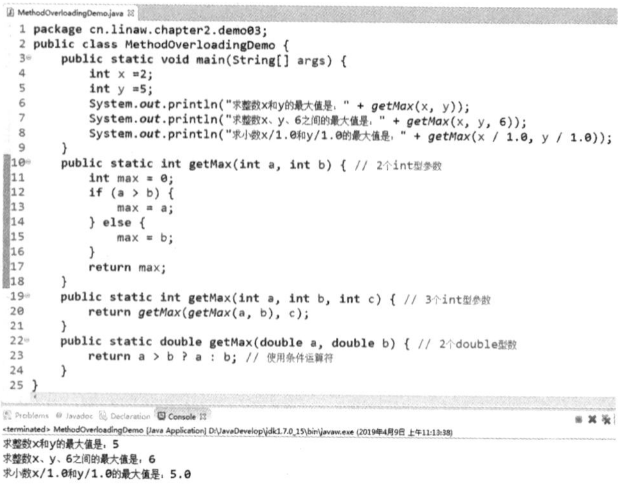

```
 1 package cn.linaw.chapter2.demo03;
 2 public class MethodOverloadingDemo {
 3     public static void main(String[] args) {
 4         int x =2;
 5         int y =5;
 6         System.out.println("求整数x和y的最大值是," + getMax(x, y));
 7         System.out.println("求整数x、y、6之间的最大值是," + getMax(x, y, 6));
 8         System.out.println("求小数x/1.0和y/1.0的最大值是," + getMax(x / 1.0, y / 1.0));
 9     }
10     public static int getMax(int a, int b) { // 2个int型参数
11         int max = 0;
12         if (a > b) {
13             max = a;
14         } else {
15             max = b;
16         }
17         return max;
18     }
19     public static int getMax(int a, int b, int c) { // 3个int型参数
20         return getMax(getMax(a, b), c);
21     }
22     public static double getMax(double a, double b) { // 2个double型数
23         return a > b ? a : b; // 使用条件运算符
24     }
25 }
```

求整数x和y的最大值是：5
求整数x、y、6之间的最大值是：6
求小数x/1.0和y/1.0的最大值是：5.0

图 2-35　getMax()方法重载示例

◆ 2.8.4　方法的递归调用

递归(recursion)作为一种算法在程序设计语言中应用广泛。方法的递归调用是指方法在运行过程中直接或间接调用自身而产生的重入现象。递归调用必须要有结束条件，否则就会陷入无限递归的状态，永远无法结束。

递归通常把一个大型复杂的问题层层转化为一个与原问题相似的规模较小的问题来求解，递归策略只需少量的程序就可描述出解题过程所需要的多次重复计算，大大地减少了程序的代码量。

可见，构成递归需具备的条件：

(1) 子问题须与原始问题为同样的事，且更为简单；

(2) 不能无限制地调用本身，必须有个出口，化简为非递归状况处理。

递归调用的方式包括直接调用和间接调用。直接调用的语法格式为：

```
方法 A {
    ...
    方法 A
    ...
}
```

间接调用的语法格式为：

```
方法 A {
    ...
    方法 B
    ...
}
方法 B {
    ...
    方法 A
    ...
}
```

【例 2-20】

利用递归方式计算从 1 加到 100 的和。

分析：采用递归调用的难点在于递归算法的设计。本例中，抽象出如下递归算法：

$$\text{sum}(n)=\begin{cases}1, & \text{当 } n=1 \text{ 时}\\ \text{sum}(n-1)+n, & \text{当 } n>1 \text{ 时}, n \text{ 为自然数}\end{cases}$$

要计算 sum(n)，根据公式要先计算 sum(n−1)，这就是递归调用，算法相同但是参数值不同。同样，为了计算 sum(n−1)，要调用自身算法先计算 sum(n−2)，……，为了计算 sum(2)，要先计算 sum(1)，而 sum(1) 的值是已知的，即为递归出口，然后逐级返回，先得到 sum(2) 的值，接着得到 sum(3) 的值，……，最后得到 sum(n)。

程序实现如图 2-36 所示。

```java
package cn.linaw.chapter2.demo03;
public class RecursionDemo {
    public static void main(String[] args) {
        System.out.println("从1加到100的和为：" + sum(100));
    }
    public static int sum(int n) {
        if (n == 1) { // 递归结束条件
            return 1;
        } else {
            return sum(n - 1) + n;// 递归调用
        }
    }
}
```

<terminated> RecursionDemo [Java Application] D:\JavaDevelop\jdk1.7.0_15\bin\javaw.exe (2019年4月9日 下午4:56:30)
从1加到100的和为：5050

图 2-36　方法递归调用示例

本例的递归算法，每调用自身一次，参数 n 的值就减 1，离递归结束条件就更近一步，当参数 n 减少到 1 时到达边界，满足递归结束条件，接着，所有递归调用的方法都以相反的顺序相继结束，最终得到 sum(n) 的计算结果。

采用递归算法实现的方法每调用一次都会在栈顶产生一个栈帧。本例中，递归调用时虚拟机栈中栈帧分配如图 2-37 所示。

当满足递归结束条件时，栈帧又依次弹出，递归调用的方法依次返回结果，最终得到 sum(100) 的计算结果。

栈是用来存储方法调用信息的绝好方案，这归功于其后进先出的特点满足了方法调用和返回的顺序。然而，使用栈也有一些缺点。

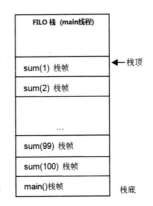

图 2-37　递归调用时栈帧分配

(1) 栈维护了每个方法调用的信息直到方法返回后才释放，占用空间大，尤其是在程序中递归调用很多的情况下。

(2) 因有大量的信息需保存和恢复，故生成和销毁活跃记录需要耗费一定的时间。

关于递归的使用，还有以下两点提示：

(1) 尽量不要使用层次较深的递归调用。

(2) 关于递归与循环的转化问题。有的递归可以通过循环实现，例如本例，之前通过 for 循环实现，再比如，求阶乘数 n!，可以采用递归，也可以采用循环实现。当然，很多时候很难用循环来替代，此时递归调用是必需的。

2.9 变量的作用域

变量在它的作用范围内才可以被使用,这个作用范围称为变量的作用域。对于在作用域里定义的变量,作用域同时决定了它的"可见性"以及"存在时间"。

在 Java 中,变量一定会被定义在某一对大括号中,该大括号所包含的代码区域便是这个变量的作用域。在作用域里定义的变量,程序在离开该作用域之前可以使用,一旦超出该作用域,将无法访问。下面通过一个代码片段来展示变量的作用域,如图 2-38 所示。

图 2-38 变量的作用域说明

Java 将变量的作用域分为四个级别:类级、对象实例级、方法级和块级。

(1) 类级变量又称全局级变量或静态变量,需要使用 static 关键字修饰。类级变量在类定义后就已经存在,占用方法区内存空间,可以通过类名来访问,不需要实例化。

(2) 对象实例级变量就是成员变量,实例化后才会分配内存空间,才能访问。

(3) 方法级变量就是在方法内部定义的变量,即局部变量。局部变量在调用了对应的方法时执行到了创建该变量的语句时存在,局部变量的作用域从它被声明的点开始,一旦出了自己的作用域就马上从内存释放。

(4) 块级变量就是定义在一个块内部的变量,块是指由大括号包围的代码。块级变量的生存周期就是这个块,出了这个块就消失了,例如 if 语句块、for 语句块等中定义的变量。

【例 2-21】

设计一个程序,说明局部变量和块级变量作用域。

程序 ScopeDemo.java 如图 2-39 所示。

图 2-39 变量的作用域

> **注意:**
> (1) 同一个作用域范围内的变量不能重名,但是不同作用域范围的变量可以重名。
> (2) 程序第 7 行代码,打印的是 for 循环块里的局部变量 x,而不是 main() 方法里的局部变量 x,可见,访问同名变量时,符合就近原则。

项目总结

本项目是 Java 语言的基础,要求如下:
(1) 理解三种 Java 注释的作用,并在开发中熟练使用。
(2) 掌握标识符的命名规则,并在开发中严格遵循。
(3) 掌握 Java 数据类型的分类,理解数据类型转换。
(4) 重点掌握一维数组的声明和初始化过程,并能画图说明。
(5) 理解 JVM 的内存区域划分,有助于后续学习。
(6) 掌握字符编码,字符编码运用不当会导致乱码,在后续讲解 String 类和 IO 流时还会涉及。
(7) 理解变量的四种不同作用域,作用域决定了变量的"可见性"以及"存在时间"。
(8) 熟练掌握 Java 支持的运算符。至于未讲解的位运算符,可以查阅相关资料。
(9) 顺序结构语句、选择结构语句和循环结构语句是结构化程序设计的三种基本流程控制语句。熟练掌握选择结构语句和循环结构语句的使用,掌握 break 和 continue 关键字的应用场景。
(10) 方法的出现体现了代码的可重用性。掌握方法的定义和调用过程,掌握方法重载的内涵,掌握方法的递归调用。

项目作业

1. 下面符合 Java 标识符命名规范的是( )和( )。
   A. class   B. 2name   C. $ para1   D. _name
2. int x=2; int y=5; y=++x;这执行后,x 和 y 的值分别为_____和_____。
   int x=2; int y=5; y=x++;这执行后,x 和 y 的值分别为_____和_____。
3. 在 Java 中,byte 类型数据占_____字节,int 类型数据占_____字节,long 类型数据占_____字节,char 类型数据占_____字节,float 类型数据占_____字节,double 类型数据占_____字节。
4. 下面赋值语句中正确的是( )和( )。
   A. float a=0.25;   B. char b =2+'中';   C. String c='abc';   D. int d='a';
5. 以下定义数组语句正确的是( )。
   A. int[2] a=new int[];   B. int[] b=new int[];
   C. int[][] c=new int[2][];   D. int[][] d=new int[][2];
6. 简述数组的三种初始化方式。
7. 以语句"int[ ] arr=new int[ ]{1,2,3};"为例,画出一维数组内存分配及初始化过程。
8. 简述 Java 数据类型分类。
9. 简述字符编码 Unicode 和 UTF-8。
10. 简述变量的四种作用域。
11. 给定一个 int 型数组{2,8,41,25,10,3},请用冒泡排序法将其按升序排列并输出。
12. 引入方法重载的目的是什么?方法重载的判断依据是什么?System.out.println 方法使用了重载吗,为什么?
13. 斐波那契数列指的是这样一个数列:1,1,2,3,5,8,13,21,…,这个数列从第三项开始,每一项都等于前两项之和。在数学上,斐波那契数列被以递推的方法定义:F(1)=1,F(2)=1, F(n)=F(n-1)+F(n-2)(n>=3,n∈N*)。请编写递归算法,并计算 F(10) 等于多少。

项目 3 对象和类

3.1 类的抽象

3.1.1 面向对象概述

面向过程即 PO(procedure oriented),面向过程编程简称 POP(procedure oriented programming),是一种以过程为中心的编程架构。面向过程编程就是分析出解决问题所需要的步骤,然后用不同的函数把这些步骤一步一步实现,最后通过 main 主函数依次调用不同的函数,最终解决问题。可见,面向过程编程强调过程,即强调功能的执行顺序。最小的程序单元为函数,每个函数负责特定的功能。

面向对象即 OO(object oriented),面向对象编程简称 OOP(object oriented programming),是一种以对象为中心进行编程的架构。面向对象编程是把构成问题的事务分解成各个对象,建立对象不是为了完成一个步骤,而是为了描叙某个事物在整个解决问题的步骤中的行为。不同对象之间相互作用,传递信息,最终实现解决问题。可见,面向对象编程强调对象,准确地说,是具备某些特定功能的对象。最小的程序单元是类,类是对象的抽象,定义了对象具有的属性和方法。

面向过程编程与面向对象编程两种编程思想的区别,如图 3-1 所示。

面向对象编程有三大特征:封装、继承和多态。简单说明如下:

(1) 封装是面向对象的核心思想,将对象的属性和行为封装起来,不需要让外界知道具体实现细节。

(2) 继承主要描述的是类与类之间的关系,通过继承,可以在无须重新编写原有类的情况下,对原有类的功能进行扩展。

图 3-1　面向过程编程与面向对象编程

（3）多态指的是在一个类中定义的属性和功能被其他类继承后,当把子类对象直接赋值给父类引用变量时,在具体访问时实现方法的动态绑定。

3.1.2　类的定义

面向对象的编程思想,力图让程序中对事物的描述与该事物在现实中的形态保持一致。为了做到这一点,面向对象的思想中提出了两个重要的概念——类(class)和对象(object)。类是对某一类事物的抽象描述,是某一种概念;而对象用于表示现实中该类事物的个体,也被称作实例(instance)。类和对象的关系密不可分。类用于描述多个对象的共同特征,它是对象的模板;而对象是类的具体化,并且一个类可以对应多个对象。

在面向对象的思想中,最核心的就是对象,而为了在程序中创建对象,首先就需要定义一个类。设计一个类,就是把该类的共同特征和行为封装起来,共同特征称作类的属性(也叫成员变量),共同行为称作类的方法(也叫成员方法)。下面讲解 Java 中类的定义格式、类的成员变量和成员方法。

1. 类的定义格式

定义类的语法格式如下:

```
[修饰符] class 类名[extends 父类名][implements 接口名1,接口名2,…]{
    // 类体
}
```

在上述语法格式中,[ ]所包含的部分属于可选项,class 关键字用于定义类;class 前面的修饰符可以是 public,也可以不写(默认);class 关键字后是定义类的名称,要求首字母大写且符合标识符的命名规则;extends 关键字用于说明所定义的类继承于哪个父类,implements 关键字用于说明当前类实现了哪些接口;后面大括号{}中的内容是类体,即需要在类中编写的内容,它主要包括类的成员变量和成员方法。

2. 声明(定义)成员变量

类的成员变量包括实例变量和类变量,类变量也称为静态变量。类变量,是用 static 修饰的变量,属于类,可以直接通过类名调用,是所有对象共享的变量。成员变量也称为实例变量,只能通过对象名调用,这个变量属于对象。

声明(定义)成员变量的语法格式如下:

```
[修饰符] 数据类型 变量名 [= 初始值];
```

在上述语法格式中,修饰符为可选项,用于指定变量的访问权限,其值可以是 public、private 等;数据类型可以为 Java 中的任意类型;变量名是变量的名称,必须符合标识符的命名规则,它可以赋予初始值,也可以不赋值。通常情况下,将未赋值(没有被初始化)的变量称为声明变量,而赋值(初始化)的变量称为定义变量。

成员变量和局部变量的对比如下:

相同点:

(1) 都遵循变量声明的格式:数据类型　变量名[=初始值];

(2) 都有其作用域,仅在作用域内有效。

不同点:

(1) 在类中声明的位置不同。成员变量直接声明在类体中,方法之外,不能在方法中;而局部变量声明在方法内,如方法的形参部分、代码块内部。

(2) 成员变量声明的数据类型前可以指明这个变量的权限,如 private、默认、protected、public;而局部变量声明的数据类型前不可以有权限的声明。

(3) 成员变量声明的时候,可以不显式地赋值,会使用其默认赋值;而局部变量,除方法的形参之外,都需要显式地赋值,否则报错,方法的形参是在方法调用的时候赋值的。

(4) 两者在内存中存放的位置不同。成员变量保存于堆空间;而局部变量保存于栈空间。

3. 成员方法

成员方法定义在类体中,成员方法分为实例方法和静态方法。静态方法是用 static 修饰的方法,静态方法归属于类,可以通过类直接调用;而实例方法要先生成实例,通过实例调用方法。定义一个成员方法的语法格式如下:

```
[修饰符] [返回值类型] 方法名([参数类型 参数名1,参数类型 参数名2,...]){
    //方法体
    ...
    return 返回值; //当方法的返回值类型为 void 时,return 及其返回值可以省略
}
```

具体参数说明可以参考项目 2 的 2.8 节。

了解了类及其成员的定义方式后,接下来通过一个具体的案例来演示一下类的定义。

【例 3-1】

设计一个描述圆的类,该类有半径属性,并提供求面积和周长的方法。

MyCircle1 类的定义如图 3-2 所示。

```
1 package cn.linaw.chapter3.demo01;
2 public class MyCircle1 {
3     static final double PI = 3.14; // 成员属性:静态变量、类变量
4     double radius;// 成员属性:实例变量
5     public double getArea() { // 成员方法:实例方法
6         double area = 0; // 局部变量
7         area = PI * radius * radius;
8         return area;
9     }
10    public double getCircumference() {  // 成员方法:实例方法
11        return 2 * PI * radius;
12    }
13 }
```

图 3-2　MyCircle1 类的定义

类定义中成员属性和成员方法说明如下:

(1) 成员属性 PI 是定义在类中的一个 double 型类变量,由于有 final 关键字修饰,因此

该类变量只能被赋值一次,后续不能修改,这样的类变量其实就是常量。静态变量能被本类所有成员方法(包括静态方法和实例方法)所访问。

(2)成员属性 radius 是一个 double 型实例变量,实例变量归属于对象,随着一个对象的创建而产生,随着该对象的消亡而消失。因此,实例变量只能被本类实例方法访问。

(3)成员方法 getArea 是一个无参非静态方法(实例方法)。实例方法除了能访问自身局部变量(如 double 型 area 变量)和类变量外,还与具体的调用该方法的对象相关,即实例方法还可以访问调用该实例方法的实例对象中的实例变量,这也是实例方法命名的由来。成员方法 getCircumference 类似,这里不再赘述。

在日常学习中,可能会发现有的类中还可能出现代码块和内部类。因此,Java 类的一般结构如图 3-3 所示。

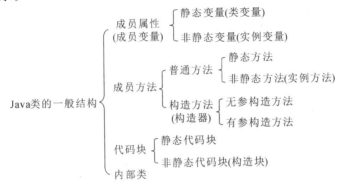

图 3-3 Java 类的一般结构

3.2 对象的创建和访问

3.2.1 构造方法

构造方法又称为构造器,是一种特殊的方法,主要用来构造对象以及给成员变量赋初始值。构造方法主要有以下特点:

(1)构造方法的名称必须与类名相同,并且没有返回值类型,也不能加 void,如果加了,系统会认为这是一个普通的 void 方法。

(2)构造方法不能被 static、final 等关键字修饰。

(3)所有的类都有构造方法,如果类中没有自定义任何构造方法,那么编译器会自动生成一个默认的无参构造方法。一旦类中自定义有构造方法,那么编译器就不会再自动生成无参构造方法。如果需要无参构造方法,则必须自己编写。

(4)构造方法也可以重载,即定义多个构造方法,参数列表不同。

(5)用户不能直接调用构造方法,只能通过关键字 new 来自动调用。每调用一次,就创建一个新对象。

构造方法定义在类中,语法格式如下:

```
[修饰符] 类名(){   // 无参构造方法
    ...
}
```

或者

```
[修饰符] 类名(参数列表){    // 有参构造方法
    ...
}
```

【例 3-2】

演示如何自定义构造方法,包括无参构造方法和有参构造方法。

定义一个新的 MyCircle2 类,如图 3-4 所示。

```java
package cn.linaw.chapter3.demo01;
public class MyCircle2 {
    static final double PI = 3.14;  // 显式初始化
    double radius = 5.0;// 显式初始化
    public double getArea() {
        double area = 0;
        area = PI * radius * radius;
        return area;
    }
    public double getCircumference() {
        return 2 * PI * radius;
    }
    public MyCircle2() {  // 无参构造方法
        System.out.println("这是无参构造方法!");
    }
    public MyCircle2(double radius) {  // 带参数的构造方法
        this.radius = radius;
        System.out.println("这是有参构造方法!");
    }
}
```

图 3-4 MyCircle2 类的定义

说明:

(1) 在 Java 中的每个类都至少有一个构造方法,如果在一个类中没有显式地定义构造方法,编译器会自动为这个类创建一个默认的无参构造方法。回顾例 3-1 中,MyCircle1 类中没有显式地声明构造方法,编译器编译时会自动插入一个无参构造方法 public MyCircle1{}。

(2) 一旦在类中显式定义了构造方法,那么系统将不再提供默认的无参构造方法。一个好的建议是,如果在类中显式定义了有参构造方法,最好也能同时显式定义一个无参构造方法。

3.2.2 创建对象

前面说过,类是创建对象的模板,设计出了类还远远不够,还需要根据类来创建实例对象。在 Java 程序中,创建对象分为如下两步:

1. 声明一个引用变量

声明一个类的引用变量,语法格式为:

```
类名 对象名称;
```

例如,声明一个 MyCircle2 类的对象名称 c1,代码如下:

```
MyCircle2  c1;
```

2. 实例化一个对象

使用 new 关键字在堆内存创建一个对象并调用构造方法初始化,最后将对象的地址赋值给引用变量。语法格式为:

```
对象名=new 类名(参数列表);    // 参数列表为空表示无参构造方法
```

例如:
```
c1=new MyCircle2();
```
上面代码表示创建一个 MyCircle2 类的实例对象,并将该对象在内存中的地址赋值给变量 c1。

以上两步可以合并为一条语句,语法格式为:
```
类名 对象名=new 类名(参数列表);
```
例如:
```
MyCircle2  c1=new MyCircle2();
```

> **注意:**
> 每实例化一个对象,就会在堆内存中生成一个对象。

【例 3-3】

根据 MyCircle2 类定义,编写测试用例来创建对象,分别调用无参构造方法和有参构造方法。

MyCircle2Test1 测试类源代码如图 3-5 所示。

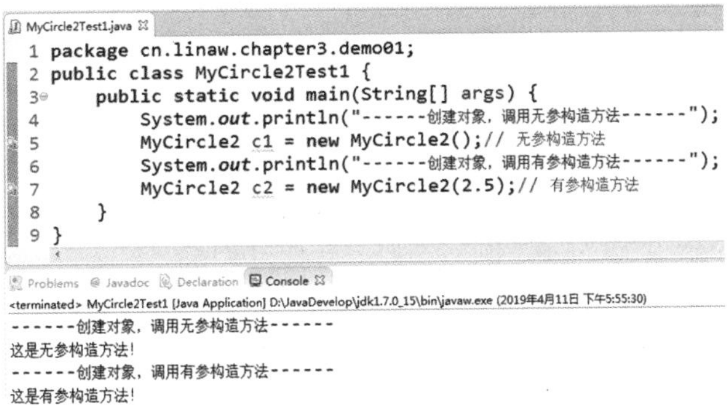

```
1 package cn.linaw.chapter3.demo01;
2 public class MyCircle2Test1 {
3     public static void main(String[] args) {
4         System.out.println("------创建对象,调用无参构造方法------");
5         MyCircle2 c1 = new MyCircle2();// 无参构造方法
6         System.out.println("------创建对象,调用有参构造方法------");
7         MyCircle2 c2 = new MyCircle2(2.5);// 有参构造方法
8     }
9 }
```

```
<terminated> MyCircle2Test1 [Java Application] D:\JavaDevelop\jdk1.7.0_15\bin\javaw.exe (2019年4月11日 下午5:55:30)
------创建对象,调用无参构造方法------
这是无参构造方法!
------创建对象,调用有参构造方法------
这是有参构造方法!
```

图 3-5 创建对象演示

下面以程序第 7 行"MyCircle2 c2=new MyCircle2(2.5);"来大致说明系统创建对象所做的工作:

(1) 系统在栈内存中声明一个 MyCircle2 类型的引用变量 c2,这是一个局部变量。

(2) 在堆区为实例对象分配内存。

(3) 将方法区内对实例变量的定义拷贝一份到堆区(不包括任何静态变量),然后赋默认值。新创建 MyCircle2 类对象的 radius 变量被默认初始化为 0.0d。

(4) 执行实例初始化代码。如果变量定义时有赋值,对实例变量执行显式初始化。本例新创建的 MyCircle2 类对象的 radius 变量被显式初始化为 5.0d,即从 0.0d 变为 5.0d。再执行构造方法,该对象 radius 变量从 5.0d 变为 2.5d。

(5) 将堆区新创建的 MyCircle2 类对象的地址赋值给栈区的引用变量 c2。

可见:new 关键字实例化一个类对象,将给这个对象分配内存,new 关键字还执行了实例初始化,调用了对象的构造方法,并返回一个指向该内存的引用。

3.2.3 访问对象

每个对象都有自己的属性和行为,这些属性和行为在类中体现为成员变量和成员方法,其中成员变量对应对象的属性,成员方法对应对象的行为。

在 Java 中,要引用对象的属性和行为,需要使用点(.)操作符来访问。对象名在圆点左边,而成员变量或成员方法的名称在圆点的右边。语法格式如下:

```
对象名.属性(成员变量)        //访问对象的属性
对象名.成员方法名(参数列表)   //访问对象的方法
```

创建好对象后,就可以通过对象的引用来访问对象的所有成员。语法格式为:

```
引用变量.属性              //访问对象的属性
引用变量.方法名(参数列表)   //访问对象的方法
```

【例 3-4】

根据 MyCircle2 类的定义,编写测试用例,创建该类的对象,再访问该对象的属性和方法。

MyCircle2Test2 测试类源代码如图 3-6 所示。

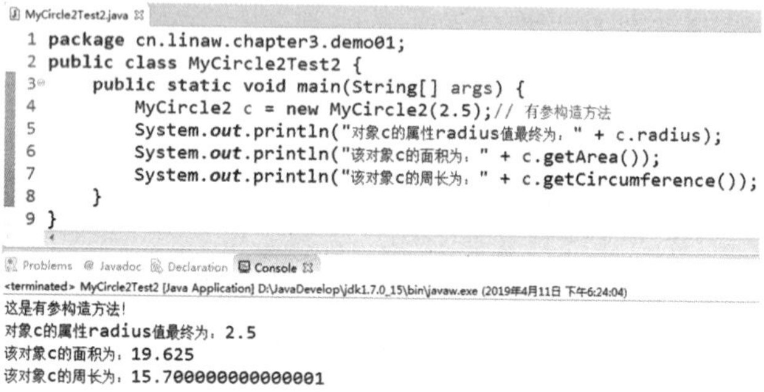

```
1 package cn.linaw.chapter3.demo01;
2 public class MyCircle2Test2 {
3     public static void main(String[] args) {
4         MyCircle2 c = new MyCircle2(2.5);// 有参构造方法
5         System.out.println("对象c的属性radius值最终为," + c.radius);
6         System.out.println("该对象c的面积为:" + c.getArea());
7         System.out.println("该对象c的周长为:" + c.getCircumference());
8     }
9 }
```

```
<terminated> MyCircle2Test2 [Java Application] D:\JavaDevelop\jdk1.7.0_15\bin\javaw.exe (2019年4月11日 下午6:24:04)
这是有参构造方法!
对象c的属性radius值最终为: 2.5
该对象c的面积为: 19.625
该对象c的周长为: 15.700000000000001
```

图 3-6 访问对象示例

说明:

(1) 程序第 4 行,创建 MyCircle2 类的对象 c。

(2) 程序第 5 行,c.radius 表示获取 c 对象的 radius 属性值。

(3) 程序第 6 行,c.getArea()表示调用 c 对象的 getArea()方法。

(4) 程序第 7 行,c.getCircumference()表示调用 c 对象的 getCircumference()方法。

如果给某个对象的引用变量赋值为 null,即引用置为空,则该引用变量将不再指向任何对象。如果某个对象没有被任何引用变量所引用,意味着该对象失去引用,JVM 将会通过垃圾回收(garbage collection,GC)机制在合适时机自动回收它所占的堆内存空间。

如果一个对象要被使用,则对象必须先被实例化;如果一个对象没有被实例化而直接调用了对象中的属性或方法,则会抛出空指针异常(NullPointerException)。如果上例中出现如下代码:

```
MyCircle2  c=null;
System.out.println("打印对象c的radius值:"+ c.radius);
```

则程序运行时就会出现"Exception in thread "main" java.lang.NullPointerException"。

> **注意：**
> 开发中，不要试图调用未实例化的对象的成员，否则肯定会出现空指针异常。

3.2.4 this 引用的使用

在有参构造方法中，引入了一个关键字 this。在 Java 中，this 关键字总是指向调用该方法的对象。根据 this 出现位置的不同，this 作为对象的默认引用有两种情形。

（1）系统自动调用构造方法时，this 引用用来指向该构造方法正在初始化的对象。

（2）实例化对象调用成员时，this 引用用来指向调用该方法的对象。

在 Java 中，this 关键字有如下三种常见用法。

（1）使用 this 关键字引用成员变量，解决与局部变量名称冲突问题。例如：

```java
class Person {
    private int age;          // 声明成员变量 age
    public Person(int age){   // 参数 age 是局部变量
        this.age=age;         // 将局部变量 age 的值赋给成员变量 age
                              // "this.age"表示访问成员变量
    }
}
```

按照 Java 语言的变量作用范围规定，参数 age 的作用范围为构造方法或方法内部，成员变量 age 的作用范围是类的内部，这样在构造方法中存在变量 age 的冲突。Java 语言规定，当变量作用范围重叠时，作用域小的变量覆盖作用域大的变量。因此，在构造方法中，参数 age 起作用，如果需要访问成员变量 age 则必须使用 this 进行引用。当然，如果变量名不发生重叠，则 this 可以省略。但是，为了增强代码的可读性，一般将参数的名称和成员变量的名称保持一致。

（2）在一个类的构造方法内部，也可以使用 this 关键字引用其他的构造方法，这样可以降低代码的重复度。

```java
class Person {
    private int   age
    public Person(){
        this(18);         // 调用有参构造方法
    }
    public Person(int age){
        this.age= age;
    }
}
```

构造方法是在实例化对象时被 Java 虚拟机自动调用的，在程序中不能像调用其他方法一样去调用构造方法，但可以在一个构造方法中使用"this([参数 1,参数 2,…])"的形式来调用其他的构造方法。使用时注意，这种调用只能出现在构造方法内部的第一行，且只能出现一次。另外，不能在一个类的两个构造方法中使用 this 互相调用，否则会出现死循环。

（3）在一个方法中通过 this 关键字访问其他方法、成员变量。

在一个类的内部，成员方法之间互相调用时也可以使用"this.方法名(参数)"来进行引用，只是所有这样的引用中 this 都可以省略。在使用"this.成员变量"时，如果不存在和局部变量的冲突，也可以省略 this 前缀。

当一个对象调用成员方法时，在该方法的栈帧的局部变量表里，第一个位置默认保存的就是用于传递方法所属对象实例的 this 引用。通过类可以在堆内存中构造若干个对象，而方法在类加载时存放在方法区，只有一份。下面通过一个案例分析。

【例 3-5】

分析例 3-4 中 MyCircle2Test2.java 运行过程中 JVM 的内存操作（只分析方法区、栈区和堆区）。

（1）当运行 MyCircle2Test2 程序时，就会启动一个 JVM 进程，通过类加载器将字节码文件 MyCircle2Test2.class 加载到该 JVM 内存的方法区，将 main()静态方法放在该方法区的静态区，而将构造方法加载在方法区的非静态区，如图 3-7 所示。

图 3-7 加载 MyCircle2Test2 类文件

（2）JVM 根据类名 MyCircle2Test2，识别并调用方法区静态区的 main 方法（程序入口），开始执行 main 方法。首先，在 main 线程虚拟机栈开辟 main 方法栈帧，执行 main 方法语句"MyCircle2 c＝new MyCircle2(2.5);"时，根据赋值运算符"="左边的 MyCircle2 类，将 MyCircle2.class 类文件加载到方法区，在 main 方法栈帧分配局部变量 c(MyCircle2 对象引用变量)，该引用变量没有默认值，如图 3-8 所示。

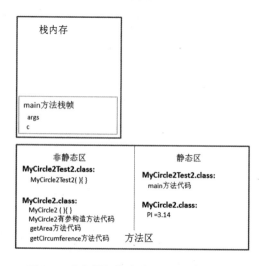

图 3-8 在虚拟机栈中分配 main 方法栈帧

系统根据赋值运算符"="右边的 new 关键字，在堆区中为对象开辟空间。假设该对象空间首地址为 0x0015，将方法区内对实例变量的定义拷贝一份到对象空间，然后赋默认值，该对象 double 型实例变量 radius 的值默认初始化为 0.0，接着执行实例初始化。首先显式初始化 radius 变量为 5.0，如图 3-9 所示。

图 3-9　堆中创建对象、默认初始化和显式初始化

接着，系统自动调用构造方法来完成初始化工作。在方法区非静态区找到构造方法 MyCircle2(double radius)，在该虚拟机栈顶开辟 MyCircle2 构造方法栈帧。由于是新建对象在调用构造方法，因此，MyCircle2 构造方法栈帧中持有隐藏局部变量 this 引用指向该对象，参数 radius 接收实参的值，被赋值为 2.5。语句"this.radius＝radius;"的作用是将栈帧中局部变量 radius 的值赋给 this 引用对象中 radius 实例变量。到此为止，MyCircle2 实例初始化工作完成。内存情况如图 3-10 所示。

图 3-10　调用构造方法初始化

构造方法执行结束后，该方法栈帧出栈，栈帧内存被释放。根据赋值运算符，将堆中 MyCircle2 对象的地址赋给栈区引用变量 c；到此为止，语句"MyCircle2 c＝new MyCircle2(2.5);"执行完毕。内存情况如图 3-11 所示。

（3）当系统执行 main 方法打印 c 对象的半径(c.radius)时，通过 main 栈帧中引用变量 c 找到堆中该对象，并访问其实例变量 radius。

（4）当系统执行 main 方法打印 c 对象面积(c.getArea())时，系统在方法区非静态区找

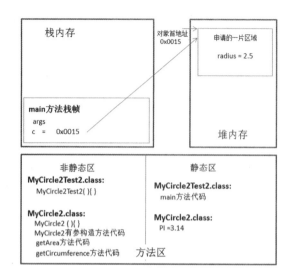

图 3-11 将堆区对象地址赋值给栈区引用变量

到方法 getArea()，在栈顶为该方法分配栈帧。由于是变量 c 引用的对象调用的该方法，于是栈帧局部变量里持有 this 引用指向该对象。执行语句"double area＝0;"时，系统在栈帧分配局部变量 area 并初始化为 0.0。执行语句"area ＝ PI * radius * radius;"时，先计算赋值运算符右边的表达式，系统在方法区的静态区里找到静态变量 PI 的值，在堆里找到实例变量 radius 的值，经过计算后将表达式结果赋值给局部变量 area。其实，语句"area ＝ PI * radius * radius;"等价于语句"area ＝MyCircle2.PI * this.radius * this.radius;"。内存情况如图 3-12 所示。

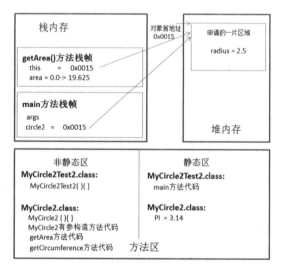

图 3-12 对象调用 getArea()方法内存图

当 getArea()方法通过 return 语句将结果返回到 main 方法调用处后，getArea()方法栈帧被弹出释放，main 方法将该对象面积在控制台打印出来。系统继续执行 main 方法下一条打印 c 对象周长的语句，不再赘述。最后，当 main 方法执行完毕后，main 方法栈帧也弹出释放，此时 main 线程结束。

3.2.5 static 关键字的使用

Java 中的 static 关键字,可以用来修饰类的成员,如成员变量、成员方法以及代码块等。被 static 修饰的成员具备一些特殊性。比如,被 static 关键字修饰的方法或者变量不需要依赖于对象来进行访问,只要类被加载了,就可以通过类名去访问。

1. 静态变量

被 static 修饰的成员变量称为静态变量或类变量,其不属于某一个类的具体对象,而是被该类的所有实例所共享,存放在内存中方法区的静态区。可见,如果一个成员变量被类的所有实例所共享,那么这个成员变量就应该被声明为静态的。通常通过"类名.静态变量"来访问静态变量。

静态变量和非静态变量(实例变量)的区别是:静态变量被所有的对象所共享,在内存中只有一个副本,它当且仅当在类初次加载时会被初始化;而非静态变量是对象所拥有的,在创建对象的时候被初始化,存在多个副本,各个对象拥有的副本互不影响。

2. 静态方法

被 static 修饰的方法称为静态方法或者类方法。可以在没有创建任何对象的前提下,仅仅通过类本身来调用静态方法。由于这个特性,通常通过"类名.静态方法"来访问静态方法。静态方法有以下几点注意事项:

(1) 静态方法中不能使用 this 引用,静态方法可以在无实例的情况下被调用,此时如果方法中有 this,则指向的对象可能根本不存在。

(2) 在静态方法中不能直接访问类的非静态成员,包括实例变量和实例方法,反过来是可以的,实例方法可以直接访问静态成员。

(3) 静态方法只能直接访问用 static 修饰的成员(静态成员),静态方法如果需要访问无 static 修饰的成员(非静态成员),就只能在静态方法中重新构造一个该类的对象。

> **注意:**
> 关于访问静态成员,如果有了实例化对象,也可以通过"对象名.静态变量"和"对象名.静态方法"的方式访问静态成员,因为静态成员被所有对象所共享。但是并不推荐,因为这样无法体现变量或方法的静态特征。

【例 3-6】

定义一个包含静态变量、静态方法、实例变量、实例方法的类,并通过测试类演示如何访问它们。

下面定义一个 MyCircle3 类,类的成员如图 3-13 所示。

说明:在 MyCircle3 类的成员变量中,类变量 PI 被 final 修饰,就是通常说的常量;类变量 instancesCount 用于统计该类创建的实例对象个数;实例变量 radius 是在每一个实例中都会分配空间的。在类 MyCircle3 的成员方法中,除了构造方法外,还有两个实例方法 getArea()方法和 getCircumference()方法,而方法 getInstancesCount()是静态方法或称为类方法。

```java
MyCircle3.java
package cn.linaw.chapter3.demo01;
public class MyCircle3 {
    static final double PI = 3.14; // 常量
    static int instancesCount = 0; // 静态变量，统计对象个数，显式初始化为0
    double radius; // 实例变量
    public double getArea() {// 实例方法
        double area = 0;
        area = MyCircle3.PI * this.radius * this.radius;
        return area;
    }
    public double getCircumference() {// 实例方法
        return 2 * MyCircle3.PI * this.radius;
    }
    public MyCircle3() { // 无参构造方法，实例方法
        MyCircle3.instancesCount++;
    }
    public MyCircle3(double radius) { // 有参构造方法，实例方法
        this.radius = radius;
        MyCircle3.instancesCount++;
    }
    public static int getInstancesCount() { // 静态方法
        return MyCircle3.instancesCount;
    }
}
```

图 3-13　MyCircle3 类的定义

下面通过 MyCircle3Test 测试类来演示如何访问 MyCircle3 类的静态变量、静态方法、实例变量和实例方法，如图 3-14 所示。

```java
MyCircle3Test.java
1 package cn.linaw.chapter3.demo01;
2 public class MyCircle3Test {
3     public static void main(String[] args) {
4         System.out.println("常量PI = " + MyCircle3.PI); // 通过类名访问静态变量
5         System.out.println("创建对象前，instancesCount = "
6                 + MyCircle3.instancesCount); // 通过类名访问静态变量
7         MyCircle3 c1 = new MyCircle3(); // 创建一个对象
8         System.out.println("创建一个对象后，instancesCount = "
9                 + MyCircle3.getInstancesCount()); // 通过类名调用静态方法
10        MyCircle3 c2 = new MyCircle3(2.5); // 创建另一个对象
11        System.out.println("又创建一个对象后，instancesCount = "
12                + MyCircle3.getInstancesCount()); // 通过类名调用静态方法
13        System.out.println("c1引用的对象的面积是：" + c1.getArea());// 通过对象调用实例方法
14        System.out.println("c2引用的对象的面积是：" + c2.getArea());// 通过对象调用实例方法
15    }
16 }
```

```
Problems  Javadoc  Declaration  Console
<terminated> MyCircle3Test [Java Application] D:\JavaDevelop\jdk1.7.0_15\bin\javaw.exe (2019年4月13日 上午10:52:38)
常量PI = 3.14
创建对象前，instancesCount = 0
创建一个对象后，instancesCount = 1
又创建一个对象后，instancesCount = 2
c1引用的对象的面积是：0.0
c2引用的对象的面积是：19.625
```

图 3-14　访问 MyCircle3 类的成员

说明：

（1）实例变量和实例方法都属于实例（或对象），只有在对象创建之后才能访问。而静态变量和静态方法归属于类，一旦类加载了就能通过类名访问。

（2）Java 中，编译器会把含有 main 方法的类作为项目入口类。先加载 main 方法所在的类，然后执行 main 方法。而 main 方法是静态方法，是不需要实例化就可以直接执行的。

（3）不建议通过对象名访问静态成员，例如程序第 9 行，不建议用 c1. getInstancesCount()来替代 MyCircle3. getInstancesCount()。

3. 静态代码块

最后了解下静态代码块。在类中，使用 static 关键字修饰的代码块被称为静态代码块。静态代码块必须位于类内，不属于任何成员方法，语法格式如下：

```
static{
    //静态代码块语句体
}
```

静态代码块有 static 修饰，也是随着类的加载而执行，而且只执行一次。如果一个类中

定义了多个静态代码块,则加载时按顺序依次执行。一般情况下,如果有些代码必须在项目启动的时候就执行,那么就需要使用静态代码块。静态代码块通常用来对类变量进行初始化。

与静态代码块对应的是非静态代码块,也称为构造代码块。构造代码块也必须位于类内,成员方法之外。构造代码块的语法格式为:

```
{
    //构造代码块语句体
}
```

构造代码块的作用是给对象进行统一的初始化,每创建一个对象就调用一次,是给对象进行通用性的初始化。Java 编译器编译后,构造代码块的语句体会被移动到构造方法(的最前端)中执行,构造方法中的语句体在构造代码块的语句体执行完毕后再执行,即构造代码块的代码优先于构造方法中的代码执行。

◆ 3.2.6 方法中对象参数的传递

在方法中,可以将对象作为参数进行传递,传递一个对象实际上是传递该对象的引用。

【例 3-7】

编写一个类,提供一个对象的比较方法,传入一个对象参数,返回比较结果,并通过测试用例演示。

编写一个 MyCircle4 类,如图 3-15 所示。

```
1  package cn.linaw.chapter3.demo01;
2  public class MyCircle4 {
3      double radius;
4      public MyCircle4() {
5          this(1.0);
6      }
7      public MyCircle4(double radius) {
8          this.radius = radius;
9      }
10     public int compareTo(MyCircle4 c) {  // 传递对象参数
11         if (this.radius > c.radius) {
12             return 1;
13         }
14         if (this.radius < c.radius) {
15             return -1;
16         }
17         return 0;
18     }
19 }
```

图 3-15 定义传递对象参数的方法

在 MyCircle4 类的 compareTo 方法中,需要传递一个 MyCircle4 的对象,实质上传递的是指向某一 MyCircle4 对象的引用。compareTo 方法用于比较两个对象的大小,本类的具体实现是比较调用该方法的对象和传入对象的实例变量 radius 值。如果前者 radius 值大,则返回 int 类型值 1;如果前者 radius 值小,则返回 int 类型值 -1;否则两个对象就是一样大,返回 int 类型值 0。

下面通过测试用例 MyCircle4Test 来测试该方法,如图 3-16 所示。

测试程序中,c1 引用变量指向的 MyCircle4 对象调用 compareTo(c2)方法,将MyCircle4 对象引用变量 c2 的值传递给方法中的参数 MyCircle4 c,局部变量 c 取得和 c2 相

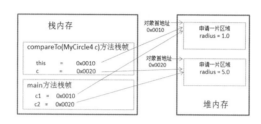

图 3-16 测试对象参数的传递

同的值,也指向 c2 所引用的对象。方法调用时参数传递如图 3-17 所示。

图 3-17 方法调用时参数传递演示

其实,Java 的参数传递,不管是基本数据类型还是引用数据类型的参数,都是按值传递的。

3.2.7 匿名对象

匿名对象就是没有明确地给出名字的对象。在创建一个对象时,如果没有定义一个引用变量指向它,那么,这样的对象就是匿名对象。匿名对象只在堆内存中开辟空间,而不存在栈内存的引用。

匿名对象的应用场景:

(1) 当对方法只进行一次调用的时候,可以使用匿名对象。匿名对象调用完毕就成为垃圾,可以被垃圾回收器回收。当一个对象需要对成员进行多次调用时,不能使用匿名对象,必须定义一个引用变量指向该对象(相当于给这个对象起名字),通过引用变量实现多次调用。

(2) 匿名对象可以作为实际参数传递。在这种情况下,方法中形参(局部变量)指向堆中创建的匿名对象。

使用匿名对象的方式改写例 3-7。

程序如图 3-18 所示。

在程序第 4 行,产生了 2 个匿名对象,分别对应两种应用场景。当该行语句执行完毕,这两个匿名对象都会成为垃圾等待系统回收。而在例 3-7 中,创建的两个对象都有引用变量指向,只有 main 方法执行完毕后,这两个对象才会成为垃圾等待系统回收。可见,使用匿

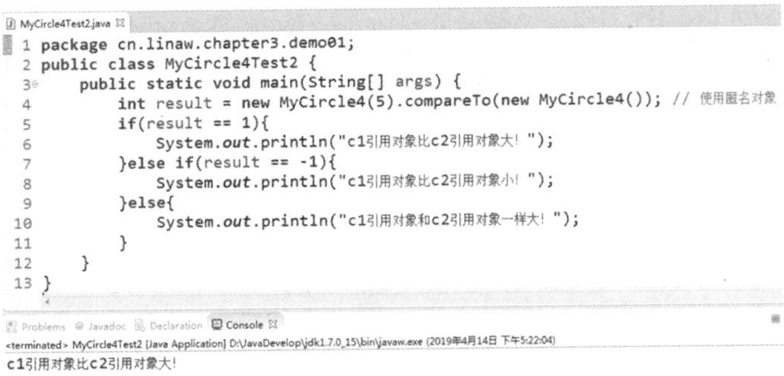

```
 1 package cn.linaw.chapter3.demo01;
 2 public class MyCircle4Test2 {
 3    public static void main(String[] args) {
 4        int result = new MyCircle4(5).compareTo(new MyCircle4());  // 使用匿名对象
 5        if(result == 1){
 6            System.out.println("c1引用对象比c2引用对象大！");
 7        }else if(result == -1){
 8            System.out.println("c1引用对象比c2引用对象小！");
 9        }else{
10            System.out.println("c1引用对象和c2引用对象一样大！");
11        }
12    }
13 }
```

c1引用对象比c2引用对象大！

图 3-18　匿名对象应用场景

名对象能提高内存的使用效率。

3.3　类的封装

类的封装，是指将类的某些信息隐藏在类的内部，不允许外部程序直接访问，而是通过该类提供的方法来对隐藏的信息进行操作和访问。封装的目的是增强安全性和简化编程，使用者不必了解具体的实现细节，而只是通过外部接口特定的访问权限来使用类的成员。

在设计一个类时，如果有些成员不允许外部直接访问，则需要将其封装起来。在 Java 语言中，可以通过 private 关键字来封装成员，避免外部用户直接访问它。

如果用 private 关键字对需要保护的成员变量进行修饰，则可以阻止不合理的数值被设置进来。需要注意的是，一旦使用了 private 关键字，被修饰的成员变量在本类当中可以被随意访问，超出了本类范围就需要间接访问。如何间接访问呢？需要在类中为该成员变量定义公共的 getXxx() 方法（即读取器 getter）或者 setXxx() 方法（即设置器 setter）。

> **注意：**
> getXxx()方法/setXxx()方法的方法名，命名规则是 get/set 后加首字母大写的变量名。对于 getter 来说，不能有参数，返回值类型和成员变量对应；对于 setter 来说，不能有返回值，参数类型和成员变量对应。

【例 3-9】

设计一个类，将部分成员私有化，并提供相应的 getXxx() 方法或(和) setXxx() 方法。
MyCircle5 类的设计如图 3-19 所示。

在类 MyCircle5 中，实例变量 radius 被私有化，意味着外部程序无法通过对象直接访问该属性。假设该属性不被私有化，那么用户就可以在程序中将一个 MyCircle5 对象的 radius 值设置为任意 double 型的值（例如无意或恶意地篡改为负值），这是很危险的。因此，正确的做法是通过 private 关键字将 radius 属性封装起来，为了读取和设置该私有属性，本例提供了 radius 属性的 getter 和 setter。类似地，也将静态变量 instancesCount 私有化了，不同的是，该属性是随着对象的创建而自动计数，逻辑上不能通过外部程序任意设置，因此，针对该属性只提供了公共的读取器 getter，而没有提供设置器 setter。

```java
MyCircle5.java
package cn.linaw.chapter3.demo01;
public class MyCircle5 {
    public static final double PI = 3.14;
    private double radius; // 将实例变量radius私有化
    private static int instancesCount = 0; // 将静态变量instancesCount私有化
    public double getCircumference() {
        return 2 * PI * radius;
    }
    public MyCircle5() {
        instancesCount++;
    }
    public double getRadius() { //getter，提供读取radius值的公共方法
        return radius;
    }
    public void setRadius(double radius) {//setter，提供设置radius值的公共方法
        if (radius < 0) { // 检查属性值设置是否合法
            this.radius = 0.0;
            return;
        }
        this.radius = radius;
    }
    public static int getInstancesCount() {//getter，提供读取instancesCount值的公共方法
        return instancesCount;
    }
}
```

图 3-19　MyCircle5 类的设计

下面通过测试用例 MyCircle5Test 来演示属性私有化后的效果，如图 3-20 所示。

```java
MyCircle5Test.java
1 package cn.linaw.chapter3.demo01;
2 public class MyCircle5Test {
3     public static void main(String[] args) {
4         System.out.println("常量PI=" + MyCircle5.PI); // 编译通过
5         MyCircle5 c = new MyCircle5();
6         // c.radius = -2.5; // 编译报错
7         c.setRadius(-2.5); // 通过setter测试传入错误的值
8         System.out.println("c.setRadius(-2.5)后radius值为："
9                 + c.getRadius());
10        // MyCircle5.instancesCount = 20; // 编译报错
11        System.out.println("创建1个对象后，instancesCount = "
12                + MyCircle5.getInstancesCount());// 通过getter获取属性值
13    }
14 }
```

```
Problems  Javadoc  Declaration  Console
<terminated> MyCircle5Test [Java Application] D:\JavaDevelop\jdk1.7.0_15\bin\javaw.exe (2019年4月15日 上午10:49:39)
常量PI=3.14
c.setRadius(-2.5)后radius值为：0.0
创建1个对象后，instancesCount = 1
```

图 3-20　私有化成员属性的 getter/setter

程序第 6 行，在测试类中对另一个类的私有属性直接赋值，系统报错，保护了数据安全。其实，提供 getter/setter 来控制成员属性的读写，是因为方法能够提供方法体，方法体中可以加入属性控制语句，对属性值的合法性进行判断。通过属性私有化，同时提供相应的 getter 或 setter 间接访问兼顾了属性的安全性和可用性。

在 Eclipse 中，可以借助工具辅助生成属性的 getter 和 setter。步骤如下：

步骤 1：首先定义好类的成员属性，然后在代码区空白处点击鼠标右键，选择弹出菜单【Source】下的【Generate Getters and Setters】选项，如图 3-21 所示。

步骤 2：在弹出的对话框中根据属性选择需要创建的 getter 方法和 setter 方法，如图 3-22所示。

步骤 3：点击【OK】按钮后即可生成默认代码。然后根据需要，在生成代码的基础上修改即可。

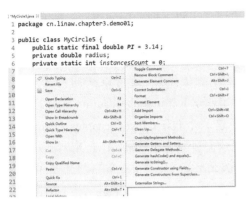

图 3-21 找到"Generate Getters and Setters"

图 3-22 选择需要创建的 getter 和 setter

> **注意：**
> 封装就是将一些细节信息隐藏起来，对于外界不可见。private 仅仅是封装的一种体现形式，不能说封装就是私有。比如，方法也是一种封装。

3.4 类的访问控制

在 Java 中，可以使用访问权限修饰符来保护类、类的变量和方法。访问权限修饰符根据访问权限由小到大的顺序分别为 private、缺省、protected 和 public。访问权限修饰符的作用范围如表 3-1 所示。

表 3-1 访问权限修饰符的作用范围

访问权限修饰符	同一个类中是否可访问	同一个包中的类是否可访问	不同包中的子类是否可访问	不同包中的非子类是否可访问
private	√			
缺省修饰符	√	√		
protected	√	√	√	
public	√	√	√	√

4 种访问权限修饰符说明如下：

1. private 修饰符

private 修饰符表示私有的访问权限，由 private 限定的类的成员只能被自己所属的类访问，在这个类的主体之外是无法访问的。使用 private 修饰符的目的主要是隐藏类的实现细节和保护类的数据。private 修饰符不能修饰类（除了内部类）和接口。

例如 MyCircle5 类（见图 3-19）中的构造方法、setter 和 getter、成员方法等都能访问 private 修饰的成员属性。在同一个包下的 MyCircle5Test 测试类（见图 3-20）中，程序第 6

行"c. radius=-2.5;"就是在MyCircle5Test类中访问包中另一个MyCircle5类中private修饰的radius变量,编译报错。

2. 缺省修饰符

如果类、方法和属性前没有使用任何访问权限修饰符,则为默认访问权限,也称为包访问权限,因为它们可以被这个类本身或者与该类在同一个包中的其他类访问。缺省修饰符既适用于类,也适用于类的成员。

再来看下MyCircle3类(见图3-13),静态成员变量instancesCount没有任何访问权限修饰符修饰,除了可以被本类的构造方法和成员方法访问外,还可以被同一个包下的MyCircle3Test类(见图3-14)访问,程序第6行中"MyCircle3.instancesCount"编译通过。

可以动手验证下,在项目chapter3的src下新建一个包cn.linaw.chapter3.demo02,将MyCircle3Test类复制到该包下,那么编译器首先提示需要导入包"import cn.linaw.chapter3.demo01.MyCircle3;",导入包后,发现main方法中语句"System.out.println("常量PI="+MyCircle3.PI);"和语句"System.out.println("创建对象前,instancesCount="+MyCircle3.instancesCount);"编译通不过,因为MyCircle3Test类和MyCircle3类在不同包下,MyCircle3Test类无法访问MyCircle3里具有包访问权限的成员变量PI和instancesCount。

3. protected修饰符

protected修饰符需要学完继承后才能完全理解。使用protected修饰符表示受保护的访问修饰符。类的成员被protected修饰符修饰后,这些成员可以被这个类本身、与该类处于同一个包中的其他类,以及该类的子类(无论是否在同一个包下)访问,但是不允许不同包下的非子类访问。同private一样,protected修饰符不能修饰类(除了内部类)和接口。

4. public修饰符

在类、成员方法和成员属性前使用public修饰符,意味着它们没有受到限制,可以被任何类访问。public修饰符拥有最大的访问权限,和缺省修饰符一样,适用于类和类的成员。

3.5 单例模式

在开发中,经常会提到设计模式(design pattern)。其实,设计模式就是一套被反复使用、多数人知晓的、经过分类的代码设计经验的总结。设计模式常被有经验的面向对象的软件开发人员所采用,是软件开发人员在软件开发过程中面临的一般问题的解决方案,而这些解决方案是众多软件开发人员经过相当长的一段时间实践总结出来的。我们学习和使用设计模式可以提高代码的重用性、可理解性和可靠性。经典的设计模式有GoF的23种设计模式,大体分为创建型模式、结构型模式和行为型模式三大类。

本节学习的单例模式(singleton pattern)属于一种对象创建型模式。单例模式的意图是保证系统中,应用该模式的类只有一个实例,并提供一个全局访问点。

单例模式的实现有多种方式,例如饿汉式、懒汉式、静态内部类等。饿汉式是指单例类在加载的时候对象就被创建,饿汉式的优点是线程安全,无须同步,因此调用效率高,缺点是不能延时加载,从类加载后就会一直占用内存;懒汉式并非在类加载时就初始化单例对象,而是在需要该单例对象时再初始化该对象,懒汉式的优点是可以延时加载,缺点是需要考虑线程安全问题，调用效率低；静态内部类兼顾了效率和延迟加载，避免了线程不安全，同时利用静态内部类实现延迟加载，效率高。

【例 3-10】

设计一个饿汉式单例类并测试。

程序如图 3-23 所示。

```java
MyCircle6.java
package cn.linaw.chapter3.demo01;
public class MyCircle6 {
    private double radius;
    // 静态变量，类加载时创建并初始化，无延时，由于只加载一次，故不存在并发访问问题，线程安全
    private static MyCircle6 instance = new MyCircle6();
    private MyCircle6() { // 使用private修饰符将构造方法私有化，外部不能调用
    }
    public static MyCircle6 getInstance() {// 提供一个全局的静态方法访问唯一实例对象
        return instance;
    }
    public double getRadius() {
        return radius;
    }
    public void setRadius(double radius) {
        this.radius = radius;
    }
}
```

图 3-23　单例模式(饿汉式)

饿汉式单例模式实现步骤：

(1) 私有化构造方法，外界不能创建对象。

(2) 设置一个私有的静态成员变量，指向一个实例化对象，该对象在类加载时创建。

(3) 通过提供一个公共的静态方法来获取创建的单例对象。

下面通过测试用例 MyCircle6Test 来演示该单例模式，如图 3-24 所示。

```java
MyCircle6Test.java
package cn.linaw.chapter3.demo01;
public class MyCircle6Test {
    public static void main(String[] args) {
        // MyCircle6 c = new MyCircle6();// 编译出错，因为构造方法私有化
        MyCircle6 c1 = MyCircle6.getInstance();//通过静态方法获取对象
        MyCircle6 c2 = MyCircle6.getInstance();//通过静态方法获取对象
        if (c1 == c2) {
            System.out.println("c1和c2指向同一个对象！");
        } else {
            System.out.println("c1和c2指向不同对象！");
        }
    }
}
```

```
Problems  @ Javadoc  Declaration  Console
<terminated> MyCircle6Test [Java Application] D:\JavaDevelop\jdk1.7.0_15\bin\javaw.exe (2019年4月16日 上午9:20:27)
c1和c2指向同一个对象！
```

图 3-24　单例模式(饿汉式)测试

由上可知，在第一次加载 MyCircle6 类时，将静态引用变量 instance 存放在方法区的静态区，同时执行显式初始化，在内存堆里创建一个对象，将对象地址赋值给静态引用变量 instance。由于该类的构造方法被私有化封装，外部 MyCircle6Test 类无法再创建新的 MyCircle6 对象。同时，MyCircle6 类为外部提供了一个全局静态方法 getInstance，通过该方法可以获得该类的单例对象，调用多次返回的是同一个对象。

【例 3-11】

设计一个懒汉式单例类并测试。

程序如图 3-25 所示。

MyCircle7.java

```java
package cn.linaw.chapter3.demo01;
public class MyCircle7 {
    private double radius;
    private static MyCircle7 instance ; // 静态变量，类加载时默认初始化为null
    private MyCircle7() { // 使用private修饰符将构造方法私有化，外部不能调用
    }
    // 延时加载：采用方法同步解决并发时可能创建多个对象的问题，调用效率较低
    public static synchronized MyCircle7 getInstance() {
        if(instance == null){
            instance = new MyCircle7();
        }
        return instance;
    }
    public double getRadius() {
        return radius;
    }
    public void setRadius(double radius) {
        this.radius = radius;
    }
}
```

图 3-25　单例模式(懒汉式)

懒汉式单例模式的实现有很多方式，本例是其中一种。实现步骤为：

(1) 私有化构造方法，外界不能创建对象。

(2) 设置一个私有的静态成员变量，保存单例的引用，默认值为 null。

(3) 通过提供一个公共的静态方法获取单例对象。延迟到第一次调用 getInstance 方法时创建对象，考虑多线程安全问题，本例采用了同步方法，即一次只有一个线程能访问该方法，降低了效率。

下面通过测试用例 MyCircle7Test 来演示懒汉式单例模式，如图 3-26 所示。

MyCircle7Test.java

```java
package cn.linaw.chapter3.demo01;
public class MyCircle7Test {
    public static void main(String[] args) {
        // MyCircle7 c = new MyCircle7();// 编译出错，因为构造方法私有化
        MyCircle7 c1 = MyCircle7.getInstance();//通过静态方法获取对象
        MyCircle7 c2 = MyCircle7.getInstance();//通过静态方法获取对象
        if (c1 == c2) {
            System.out.println("c1和c2指向同一个对象！");
        } else {
            System.out.println("c1和c2指向不同对象！");
        }
    }
}
```

Problems　Javadoc　Declaration　Console

```
<terminated> MyCircle7Test [Java Application] D:\JavaDevelop\jdk1.7.0_15\bin\javaw.exe (2019年4月16日 上午9:51:42)
c1和c2指向同一个对象！
```

图 3-26　单例模式(懒汉式)测试

【例 3-12】

设计一个使用静态内部类实现的单例类。

程序如图 3-27 所示。

使用该类，在外部类 Singleton 加载的时候，静态内部类 Holder 并没有被加载进去；当执行 Singleton. getInstance()时，才加载静态内部类 Holder。可见，利用静态内部类实现的单例模式，特点是，当外部类被装载的时候静态内部类并不会被装载，而当内部类延迟加载的时候也不会发生线程同步问题。

总之，单例模式下，类必须在合适时机自己创建自己的唯一实例，同时必须提供访问该唯一实例的公共方法。

```
Singleton.java ⊠
 1  package cn.linaw.chapter3.demo01;
 2  public class Singleton {
 3      private static class Holder {
 4          private static final Singleton INSTANCE = new Singleton();
 5      }
 6      private Singleton() {
 7      }
 8      public static Singleton getInstance() {
 9          return Holder.INSTANCE;
10      }
11  }
```

图 3-27　单例模式（静态内部类）

3.6　生成帮助文档

　　Java 中提供的文档注释允许开发者在程序中嵌入关于程序的相关信息,用于说明如何使用当前程序。Java 提供了 javadoc 命令,它可以将这些帮助信息提取出来,自动生成 HTML 格式的帮助文档,从而实现程序的文档化。

　　文档注释以 /＊＊ 开始,以 ＊/结束。在/＊＊ 之后的第一行或前几行是关于类、属性和方法的主要描述,接着可以包含一个或多个各种各样＠ 标签。每一个＠标签必须在一个新行的开始或者在一行的开始紧跟星号(＊)。例如:＠author 用于标识一个类的作者;＠version 用于说明版本信息;＠since 说明最早出现在哪个版本;＠param 描述一个方法的参数;＠return 描述方法的返回值;＠throws 描述方法抛出的异常,指明抛出异常的条件。

【例 3-13】

设计一个工具类,并提取文档注释来生成帮助文档。

下面设计一个 MyCircleTool 类,类的定义及相关文档注释如图 3-28 所示。

在 Eclipse 开发环境中生成 MyCircleTool 类的帮助文档。步骤如下:

步骤 1:在菜单栏上选择【Project】下的【Generate Javadoc】选项,如图 3-29 所示。

```
MyCircleTool.java ⊠
 1  package cn.linaw.chapter3.demo01;
 2
 3  /**
 4   * 建立一个操作圆的工具类。包含常见的对圆的操作方法：求面积、求周长
 5   * @author Law
 6   * @version V1.0
 7   * @since V1.0
 8   */
 9  public class MyCircleTool {
10      public static final double PI = 3.14159265358979323846;
11      private MyCircleTool() {
12      }
13      /**
14       * @param radius    接收一个double型的圆的半径值
15       * @return 返回圆的面积
16       */
17      public static double getArea(double radius) {
18          return PI * radius * radius;
19      }
20      /**
21       * @param radius    接收一个double型的圆的半径值
22       * @return   返回圆的周长
23       */
24      public static double getCircumference(double radius) {
25          return 2 * PI * radius;
26      }
27  }
```

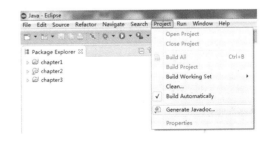

图 3-28　MyCircleTool 类　　　　　　图 3-29　找到【Generate Javadoc】选项

　　步骤 2:在弹出的对话框中,选择需要生成帮助文档的类、设置帮助文档需要保存的路径,如图 3-30 所示。

步骤3：点击【Next】按钮，弹出下一个对话框。根据需要选择配置文档标题，根据需要选择配置Javadoc的变量，根据需要选择需要链接的类，如图3-31所示。

图 3-30　选择生成帮助文档的类和保存路径　　图 3-31　配置 standard doclet 的 Javadoc 变量

步骤4：点击【Next】按钮，弹出下一个对话框。如果项目采用的是UTF-8编码，需要在额外的Javadoc选项下输入设定参数"-encoding utf-8 -charset utf-8"，否则生成的页面上中文注释都是乱码，如图3-32所示。

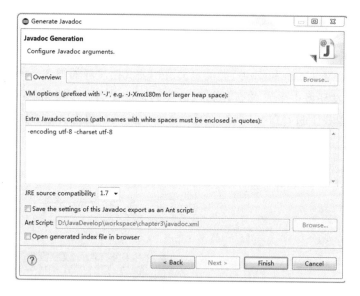

图 3-32　配置 Javadoc 变量

步骤5：点击【Finish】按钮开始生成帮助文档，在对应的路径下可以找到一系列文件，如图3-33所示。

步骤6：查看帮助文档。生成的目录中，index.html是整个帮助文档的首页，用浏览器打开即可看到相关类的帮助文档，里面包含类所处的包名、继承关系、功能、属性和方法说明等，如图3-34所示。

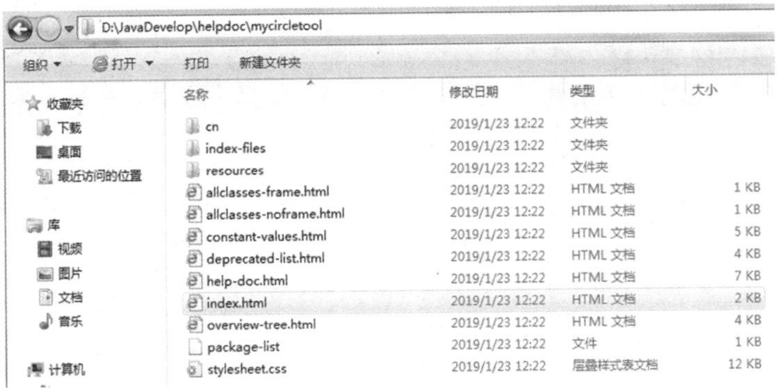

图 3-33 查看生成的文件

图 3-34 MyCircleTool 的帮助文档

【例 3-14】

利用工具类 MyCircleTool，计算一个圆的面积和周长。

如果我们拿到工具类(字节码文件,扩展名为.class)和关于该类的帮助文档,那么通过查询帮助文档就可以知道该工具类的用途、相关属性和方法的使用。通过帮助文档,可以知道 MyCircleTool 类提供了求面积和周长的方法,并且知道使用这些方法需要的参数及返回值等。利用 MyCircleTool 工具类提供的方法如图 3-35 所示。

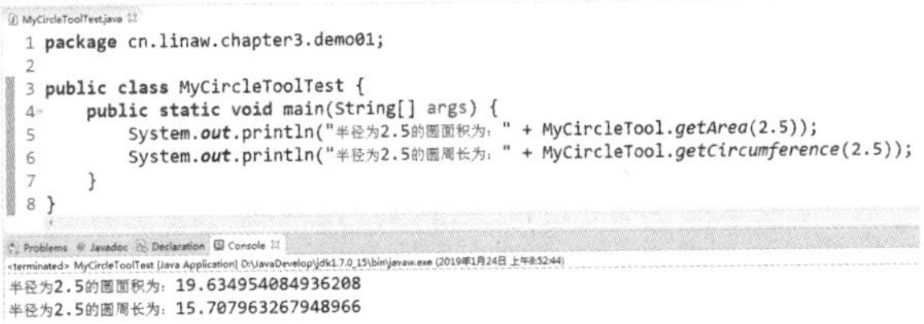

图 3-35 使用 MyCircleTool 工具类

项目总结

本项目详细介绍了面向对象的基础知识。首先,介绍了面向对象的编程思想,讲解了对象和类的关系。然后,从类的组成着手依次介绍了成员属性和成员方法,其中构造方法是特殊的成员方法,专门用于构造对象。在类的设计过程中引入了this关键字和static关键字,并利用private关键字实现类的属性封装,介绍了控制访问权限的几个关键字。接着,讲解了匿名对象的使用和单例模式的几种实现方式,设计模式是前人针对特定问题经验的总结,值得认真学习。最后,举例说明如何利用文档注释生成帮助文档。总之,本项目和下一项目都是面向对象程序设计的核心,都是重点,希望能全面掌握。

项目作业

1. 判断题。
(1) Java 源程序可以定义若干个类,但只能有一个带 main 方法的主类。   （   )
(2) 如果一个 Java 类没有显式定义构造方法,系统会提供一个缺省的构造方法。   （   )
(3) 构造方法的第一条语句如果是 super(),则可以省略。   （   )
(4) Java 可以使用 new 关键字来创建一个类的实例(对象)。   （   )
(5) 实例方法中不能引用静态变量或直接调用静态方法。   （   )
(6) 静态方法中不能使用 this,调用实例方法必须先创建对象。   （   )
(7) 在方法中,可以将对象作为参数进行传递,传递对象实际是在传递对象的引用。   （   )
(8) 声明构造方法时,不能使用 private 关键字进行修饰。   （   )
(9) 类中 static 关键字修饰的变量或者方法,推荐使用对象的引用变量访问。   （   )
(10) 一个类的成员被 protected 关键字修饰,则该成员只能被同一包下的类访问。   （   )

2. 简述类和对象的关系。
3. 简述 this 关键字的用法。
4. 从修饰成员属性、成员方法和代码块三方面简述 static 关键字的用法。
5. 简述匿名对象的用法。
6. 简述类的四种访问控制权限。
7. 按照要求设计一个 Student 类,并通过测试类测试。
(1) 成员属性包括静态变量学校名称,实例变量姓名、年龄和平均分,注意控制权限的使用。
(2) 提供无参构造方法和有参构造方法。
(3) 分别为不同属性提供 getter 和 setter 方法。
(4) 提供一个 public void show(Student stu)方法用来显示学生的所有信息。
(5) 在测试类中分别使用无参构造方法和有参构造方法构造 Student 对象,通过调用方法修改对象中的成员变量取值,并调用 show 方法显示该学生对象所有信息。
8. 上机实践书中出现的案例,可自由发挥修改。

项目 4 类的继承

4.1 继承的含义

继承描述了一种从原有类派生出新类的机制。其中,通过继承创建的新类称为子类或派生类;被继承的类称为基类、父类或者超类。子类通过继承具有父类的属性和方法,还可以在不修改父类的前提下对原有功能进行扩展(即重新定义或增加属性和方法)。在继承关系中,继承就是一个从一般到特殊的过程,也可以说,父类是子类更高级别的抽象,父类和子类满足"is-a"的关系,即子类是父类。所有类都直接或间接继承自 java.lang.Object 类,它是所有类的祖先。Java 通过继承实现类的可重用性和扩展性,因此是面向对象三大特征之一。

Java 只支持单继承而不支持多继承,即一个子类只能有一个父类而不能有多个父类。当然,一个类可以被多个子类继承。Java 支持多层继承,注意区分多层继承和多继承,多层继承是指继承体系中的多级继承,即一个类的父类还可以再继承自另外的父类。Java 继承关系示例,如图 4-1 所示。

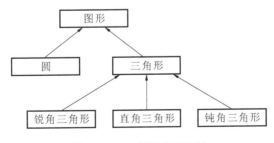

图 4-1 Java 继承关系示例

在图 4-1 中,锐角三角形、直角三角形和钝角三角形都是三角形,而三角形和圆都是图形，它们之间存在"is-a"的关系，它们之间存在继承关系。

Java 摒弃了 C++中难以理解的多继承，因为多继承有如下显著问题：

（1）若子类继承的父类中拥有相同的成员变量，子类在引用该变量时将无法判别使用哪个父类的成员变量。

（2）若一个子类继承的多个父类拥有相同方法，同时子类并未重写该方法（若重写，则直接使用子类中的该方法），那么调用该方法时将无法确定该调用哪个父类的方法。

以图 4-1 的继承关系为例，抽象出一个图形类 HisGraph，如图 4-2 所示。

HisGraph.java

```java
package cn.linaw.chapter4.demo01;
public class HisGraph {
    private String name; // 成员变量
    public HisGraph() {
        this("Graph");
    }
    protected HisGraph(String name) {
        this.name = name;
    }
    public void setName(String name) {
        this.name = name;
    }
    public String getName() {
        return name;
    }
    public double getArea() { // 成员方法，提供求图形面积的方法，返回值为0.0
        return 0.0;
    }
    public double getCircumference() { //成员方法，提供求图形周长的方法，返回值为0.0
        return 0.0;
    }
}
```

图 4-2　HisGraph 类

在 HisGraph 类中，定义了所有图形都有的名称属性，所有图形都有求面积和周长的方法。

使用关键字 extends 可以实现继承，具体格式为：[修饰符]class 子类名 extends 父类名{…}。一个类如果没有使用 extends 关键字，表示该类直接继承自 Object 类（等效于 extends Object）。

【例 4-1】

定义一个继承自 HisGraph 类的三角形子类 HisTriangle1，子类无须扩展，并测试继承功能。

子类 HisTriangle1 如图 4-3 所示。

HisTriangle1.java

```java
package cn.linaw.chapter4.demo01;
public class HisTriangle1 extends HisGraph {
}
```

图 4-3　子类 HisTriangle1

HisTriangle1 继承自父类 HisGraph，没有增加新的属性和方法。

下面通过测试类验证子类是否继承了父类的属性和方法，如图 4-4 所示。

本例中，子类继承了父类的功能，可以访问父类所有可以访问的成员。由于父类的 name 属性由 private 修饰，因此在子类中是不可见的，程序第 5 行会因为 t.name 导致编译出错。

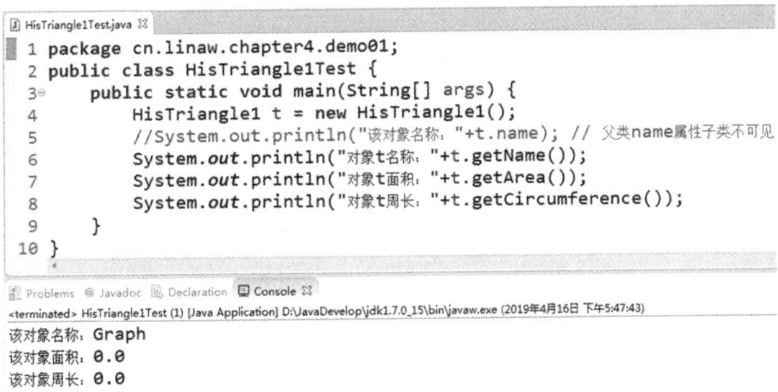

```
1 package cn.linaw.chapter4.demo01;
2 public class HisTriangle1Test {
3     public static void main(String[] args) {
4         HisTriangle1 t = new HisTriangle1();
5         //System.out.println("该对象名称:"+t.name);  // 父类name属性子类不可见
6         System.out.println("对象t名称:"+t.getName());
7         System.out.println("对象t面积:"+t.getArea());
8         System.out.println("对象t周长:"+t.getCircumference());
9     }
10 }
```

```
<terminated> HisTriangle1Test (1) [Java Application] D:\JavaDevelop\jdk1.7.0_15\bin\javaw.exe (2019年4月16日 下午5:47:43)
该对象名称:Graph
该对象面积:0.0
该对象周长:0.0
```

图 4-4　测试子类继承功能

注意访问控制权限修饰符对继承的影响,这里总结如下:

(1) 父类中由 private 修饰的成员在子类中是不可见的,即子类不能访问。

(2) 父类中默认权限修饰的成员,属于包访问权限成员,如果子类和父类在同一个包下,则子类中是可见的,即子类可以访问,否则子类中不可见,即子类不能访问。

(3) 父类中由 protected 或 public 修饰的成员,在子类中是可见的,即子类可以访问。

(4) 如果子类访问父类中可见的同名成员,则需要使用 super 关键字。

4.2　super 关键字的使用

我们学过,this 关键字是当前对象的引用,而在继承关系中,Java 使用 super 关键字来代表父类存储空间,可以通过 super 关键字访问父类的成员。

4.2.1　子类调用父类构造方法

在构造一个子类对象时,首先会调用父类的构造方法,如果父类又继承自其他类,那么父类又会先调用它自己父类的构造方法,直到该继承体系的最顶层类的构造方法被调用为止。

【例 4-2】

定义一个继承自 HisGraph 类的子类 HisTriangle2,子类新增加成员变量(三边长),并测试。

步骤 1:新定义的子类 HisTriangle2 可以在 HisTriangle1 类的基础上修改。下面举例说明如何利用 Eclipse 拷贝一个类并重命名:

(1) 在视图"Package Explorer"中选择待复制的类 HisTriangle1,鼠标点击右键,在弹出的菜单中选择【Copy】,如图 4-5 所示。

(2) 选择要粘贴的目的地包名"cn.linaw.chapter4.demo01",鼠标点击右键,在弹出的菜单中选择【Paste】,如图 4-6 所示。

(3) 在弹出的对话框中重命名类名为 HisTriangle2,点击【OK】按钮完成,如图 4-7 所示。

如果粘贴的目的地是不同包下,由于文件名不冲突,图 4-7 不会出现,此时修改文件名,需要在文件名上点击鼠标右键,在弹出的菜单中选择【Refactor】项目下的【Rename】项目,在弹出的对话框中重命名类名，如图 4-8 所示。

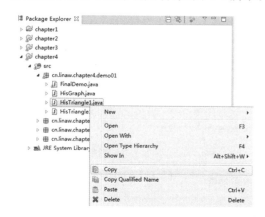

图 4-5　复制源文件

图 4-6　粘贴源文件

图 4-7　重命名类名（同一包下）

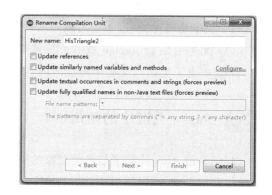

图 4-8　重命名类名（不同包下）

需注意的是，在复选框中取消默认勾选的"Update references"，否则重命名会导致所有引用该类的地方修改。另外，还可以通过该方式在源代码中修改变量名或方法名，可以同时修改掉所有引用的地方。

步骤 2：修改 HisTriangle2 类，增加成员属性（边长 a、b、c）、增加构造方法、setter 和 getter，如图 4-9 所示。

在 HisTriangle2 子类的构造方法中，通过 super 关键字调用父类 HisGraph 的构造方法，语法为 super()或者 super(参数列表)。如果子类调用父类无参构造方法，super()可以省略，编译器自动会在第一行增加 super()语句；如果子类调用父类有参构造方法，则必须使用 super 关键字显式调用。super 使用语法和 this 关键字的类似，super 关键字也必须用在子类构造方法的第一行（此时，this 关键字和 super 关键字不能共存）。

步骤 3：通过一个测试类 HisTriangle2Test 来创建子类对象，然后调用父类和自身方法，如图 4-10 所示。

程序第 4 行实例化一个 HisTriangle2 对象，引用变量 t 指向该对象。程序第 5 行调用了父类方法 getName()，结果显示该子类对象的父类成员变量 name 已经被初始化为 Triangle。程序第 6~9 行演示了调用子类自己的方法。

下面对子类对象初始化过程做一个小结：

```java
package cn.linaw.chapter4.demo01;
public class HisTriangle2 extends HisGraph {
    private double a; // 成员变量，三角形边长a
    private double b; // 成员变量，三角形边长b
    private double c; // 成员变量，三角形边长c
    public HisTriangle2() {
        this(0, 0, 0); // 通过this关键字间接调用本类带参构造方法
    }
    public HisTriangle2(double a, double b, double c) {
        super("Triangle"); // 通过super关键字调用父类有参构造方法
        this.a = a;
        this.b = b;
        this.c = c;
    }
    public double getA() {
        return a;
    }
    public double getB() {
        return b;
    }
    public double getC() {
        return c;
    }
}
```

图 4-9　HisTriangle2 类的定义

```java
package cn.linaw.chapter4.demo01;
public class HisTriangle2Test {
    public static void main(String[] args) {
        HisTriangle2 t = new HisTriangle2(6, 8, 10);// 实例化一个子类对象
        System.out.println("对象t名称：" + t.getName());
        System.out.println("对象t三边长：" + t.getA() + "," + t.getB()
                + "," + t.getC());
        System.out.println("对象t面积：" + t.getArea());
        System.out.println("对象t周长：" + t.getCircumference());
    }
}
```

```
<terminated> HisTriangle2Test (1) [Java Application] D:\JavaDevelop\jdk1.7.0_15\bin\javaw.exe (2019年4月17日 上午9:31:48)
对象t名称：Triangle
对象t三边长：6.0,8.0,10.0
对象t面积：0.0
对象t周长：0.0
```

图 4-10　创建子类对象并调用相关方法

(1) 当一个类首次被使用时(例如第一次创建该类对象时，或者首次访问该类的静态成员时)，系统就会加载该类。加载时，首先将子类的.class 文件加载到方法区，通过 extends 关键字会继续加载父类的.class 文件，若父类还继承自其他类，则系统会继续加载。

(2) 被 static 修饰的静态成员属性在类加载时会默认初始化，当所有有继承关系的类加载完毕后，会从上向下，先父类，后子类依次对静态成员属性显式初始化。

(3) 当用 new 关键字创建子类对象时，会在堆内存开辟空间，分配地址，对子类对象的实例变量进行默认初始化。子类调用相应的构造方法，通过 super 关键字调用父类中的构造方法，父类对实例变量默认初始化，接着显式初始化，最后通过构造方法进行特定初始化。父类初始化完毕后，再对子类的实例变量进行显式初始化，然后通过构造方法进行特定初始化。如果父类还继承自其他类，还是遵循上述从上向下的分层初始化过程。可见，最先初始化完毕的是 java.lang.Object 类的实例变量。

(4) 初始化过程完毕后，将所创建对象的地址赋值给引用变量。

可见，初始化过程中，静态先于非静态，父类先于子类，同类中实例变量先于构造方法。

4.2.2 子类访问父类成员

super 关键字引用了当前类的父类,子类可以利用 super 关键字访问父类在子类中可见的成员变量,语法格式为:super.成员变量。如果子类的成员变量和父类中可见的成员变量名字相同,则子类访问该父类成员变量必须使用 super 关键字区分,否则可以省略 super 关键字。

子类也可以利用 super 关键字调用父类在子类中可见的实例方法,语法格式为:super.方法名(参数列表)。如果子类中没有声明与父类中同名的实例方法,调用父类的成员方法时可以省略 super 关键字。在方法重写的情况下,子类中必须使用 super 关键字调用父类被重写的实例方法,否则调用的是子类中同名的实例方法。

方法重写又称方法覆盖,是指如果子类中的方法与父类中的某一方法具有相同的方法名、返回类型和参数列表,则新方法将覆盖原有的方法,子类重写了父类的方法。子类可继承父类中的方法,无须编写相同的方法,但有时子类不想原封不动地继承父类的某个(些)方法,而是想做一定的修改,就会用到方法重写。

关于方法重写还需要注意以下几点:
(1) 子类方法的返回值必须和父类方法的返回值相同或是其子类。
(2) 子类抛出的异常不能超过父类相应方法抛出的异常。
(3) 子类方法的访问权限不能低于父类相应方法的访问权限。
(4) 如果父类定义的实例方法在子类中是不可见(例如父类私有方法)的,那么子类定义的方法即使满足方法重写的其他条件,也不能称为方法重写,这两个方法完全没有关系。
(5) 结合后续多态性,方法重写本质是依据执行时对象的类型来决定调用哪个方法,而静态方法是类的方法,在编译阶段就已经绑定了类型。对于静态方法,应该直接使用类名来访问,因此,重写仅针对实例方法。如果父类中的静态方法在子类中得到重新定义,可以通过"父类名.静态方法"调用父类的静态方法。
(6) 要区分方法重写和方法重载。方法重载是指同一个类中可以定义多个具有相同名字的方法,这些方法参数列表不同;而方法重写发生在父类和子类之间,子类重写父类中已定义过的某个方法,方法名、参数列表和返回类型与父类相同。

【例 4-3】

定义一个继承自 HisGraph 类的子类 HisTriangle3,子类重写父类求面积和周长的方法,并测试。

所有平面图形都有面积和周长,因此父类 HisGraph 抽象出了求面积和周长的方法,但是不同的图形其功能实现是不同的,因此,子类继承时如果需要调用相关功能,则需要重写相关方法。在 Eclipse 中,可以借助源代码生成工具辅助实现方法重写,步骤如下:

步骤 1:复制 HisTriangle2.java,在同一个包下粘贴,并重命名为 HisTriangle3.java,在代码区点击鼠标右键,选择弹出菜单【Source】下的【Override/Implement Methods】选项,如图 4-11 所示。

步骤 2:在弹出的对话框中选择父类需要被重写的 getArea()方法和 getCircumference()方法,如图 4-12 所示。

步骤 3:点击【OK】按钮后即可生成默认代码,在此自动生成的代码的基础上修改即可。重写后的方法如图 4-13 所示。

在子类 getArea()方法中,程序第 26 行利用 super 关键字调用了父类同名的实例方法 getArea(),这里 super 关键字不能省略。程序第 32 行也是如此。

步骤 4:下面通过测试类 HisTriangle3Test 来演示方法重写效果,如图 4-14 所示。

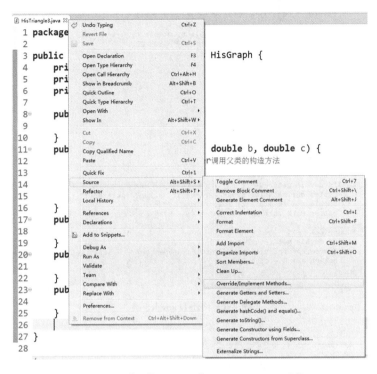

图 4-11　找到"Override/Implement Methods"

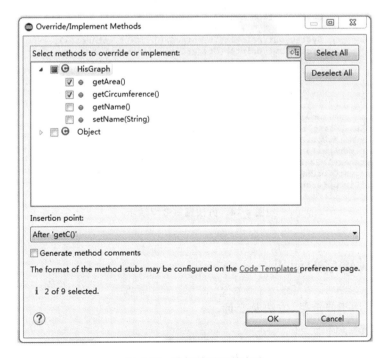

图 4-12　选择被重写的方法

```
 1 package cn.linaw.chapter4.demo01;
 2 public class HisTriangle3 extends HisGraph {
 3     private double a; // 成员变量, 三角形边长a
 4     private double b; // 成员变量, 三角形边长b
 5     private double c; // 成员变量, 三角形边长c
 6     public HisTriangle3() {
 7         this(0, 0, 0); // 通过this关键字间接调用本类带参构造方法
 8     }
 9     public HisTriangle3(double a, double b, double c) {
10         super("Triangle"); // 通过super关键字调用父类有参构造方法
11         this.a = a;
12         this.b = b;
13         this.c = c;
14     }
15     public double getA() {
16         return a;
17     }
18     public double getB() {
19         return b;
20     }
21     public double getC() {
22         return c;
23     }
24     @Override
25     public double getArea() { // 方法重写
26         System.out.println("super.getArea(), " + super.getArea());// 通过super调用父类方法
27         double p = (a + b + c) / 2; // p为三角形半周长
28         return Math.sqrt(p * (p - a) * (p - b) * (p - c)); // 海伦公式
29     }
30     @Override
31     public double getCircumference() { // 方法重写
32         System.out.println("super.getCircumference(), " + super.getCircumference());
33         return a + b + c;
34     }
35 }
```

图 4-13 HisTriangle3 类

```
 1 package cn.linaw.chapter4.demo01;
 2 public class HisTriangle3Test {
 3     public static void main(String[] args) {
 4         HisTriangle3 t = new HisTriangle3(6, 8, 10);// 实例化一个子类对象
 5         System.out.println("对象t名称, " + t.getName());
 6         System.out.println("对象t三边长, " + t.getA() + "," + t.getB()
 7                 + "," + t.getC());
 8         System.out.println("t.getArea(), " + t.getArea());
 9         System.out.println("t.getCircumference(), "
10                 + t.getCircumference());
11     }
12 }
```

```
<terminated> HisTriangle3Test (1) [Java Application] D:\JavaDevelop\jdk1.7.0_15\bin\javaw.exe (2019年4月18日 上午9:19:15)
对象t名称, Triangle
对象t三边长, 6.0,8.0,10.0
super.getArea(), 0.0
t.getArea(), 24.0
super.getCircumference(), 0.0
t.getCircumference(), 24.0
```

图 4-14 方法重写效果演示

4.3 final 关键字的使用

final 关键字用于修饰类、方法及变量。

(1) final 关键字修饰类。

被 final 关键字修饰的类为最终类,不能被子类继承。final 关键字修饰的类通常功能是完整的,它们不需要被继承。Java 中有许多类是被 final 修饰的,比如 String 类。

(2) final 关键字修饰方法。

被 final 关键字修饰的成员方法不能被子类重写。如果认为一个成员方法的功能已足够完备,不允许子类重写的话,可以将该方法用 final 关键字修饰。

(3) final 关键字修饰变量。

在类的成员变量或者局部变量前使用 final 关键字修饰,这样的变量就被称为 final 变量,final 变量可以理解为常量,只能被赋值一次,再次赋值时编译器报错,建议 final 变量在声明的同时就赋值。final 变量还经常和 static 关键字一起使用,即为类常量。

【例 4-4】

final 关键字修饰变量的示例,如图 4-15 所示。

```
FinalTest.java
package cn.linaw.chapter4.demo01;
public class FinalTest {
    public static final double PI = 3.14159; // final变量声明的同时显式初始化
    public static final double MY_PI;
    static {
        MY_PI = 3.14;// final修饰的静态成员，在static代码块中完成赋值
    }
    private int x = 2;
    private final int y = 5; // final变量声明的同时显式初始化
    private final int z;
    public FinalTest() {
        z = 10; // final修饰的实例变量，在构造方法结束前完成赋值
    }
    public static void main(String[] args) {
        final int i; // 声明一个final局部变量i
        i = 10; // 对final局部变量i第一次赋值
        // i = 20; // 不能再次对final局部变量i赋值
        final int j = 30; // final修饰的局部变量声明的同时就初始化
        final FinalTest f = new FinalTest();
        f.x = 20; // 变量f指向对象的成员变量x没有被final修饰，可以重新赋值
        // f.y =50; // 编译出错，变量f指向对象的成员变量y被final修饰，不能重新赋值
        // f = new FinalDemo(); // 编译出错，变量f被final修饰，不能重新赋值
    }
}

Problems  Javadoc  Declaration  Console
<terminated> FinalTest (1) [Java Application] D:\JavaDevelop\jdk1.7.0_15\bin\javaw.exe (2019年4月18日 上午9:46:46)
```

图 4-15　final 关键字修饰变量示例

4.4 Object 类

在 Java 中,java.lang.Object 类是所有其他类的最终父类,称为根类。Object 类中定义的方法都非常重要,具体方法说明如下:

(1) public final Class<?> getClass():返回该对象的运行时类对象(Class 对象)。项目 12 讲反射机制时还会讲解。

(2) public int hashCode():该方法返回该对象的哈希码。Object 类中该方法通过将该对象的内部地址转换成一个整数来实现,不同的对象返回不同的整数。项目 9 讲 HashMap 类时还会涉及。

(3) public boolean equals(Object obj):指示其他某个对象是否与此对象"相等"。Object 类中该方法是在非空对象引用上判断相等关系:对于任何非空引用值 x 和 y,当且仅当 x 和 y 引用同一个对象(即 x==y 为 true)时,此方法才返回 true。当此方法被重写时,

通常需要重写 hashCode 方法，以维护 hashCode 方法的常规协定，该协定声明相等对象必须具有相等的哈希码。

（4）public final void notify()：唤醒在此对象监视器上等待的单个线程。在项目 6 线程间通信中讲解。

（5）public final void notifyAll()：唤醒在此对象监视器上等待的所有线程。在项目 6 线程间通信中讲解。

（6）public final void wait(long timeout) throws InterruptedException：在其他线程调用此对象的 notify() 方法或 notifyAll() 方法，或者超过指定的时间量前，导致当前线程等待。

（7）public final void wait(long timeout，int nanos) throws InterruptedException：在其他线程调用此对象的 notify() 方法或 notifyAll() 方法，或者其他某个线程中断当前线程，或者已超过某个实际时间量前，导致当前线程等待。此方法类似于一个参数的 wait 方法，但它允许更好地控制在放弃之前等待通知的时间量。用毫微秒度量的实际时间量可以通过以下公式计算出来：1000000 * timeout + nanos。在其他所有方面，此方法执行的操作与带有一个参数的 wait(long) 方法相同。特别地，wait(0,0) 与 wait(0) 相同。

（8）public final void wait() throws InterruptedException：在其他线程调用此对象的 notify() 方法或 notifyAll() 方法前，导致当前线程等待。换句话说，此方法的行为就好像它仅执行 wait(0) 调用一样。在项目 6 线程间通信中讲解。

（9）protected void finalize() throws Throwable：当没有对该对象有效的引用时，JVM 通过垃圾回收器（GC）将该对象标记为释放状态；当垃圾回收器要释放一个对象的内存时，将调用该对象的 finalize() 方法。子类可以重写该方法，以配置系统资源或执行其他清除操作。

（10）public String toString()：返回该对象的字符串表示。Object 类中该方法返回的字符串由类名（对象是该类的一个实例）、at 标记符"@"和此对象哈希码的无符号十六进制表示组成，即

getClass().getName()+'@'+Integer.toHexString(hashCode())

为了更好地显示对象的信息，建议所有子类重写此方法。

【例 4-5】

请设计一个类，重写 toString 方法，并测试。

在 Eclipse 中，通常需要借助工具辅助生成 Object 类中的 toString 方法、hashCode 方法和 equals 方法的代码。

在 cn.linaw.chapter4.demo01 包中，复制 HisTriangle3.java，粘贴到同一个包下，并重命名为 HisTriangle4.java，在 HisTriangle4 类中重写 toString 方法，步骤如下：

步骤 1：在 HisTriangle4.java 代码区空白处点击鼠标右键，选择弹出菜单【Source】下的【Generate toString()】选项，如图 4-16 所示。

步骤 2：在弹出的对话框中选择需要包含在方法中的属性，如图 4-17 所示。

步骤 3：点击【OK】按钮后即可生成默认代码，可以在此基础上修改。默认生成代码如图 4-18 所示。

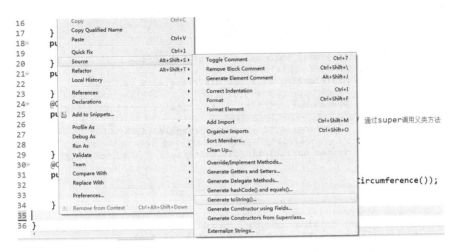

图 4-16 找到"Generate toString()"

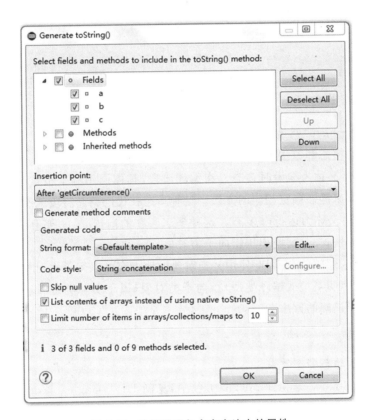

图 4-17 选择需要包含在方法中的属性

```
35  @Override
36  public String toString() {
37      return "HisTriangle4 [a=" + a + ", b=" + b + ", c=" + c + "]";
38  }
```

图 4-18 HisTriangle4 类中重写 toString 方法

步骤 4：通过测试类 HisTriangle4Test 来演示 Object 类和子类重写后的 toString 方法，如图 4-19 所示。

```
HisTriangle4Test.java
 1  package cn.linaw.chapter4.demo01;
 2  public class HisTriangle4Test {
 3      public static void main(String[] args) {
 4          // 实例化一个HisTriangle3对象
 5          HisTriangle3 t1 = new HisTriangle3(6, 8, 10);
 6          // 调用Object类的toString()方法,因为HisTriangle3类没有重写
 7          System.out.println("t1.toString(): " + t1.toString());
 8          // 实例化一个HisTriangle4对象
 9          HisTriangle4 t2 = new HisTriangle4(6, 8, 10);
10          // 调用HisTriangle4类重写后的toString()方法
11          System.out.println("t2.toString(): " + t2.toString());
12      }
13  }
```

```
Problems @ Javadoc  Declaration  Console
<terminated> HisTriangle4Test (1) [Java Application] D:\JavaDevelop\jdk1.7.0_15\bin\javaw.exe (2019年4月18日 下午4:19:42)
t1.toString(): cn.linaw.chapter4.demo01.HisTriangle3@1aa9f99
t2.toString(): HisTriangle4 [a=6.0, b=8.0, c=10.0]
```

图 4-19 调用 toString 方法示例

4.5 多态性

4.5.1 多态的含义

多态(polymorphism)就是指一个名字,多种形式。Java 中多态是指方法的多态,包括方法重载导致的静态多态和方法重写导致的动态多态。

(1) 静态多态:又称为编译时多态。在编译阶段,具体调用哪个被重载的方法,编译器会根据参数的不同来静态确定相应的方法。这种多态在代码编译阶段就确定了。

(2) 动态多态:又称为运行时多态。这种多态存在的前提是:一要有继承关系;二要子类重写父类相关方法;三是父类引用指向子类对象。

由于继承是"is-a"的关系,因此使用父类对象的地方都可以用子类对象代替。当父类对象引用变量(属于声明类型或编译类型)指向子类对象(属于实际类型或运行时类型)时,程序会在运行时选择正确的方法。

【例 4-6】

设计用例演示动态多态效果。

步骤 1:在 cn.linaw.chapter4.demo01 包中,复制 HisTriangle4.java,粘贴到同一个包下,并重命名为 HisTriangle5.java。

步骤 2:在 HisTriangle5 类中增加新功能 isRightAngledTriangle 方法,用于判断该三角形是否是直角三角形,如图 4-20 所示。

```
39      public boolean isRightAngledTriangle() {// 判断该对象是否是直角三角形
40          return ((a * b * c != 0) && (a * a + b * b) == c * c
41              || (a * a + c * c) == b * b || (b * b + c * c) == a * a);
42      }
```

图 4-20 在 HisTriangle5 类中增加新功能

步骤 3:通过测试类 HisTriangle5Test 来演示多态性,如图 4-21 所示。

HisTriangle5Test.java

```java
1 package cn.linaw.chapter4.demo01;
2 public class HisTriangle5Test {
3     public static void main(String[] args) {
4         // 声明一个父类HisGraph的引用变量g，指向子类HisTriangle5对象
5         HisGraph g = new HisTriangle5(6, 8, 10); // 自动向上转型
6         //System.out.println(g.isRightAngledTriangle()); // 编译出错
7         // 通过变量g引用的对象调用getArea()方法
8         System.out.println("g.getArea()：" + g.getArea());
9         if (g instanceof HisTriangle5) {
10            HisTriangle5 t = (HisTriangle5) g; // 强制向下转型
11            System.out.println("t.isRightAngledTriangle()："
12                    + t.isRightAngledTriangle());
13        }
14    }
15 }
```

Problems @ Javadoc Declaration Console

<terminated> HisTriangle5Test (1) [Java Application] D:\JavaDevelop\jdk1.7.0_15\bin\javaw.exe (2019年4月18日 下午5:29:11)

```
super.getArea()：0.0
g.getArea()：24.0
t.isRightAngledTriangle()：true
```

图 4-21 运行时多态性示例

程序说明如下：

(1) 程序第 5 行声明了一个 HisGraph 类的引用变量 g，而实际指向的是子类 HisTriangle5 类创建的对象。因此，变量 g 声明类型是 HisGraph，而被变量引用的对象的实际类型是 HisTriangle5，赋值时引用类型做了自动向上转型。

(2) 程序第 6 行执行 g. isRightAngledTriangle()时编译报错，因为指向子类对象的父类引用只能访问父类中拥有的成员，HisGraph 类中并没有定义 isRightAngledTriangle()方法。因此，编译时先看变量的声明类型，声明类型决定了编译时匹配哪个方法，而运行时看对象的实际类型，进行动态调用，体现多态。简言之，编译看左边，运行看右边。

(3) 程序第 8 行执行 g. getArea()时，会先到 HisTriangle5 类中根据方法名(参数列表)查找，如果没匹配成功，再到 HisTriangle5 类的父类中继续查找，直到找到时停止。因此，调用的是系统第一次找到的方法，这就是运行时动态调用的原理。具体到本例，搜索 getArea()方法，在子类 HisTriangle5 中第一次匹配成功，执行该方法。可见，多态机制下，如果子类重写了父类某些方法，父类引用在调用这些方法时，实际使用的是子类重写后的方法。

(4) 如果要执行子类对象的特有方法，该怎么办？那就要用到对象的向下转型。

向上转型的弊端是父类引用变量只能调用它编译类型(声明类型)的方法，而不能调用它运行时类型(实际类型)的特有方法。如果需要运行，就需要进行类型的向下转型，将引用变量转换成对象运行时的子类类型，这是显式的、强制的。如程序第 10 行就属于类型的强制向下转型，将父类引用变量 g 向下强制转换为真实的子类类型 HisTriangle5 变量 t，然后通过引用变量 t 即可调用 HisTriangle5 类的所有方法，如程序第 12 行的 t. isRightAngledTriangle()。

类型的向上转型是自动的，但向下转型要慎重，例如三角形是图形，但图形不一定是三角形。为了避免强制向下转型出现的异常，Java 提供了 instanceof 运算符来判断。

instanceof 运算符是二元运算符，左边是对象引用变量，右边是类名。当左边引用的对象是右边的类或其子类所创建的对象时，返回 true，否则返回 false。程序第 9 行的布尔表达

式 "g instanceof HisTriangle5",当引用变量 g 指向的对象是 HisTriangle5 类或其子类对象时,返回 true。先利用 instanceof 运算符判断,后执行类型的强制向下转型是一种推荐的做法。

◆ 4.5.2 参数传递中多态性的应用

在程序 HisTriangle5Test.java 中第 5 行,为什么不一开始就将变量的声明类型和对象的实际类型保持一致,例如改成语句 "HisTriangle5 t=new HisTriangle5(6,8,10);"?如果变量声明类型和实际运行对象类型保持一致,就不会出现多态效果。

需要强调的是,多态是面向对象程序的三大特征之一,多态的出现可以方便程序的通用设计。例如在方法声明中,如果将参数类型定义为父类型,则该参数可以接收任何子类的值。

【例 4-7】

设计用例演示参数传递中的多态效果。

在 JDK 类库中查看 java.lang.Object 类源代码,找到 equals 方法实现,如图 4-22 所示。

```
149  public boolean equals(Object obj) {
150      return (this == obj);
151  }
```

图 4-22　Object 类 equals 方法实现

Object 类中 equals 方法的实现是检测两个引用变量的地址值是否相同,而自定义类中,如果需要提供判断两个对象是否相等的功能,需要重写继承自 Object 类的该方法。复制 cn.linaw.chapter4.demo01 包下 HisTriangle5 类,在同一个包下粘贴,并更名为 HisTriangle6。打开 HisTriangle6.java 文件,重写 equals 方法,两个 HisTriangle6 对象相等的依据是判断它们的面积是否相等,如图 4-23 所示。

```
43  @Override
44  public boolean equals(Object obj) {
45      if (this == obj) {
46          return true;
47      }
48      if (!(obj instanceof HisTriangle6)) {
49          return false;
50      }
51      HisTriangle6 o = (HisTriangle6) obj; // 向下转型
52      return this.getArea() == o.getArea();// 两个对象面积相等时返回true,否则false
53  }
54 }
```

图 4-23　在 HisTriangle6 类中重写父类 equals 方法

在本例中,Object 类是基类,因为有了多态,父类引用可以指向子类对象,因此,开发中常常可以设定一个 Object 类型的参数来接收任意类型的子类对象。如果没有多态性,那么类中就需要为 equals 方法根据不同参数列表写若干个重载方法。

下面通过一个测试类 HisTriangle6Test 来验证 HisTriangle6 类的 equals 方法,如图 4-24 所示。

HisTriangle6Test.java

```
1 package cn.linaw.chapter4.demo01;
2 public class HisTriangle6Test {
3     public static void main(String[] args) {
4         HisTriangle5 t1 = new HisTriangle5(6, 8, 10);
5         HisTriangle6 t2 = new HisTriangle6(6, 8, 10);
6         HisTriangle6 t3 = new HisTriangle6(6, 8, 10);
7         System.out.println("t2.equals(t1): " + t2.equals(t1));
8         System.out.println("t2.equals(t3): " + t2.equals(t3));
9     }
10 }
```

Problems @ Javadoc Declaration Console

<terminated> HisTriangle6Test (1) [Java Application] D:\JavaDevelop\jdk1.7.0_15\bin\javaw.exe (2019年4月21日 下午3:31:50)

```
t2.equals(t1): false
super.getArea(): 0.0
super.getArea(): 0.0
t2.equals(t3): true
```

图 4-24 验证 HisTriangle6 类的 equals 方法

关注程序第 7 行和第 8 行中 equals 方法中分别传入了不同类型的实参，这是多态性的体现。

4.6 抽象类

在类的继承体系中，父类抽象出所有子类的共同特征（属性或者方法），有的功能子类直接继承即可，但是有些功能则不然，虽然是子类都具备的，但是具体的实现是不一样的，这些方法可以通过方法重写来实现，但是如果子类没有重写而直接继承的话可能会导致错误。例如，项目 chapter4 中定义的 HisGraph 类，提供了求图形的面积和周长的具体方法，默认实现返回值都为 0，如果子类 HisTriangle3 中忘记重写父类这两个方法，那么子类 HisTriangle3 将继承父类这两个方法，这显然是不合理的。不同图形（例如圆、三角形、矩形、梯形等）求面积和周长的公式是不同的，无法统一具体实现。

在面向对象程序设计中，如果设计的类中有的方法的具体实现由它的子类确定，那么可以在父类中将这些方法声明为抽象方法。抽象方法是一些只有方法声明，而没有具体方法体的方法，一般存在于抽象类或接口中。注意，抽象方法没有方法体，而不是方法体为空。相应地，拥有抽象方法的类被称为抽象类。在抽象类中定义抽象方法，是在告诉子类，如果子类不是抽象类，则必须要实现抽象类中的全部抽象方法，这是一种强制约束。

在 Java 中，通过关键字 abstract 来声明一个抽象类或抽象方法。

【例 4-8】

将 HisGraph 类改写成抽象类。

在项目 chapter4 下新建 cn. linaw. chapter4. demo02 包，在包下定义一个抽象类 HerGraph，如图 4-25 所示。

关于抽象类，注意以下几点：

（1）有抽象方法的类一定是抽象类，但是反过来说不对，抽象类中可以包含抽象方法，也可以不包含任何抽象方法。只要是 abstract 关键字修饰的类一定是抽象类。

（2）所有的抽象类相比普通类都不能被实例化。抽象类意味着该类不是一个完全具体或明确的类，因此不能实例化对象。但是，抽象类可以有它的构造方法，通过子类的构造方

```java
package cn.linaw.chapter4.demo02;
public abstract class HerGraph {  //定义一个抽象类
    private String name;  // 成员变量
    protected HerGraph() {
        this("Graph");
    }
    protected HerGraph(String name) {
        this.name = name;
    }
    public void setName(String name) {
        this.name = name;
    }
    public String getName() {
        return name;
    }
    public abstract double getArea();  // 求图形面积的抽象方法,没有方法体
    public abstract double getCircumference();// 求图形周长的抽象方法,没有方法体
}
```

图 4-25 抽象类 HerGraph

法调用,对抽象类的属性初始化。由于抽象类的构造方法只能被子类调用,因此可以将构造方法的访问权限设置为 protected。构造方法不能声明为抽象方法。

(3) 抽象方法一定是实例方法,不能是静态方法。静态方法归属于类,通过类名直接调用,因此,静态方法必须是具体的,不能声明为抽象方法。

(4) 抽象方法不能为 private 控制权限,否则子类无法实现,默认为 public。抽象方法中 public abstract 关键字可以省略。

【例 4-9】

子类 HerTriangle1 继承抽象类 HerGraph,并实现了父类的所有抽象方法。

子类 HerTriangle1 继承自抽象类,而且实现了父类所有抽象方法,因此可以定义成一个普通类,如图 4-26 所示。

```java
package cn.linaw.chapter4.demo02;
public class HerTriangle1 extends HerGraph {
    private double a;  // 成员变量,三角形边长a
    private double b;  // 成员变量,三角形边长b
    private double c;  // 成员变量,三角形边长c
    public HerTriangle1() {
        this(0, 0, 0);  // 通过this关键字间接调用本类带参构造方法
    }
    public HerTriangle1(double a, double b, double c) {
        super("Triangle");  // 通过super关键字调用父类有参构造方法
        this.a = a;
        this.b = b;
        this.c = c;
    }
    public double getA() {
        return a;
    }
    public double getB() {
        return b;
    }
    public double getC() {
        return c;
    }
    @Override
    public double getArea() {  // 重写父类抽象方法
        double p = (a + b + c) / 2;  // p为三角形半周长
        return Math.sqrt(p * (p - a) * (p - b) * (p - c));  // 海伦公式
    }
    @Override
    public double getCircumference() {  // 重写父类抽象方法
        return a + b + c;
    }
}
```

图 4-26 继承抽象类

继承自抽象类的子类,如果想成为一个普通类,则子类必须实现父类所有的抽象方法;而如果子类继承自普通类,则子类可以有选择地决定需要重写的方法。

编写测试类 HerTriangle1Test 对子类 HerTriangle1 进行测试,如图 4-27 所示。

```
HerTriangle1Test.java
1 package cn.linaw.chapter4.demo02;
2 public class HerTriangle1Test {
3     public static void main(String[] args) {
4         HerGraph t = new HerTriangle1(6, 8, 10);// 多态
5         System.out.println("对象t名称:" + t.getName());
6         System.out.println("t.getArea():" + t.getArea());
7         System.out.println("t.getCircumference():" + t.getCircumference());
8     }
9 }
```

```
<terminated> HerTriangle1Test (1) [Java Application] D:\JavaDevelop\jdk1.7.0_15\bin\javaw.exe (2019年4月22日 上午11:28:04)
对象t名称:Triangle
t.getArea():24.0
t.getCircumference():24.0
```

图 4-27　HerTriangle1Test 类

4.7 接口

4.7.1 接口声明与实现

接口(interface)比抽象类还要抽象,不提供任何具体实现,是抽象方法的集合。接口表示的是一种能力,定义了一种规范,声明了可以向外部提供的服务。在面向接口开发中,各个接口就是不同模块之间通信的桥梁,接口声明和实现体现了系统设计与具体实现相分离。

1. 接口声明(JDK 1.7)

Java 接口使用关键字 interface 声明,且接口体里只包含常量和抽象方法。Java 接口中声明的常量,可以由实现这个接口的类使用。接口的语法格式如下:

```
[访问修饰符]interface 接口名 [extends 父接口1,父接口2,…]{
    [public] [static] [final]数据类型 变量名=常量值;     // 全局常量
    [public] [abstract] 返回值类型 方法名(参数列表);     // 公共抽象方法
}
```

关于接口声明,有如下几点注意事项:

(1) 访问修饰符只能是 public 或者默认值。

(2) 接口中的变量只能是 public static final 修饰的全局常量,可以省略书写 public static final,考虑到可读性,建议不要省略。

(3) 接口中的抽象方法只能是 public abstract 修饰的,可以省略书写,考虑到可读性,建议不要省略。

(4) 接口支持多继承,因为接口中的方法都为抽象的,都没有方法体,即使不同父接口里有相同的方法声明,也不会导致不确定性。

【例 4-10】

举例声明一个接口。

在项目 chapter4 下新建 cn.linaw.chapter4.demo03 包,在包下定义一个接口

ItsGraph，如图 4-28 所示。

ItsGraph.java

```java
package cn.linaw.chapter4.demo03;
public interface  ItsGraph {
    public static final double PI = 3.14; // 接口常量
    public abstract double getArea();  // 接口抽象方法
    public abstract double getCircumference(); //接口抽象方法
}
```

图 4-28　接口 ItsGraph 的声明

2. **接口实现**(JDK 1.7)

一个类使用 implements 关键字来修饰要实现的接口，接口实现格式如下：

```
[修饰符] class 类名[extends 父类名] [implements 父接口 1,父接口 2,…]{
…
}
```

关于接口实现，有如下几点注意事项：

(1) 接口中的方法只能由实现接口的类来实现。一个类使用了某个接口，必须重写实现该接口中的所有方法，如果该类没有实现接口中的所有抽象方法，则该类就是一个抽象类。

(2) 一个类只能继承一个类，但可以实现一个或多个接口，实现多个接口，多个接口之间采用逗号隔开。

【例 4-11】

定义两个实现类，分别实现例 4-10 中声明的接口。

首先定义一个实现了 ItsGraph 接口的 ItsCircle1 类，如图 4-29 所示。

ItsCircle1.java

```java
package cn.linaw.chapter4.demo03;
public class ItsCircle1 extends Object implements ItsGraph{
    double radius;// 成员属性，实例变量
    public ItsCircle1() {
        this(0);
    }
    public ItsCircle1(double radius) {
        super();
        this.radius = radius;
    }
    public double getRadius() {
        return radius;
    }
    @Override
    public double getArea() {// 实现ItsGraph接口的抽象方法
        return ItsGraph.PI * radius * radius;
    }
    @Override
    public double getCircumference() { // 实现ItsGraph接口的抽象方法
        return 2 * ItsGraph.PI * radius;
    }
}
```

图 4-29　ItsCircle1 类实现了 ItsGraph 接口

再定义一个实现了 ItsGraph 接口的 ItsTriangle1 类，如图 4-30 所示。

```java
package cn.linaw.chapter4.demo03;
public class ItsTriangle1 extends Object implements ItsGraph {
    private double a; // 成员变量，三角形边长a
    private double b; // 成员变量，三角形边长b
    private double c; // 成员变量，三角形边长c
    public ItsTriangle1() {
        this(0, 0, 0); // 通过this关键字间接调用本类带参构造方法
    }
    public ItsTriangle1(double a, double b, double c) {
        this.a = a;
        this.b = b;
        this.c = c;
    }
    public double getA() {
        return a;
    }
    public double getB() {
        return b;
    }
    public double getC() {
        return c;
    }
    @Override
    public double getArea() { // 重写实现接口中的抽象方法
        double p = (a + b + c) / 2; // p为三角形半周长
        return Math.sqrt(p * (p - a) * (p - b) * (p - c)); // 海伦公式
    }
    @Override
    public double getCircumference() { // 重写实现接口中的抽象方法
        return a + b + c;
    }
}
```

图 4-30　ItsTriangle1 类实现了 ItsGraph 接口

◆ 4.7.2　接口的多态

多态在具体类、抽象类和接口中都有体现。

【例 4-12】

基于例 4-11 实现 ItsGraph 接口的两个实现类，演示接口的多态。

测试类 ItsGraphTest1 来验证基于接口的多态，如图 4-31 所示。

```java
package cn.linaw.chapter4.demo03;
public class ItsGraphTest1 {
    public static void main(String[] args) {
        ItsGraph g1 = new ItsCircle1(5);// 接口指向ItsCircle1类对象
        System.out.println("g1.getCircumference(): " + g1.getCircumference());
        System.out.println("g1.getArea(): " + g1.getArea());
        ItsGraph g2 = new ItsTriangle1(6, 8, 10);// 接口指向ItsTriangle1类对象
        System.out.println("g2.getCircumference(): " + g2.getCircumference());
        System.out.println("g2.getArea(): " + g2.getArea());
    }
}
```

```
g1.getCircumference(): 31.400000000000002
g1.getArea(): 78.5
g2.getCircumference(): 24.0
g2.getArea(): 24.0
```

图 4-31　验证接口的多态性

在本例中，父接口 ItsGraph 变量 g1 指向实现该接口的类 ItsCircle1 创建的对象，父接口 ItsGraph 变量 g2 指向实现该接口的类 ItsTriangle1 创建的对象。父接口变量指向不同的实现该接口的类的对象，调用接口中相同的方法得到不同的结果，这就是接口的多态。

4.7.3 接口回调

接口回调(interface callback)是指把实现某一接口的类创建的对象的引用赋给该接口声明的接口变量中,那么该接口变量就可以回调被类重写的接口方法。实际上,接口变量调用被类实现的接口中的方法,就是通知相应的对象调用接口的方法,这一过程称为对象功能的接口回调。

【例 4-13】

演示接口回调。

下面通过一个测试类 ItsGraphTest2 来演示接口回调功能,如图 4-32 所示。

```java
package cn.linaw.chapter4.demo03;
public class ItsGraphTest2 {
    public static void main(String[] args) {
        ItsTriangle1 t = new ItsTriangle1(6, 8, 10);
        System.out.println("三角形t的周长:" + printCircumference(t));// 接口回调
        System.out.println("三角形t的面积:" + printArea(t));
        ItsCircle1 c = new ItsCircle1(5);
        System.out.println("圆形c的周长:" + printCircumference(c)); // 接口回调
        System.out.println("圆形c的面积:" + printArea(c));
    }
    public static double printCircumference(ItsGraph g) { // 参数为接口类型
        return g.getCircumference();
    }
    public static double printArea(ItsGraph g) { // 参数为接口类型
        return g.getArea();
    }
}
```

```
<terminated> ItsGraphTest2 [Java Application] D:\JavaDevelop\jdk1.7.0_15\bin\javaw.exe (2019年4月22日 下午7:03:12)
三角形t的周长:24.0
三角形t的面积:24.0
圆形c的周长:31.400000000000002
圆形c的面积:78.5
```

图 4-32 验证接口回调

使用接口回调的最大好处就是可以灵活地将接口类型参数替换为需要的具体类。在本例中,printCircumference 方法和 printArea 方法接收的都是 ItsGraph 接口类型参数,而实际传入的是具体子类对象的引用 t、c,通过变量 t、c 引用的具体对象调用不同的接口实现方法。

由接口产生的多态是指不同的类在实现同一个接口时可能具有不同的实现方式,于是接口变量在回调接口方法时就可能具有多种形态。接口回调和向上转型对象实现的多态是非常相似的,只是用到了抽象的最高境界——接口。

面向接口去设计程序时,可以在接口中声明若干个抽象方法,方法体的内容细节由实现接口的类去完成。使用接口进行程序设计的核心思想是使用接口回调,即接口变量存放实现该接口的类的对象的引用,从而接口变量就可以回调类实现的接口方法。接口回调达到了具体实现与事务处理的解耦,在处理事务过程中不需要知道实现接口的子类,从而体现了开发中的开闭原则(对扩展开放,对修改关闭)。

4.7.4 Comparable 接口

我们对很多同类型的对象都有比较大小的需求,要实现这个功能,这两个对象必须是可比较的,为此 Java 提供了 java.lang.Comparable 接口。如果一个类实现了 Comparable 接口,那么该类的对象就定义了对象自然排序的规则,可以比较大小。

在 JDK 1.5 之后,Comparable 接口声明如下:

```
public interface Comparable<T> {
    public int compareTo(T o);
}
```

这里的<T>表示使用了泛型。泛型,即"参数化类型",顾名思义,就是将类型由原来具体的类型参数化,类似于方法中的变量参数,此时类型也定义成参数形式(可以称之为类型形参),然后在使用时传入具体的类型(类型实参)。

泛型是 JDK 1.5 之后引入的新特性。泛型的本质就是"数据类型的参数化",可以理解为数据类型的一个占位符,告诉编译器,在使用泛型时必须传入实际的类型替换。JDK 支持泛型类、泛型接口和泛型方法,使用时开发人员需要指定真实的数据类型,将运行时的类型检查提前到编译阶段,提高了类型的安全性。

在 JDK 1.5 之前,Comparable 接口声明如下:

```
public interface Comparable {
    public int compareTo(Object o);
}
```

compareTo 方法的参数 o 是 Object 类型的,该引用可以指向任何对象。但是,如果一个对象调用该方法,而接收一个风马牛不相及的对象进行比较,这样的代码可以通过编译,但在运行时发现接收的对象类型不合适,两者无法比较。因此,JDK 1.5 后采用泛型,限定传入的对象类型。

Comparable 接口的 compareTo 方法用于判断此对象与指定对象 o 的顺序,如果此对象小于、等于或大于指定对象,则分别返回负整数、零或正整数。

【例 4-14】

定义一个 ItsTriangle2 类,同时实现 ItsGraph 接口和 Comparable 接口。
ItsTriangle2 类的源代码如图 4-33 所示。

```java
 1  package cn.linaw.chapter4.demo03;
 2  public class ItsTriangle2 extends Object implements ItsGraph,Comparable<ItsTriangle2> {
 3      private double a; // 成员变量,三角形边长a
 4      private double b; // 成员变量,三角形边长b
 5      private double c; // 成员变量,三角形边长c
 6      public ItsTriangle2() {
 7          this(0, 0, 0); // 通过this关键字间接调用本类带参构造方法
 8      }
 9      public ItsTriangle2(double a, double b, double c) {
10          this.a = a;
11          this.b = b;
12          this.c = c;
13      }
14      public double getA() {
15          return a;
16      }
17      public double getB() {
18          return b;
19      }
20      public double getC() {
21          return c;
22      }
23      @Override
24      public double getArea() { // 重写实现接口中的抽象方法
25          double p = (a + b + c) / 2; // p为三角形半周长
26          return Math.sqrt(p * (p - a) * (p - b) * (p - c)); // 海伦公式
27      }
28      @Override
29      public double getCircumference() { // 重写实现接口中的抽象方法
30          return a + b + c;
31      }
32      @Override
33      public int compareTo(ItsTriangle2 o) { // 实现Comparable<T>接口方法
34          double result = this.getArea()-o.getArea();
35          if (result > 0) {
36              return 1;// 这个对象大于给定对象o返回1
37          } else if (result < 0) {
38              return -1;// 这个对象小于给定对象o返回-1
39          } else {
40              return 0;// 这个对象等于给定对象o返回0
41          }
42      }
43  }
```

图 4-33　ItsTriangle2 类

显然，本例 ItsTriangle2 类的 compareTo 方法中比较的是它们的面积。当然，也可以根据需要制定其他的比较规则，例如比较它们的周长。

下面通过一个测试类 ItsTriangleTest2 来演示实现了 Comparable 接口的类的对象比较功能，如图 4-34 所示。

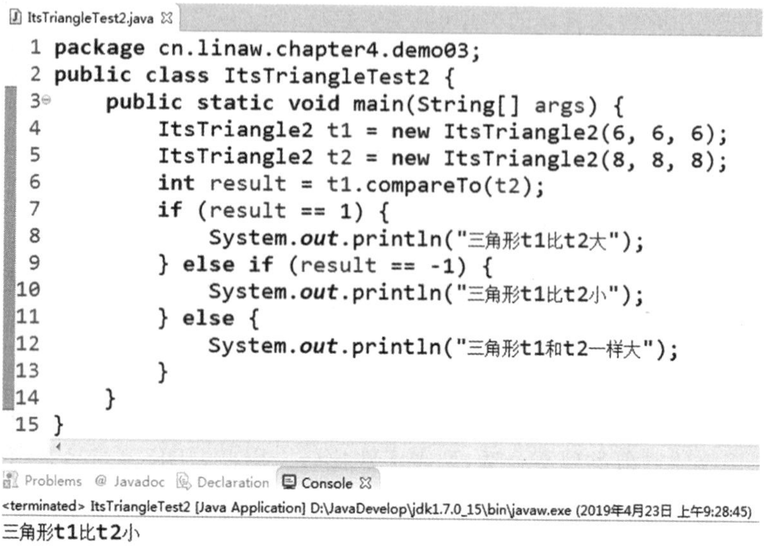
ItsTriangleTest2.java
package cn.linaw.chapter4.demo03;
public class ItsTriangleTest2 {
public static void main(String[] args) {
ItsTriangle2 t1 = new ItsTriangle2(6, 6, 6);
ItsTriangle2 t2 = new ItsTriangle2(8, 8, 8);
int result = t1.compareTo(t2);
if (result == 1) {
System.out.println("三角形t1比t2大");
} else if (result == -1) {
System.out.println("三角形t1比t2小");
} else {
System.out.println("三角形t1和t2一样大");
}
}
}
Problems @ Javadoc Declaration Console
<terminated> ItsTriangleTest2 [Java Application] D:\JavaDevelop\jdk1.7.0_15\bin\javaw.exe (2019年4月23日 上午9:28:45)
三角形t1比t2小

图 4-34　演示 compareTo 方法

实现 Comparable 接口的对象列表（和数组）可以通过 Collections. sort（和 Arrays. sort）进行自动排序。强烈推荐使 compareTo 与 equals 保持一致，即对于某一个类的两个对象 e1 和 e2 来说，应当确保 e1. compareTo(e2)==0 与 e1. equals(e2) 具有相同的布尔值。

4.8 匿名内部类

定义在一个类的内部范围的类称为内部类(inner class)。Java 内部类包括成员内部类、静态内部类、局部内部类和匿名内部类等四种内部类。本书只讲解匿名内部类，它是开发中用得最多的内部类。

所谓匿名内部类(anonymous inner class)，就是一个没有名字的内部类，多用于关注实现而不关注实现类的名字。匿名内部类的语法格式如下：

```
new 父类名(参数列表)或父接口名(){
    // 不能定义构造方法
}
```

匿名内部类的语法格式同时完成了内部类的定义和该类实例对象的创建。匿名是指该内部类实质是一个子类，继承了父类或者实现了父接口，但却没有为其定义类名。当然，匿名内部类在编译时系统会自动命名为“外部类名 $ 数字. class”，其中数字从 1 开始，外部类有几个匿名内部类就编号到几。

不管是接口、抽象类，还是具体类派生出来的匿名内部类，其用法都是一样的。匿名内部类通常并不需要增加额外的方法，只是对继承的方法进行实现或者重写。匿名内部类和单独写一个有名字的子类，然后创建其对象，再调用其方法的本质是一样的。匿名内部类使用范围非常有限，大多情况下用于接口回调，初学者不要求完全掌握，但要熟悉这种写法。

【例 4-15】

举例演示匿名内部类的用法。

下面用一个实现接口的匿名内部类来演示其用法。

在项目 chapter4 下 cn. linaw. chapter4. demo04 包中定义一个 MyTask 接口，如图 4-35 所示。

MyTask.java

```java
package cn.linaw.chapter4.demo04;
public interface MyTask{
    public abstract void currentTask();
}
```

图 4-35　定义 MyTask 接口

接着定义一个测试类 MyTaskTest，演示匿名内部类的几种用法，如图 4-36 所示。

MyTaskTest.java

```java
package cn.linaw.chapter4.demo04;
public class MyTaskTest {
    public static void main(String[] args) {
        // 测试1：定义匿名内部类，同时生成的该类对象直接调用方法，只能调用一次
        new MyTask() {
            @Override
            public void currentTask() {
                System.out.println("当前任务1：好好学习，天天向上......");
            }
        }.currentTask();
        // 测试2：定义匿名内部类，同时生成的该类对象赋值给父接口变量，可以多次调用方法
        MyTask task = new MyTask() {
            @Override
            public void currentTask() {
                System.out.println("当前任务2：好好睡觉，天天自然醒......");
            }
        };
        task.currentTask();
        task.currentTask();
        // 测试3：创建匿名内部类，同时生成的该类对象作为参数传递
        printTask(new MyTask() {
            @Override
            public void currentTask() {
                System.out.println("当前任务3：好好吃饭，天天像八戒......");
            }
        });
    }
    public static void printTask(MyTask t) { // 接口回调
        t.currentTask();
    }
}
```

Problems　@ Javadoc　Declaration　Console

```
<terminated> MyTaskTest [Java Application] D:\JavaDevelop\jdk1.7.0_15\bin\javaw.exe (2019年4月23日 下午3:39:36)
当前任务1：好好学习，天天向上......
当前任务2：好好睡觉，天天自然醒......
当前任务2：好好睡觉，天天自然醒......
当前任务3：好好吃饭，天天像八戒......
```

图 4-36　匿名内部类的用法

以程序第 5~10 的代码为例说明匿名内部类的书写方法：首先写"new MyTask(){};"，相当于创建了一个实现 MyTask 接口的匿名子类，并创建一个实例；然后在{}中实现父接口 MyTask 的所有抽象方法，声明变量，定义其他方法等；最后再调用方法".currentTask()"。

编译器在编译时，将匿名内部类单独编译成多个不同的.class 类文件，如图 4-37 所示。

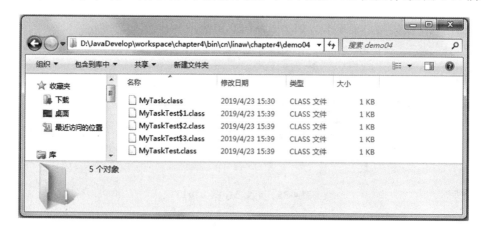

图 4-37　编译时为匿名内部类自动命名

最后，留个作业：请自定义一个实现 MyTask 接口的类，用于替换测试类 MyTaskTest 中出现的匿名内部类。

4.9　简单工厂模式

简单工厂模式又叫静态工厂模式，通过专门定义一个工厂类来创建一些类的实例，被创建的实例通常都具有共同的父类或实现了同一接口。

【例 4-16】

举例演示静态工厂模式。

下面以一个动物工厂类创建不同动物为例进行说明。

步骤 1：在项目 chapter4 下新建一个 cn.linaw.chapter4.demo05 包，在包下抽象出一个 Animal 接口，里面声明所有动物都具有的 shout 方法，如图 4-38 所示。

```
1 package cn.linaw.chapter4.demo05;
2 public interface Animal{
3     public abstract void shout();
4 }
```

图 4-38　Animal 接口

步骤 2：假设该动物工厂有能力生产小狗，于是定义一个实现了 Animal 接口的 Dog 类，如图 4-39 所示。

假设现在该动物工厂又有能力生产小猫，于是定义一个实现了 Animal 接口的 Cat 类，如图 4-40 所示。

```java
// Dog.java
1  package cn.linaw.chapter4.demo05;
2  public class Dog implements Animal {
3      @Override
4      public void shout() {
5          System.out.println("A dog is shouting!");
6      }
7  }
```

图 4-39　Dog 实现类

```java
// Cat.java
1  package cn.linaw.chapter4.demo05;
2  public class Cat implements Animal {
3      @Override
4      public void shout() {
5          System.out.println("A cat is shouting!");
6      }
7  }
```

图 4-40　Cat 实现类

步骤 3：定义一个动物工厂类 AnimalFactory，给外部用户使用，动物工厂类可以根据用户需要专门生成各种动物，如图 4-41 所示。

```java
// AnimalFactory.java
 1  package cn.linaw.chapter4.demo05;
 2  public class AnimalFactory {
 3      public static Animal createAnimal(String type) {// 工厂类创建各种动物
 4          if ("dog".equals(type)) {
 5              return new Dog();  // 参数是dog，就创建一只狗
 6          }else if ("cat".equals(type)) {
 7              return new Cat();  // 参数是cat，就创建一只猫
 8          }else{
 9              return null;  // 传入其他参数则返回null
10          }
11      }
12  }
```

图 4-41　动物工厂类 AnimalFactory

步骤 4：通过一个测试类 AnimalFactoryTest 来看外部用户是如何利用 AnimalFactory 动物工厂类来创建各类动物的，如图 4-42 所示。

可见，本例工厂类根据传入的不同参数，动态决定创建对应产品类的实例。同时，本例统一使用父接口 Animal 变量指向该接口实现类的对象，用到了接口多态。

总之，简单工厂模式的优点是调用者只需面对工厂类就能得到需要的对象，用户只管消费对象，不负责对象的创建，该模式明确了各个类的职责。简单工厂类也有缺点，例如工厂类集中了所有实例对象的创建逻辑，如果后期频繁增加新的产品类，或者某些产品类对象的创建方式发生了改变，则需要不断修改工厂类，不利于维护。

```
1  package cn.linaw.chapter4.demo05;
2  public class AnimalFactoryTest {
3      public static void main(String[] args) {
4          Animal dog = AnimalFactory.createAnimal("dog");
5          dog.shout();
6          Animal cat = AnimalFactory.createAnimal("cat");
7          cat.shout();
8      }
9  }
```

```
A dog is shouting!
A cat is shouting!
```

图 4-42　用户调用动物工厂类创建对象

项目总结

本项目介绍了面向对象程序设计三大特性中的继承和多态。本项目详细介绍了子类在继承父类过程中涉及的方方面面,包括 super 和 final 关键字的使用、方法重写以及超类 Object 的重要方法。继承是多态存在的前提,也是三大特性中最难以理解的部分,需要重点把握。抽象类是一种特殊的类,而接口是比抽象类还抽象的规范,在面向接口编程思想中,多态无处不在。最后,讲解了设计模式中的简单工厂模式,它属于创建型模式,提供了一种创建对象的最佳方式,其中也用到了多态。本项目是面向对象程序设计的进阶部分,需要全面掌握。

项目作业

1. 填空题。

(1) Java 中,允许使用已存在的类作为基础创建新的类,这种技术称为_____。

(2) 定义一个类,如果不想被继承,可以在类前使用_____关键字。

(3) 如果子类想使用父类中的成员,可以使用_____关键字引用父类成员。

(4) 在 Java 中,如果类没有显式声明继承的父类,则该类继承自_____类。

(5) 如果一个类实现一个接口,但是并没有实现接口中定义的全部抽象方法,则该类必须定义为_____类。

(6) 不存在继承关系的前提下,可以实现方法重写吗?答案是_____。

(7) 类的继承是单继承,而接口可以是多继承,这种说话正确吗?答案是_____。

(8) 在 JDK 1.7 中,接口只能定义常量和抽象方法,这种说话正确吗?答案是_____。

2. 简述子类创建对象时构造方法的执行过程。

3. 简述 final 关键字的用法。

4. 简述 super 关键字的用法。

5. 简述 Object 类常用的方法。

6. 简述什么是多态,什么是向上转型和向下转型。

7. 简述抽象类和接口的区别,什么是面向接口编程。

8. 编写一个继承自 Circle 的圆环类 CircleRing,拥有一个新的 double 型成员属性 innerRadius。请完成 CircleRing 的构造方法(包括无参和有参),根据圆环的面积(外圆面积一内圆面积)和周长(外圆周长+内圆周长)公式重写 getArea 方法和 getCircumference 方法,重写 toString( )方法。编写一个测试类 CircleRingTest 来验证该类以上功能。

9. 自己设计一个接口,定义常量和抽象方法,并提供 1~2 个实现类。在测试类中进行测试,注意测试中要体现多态。

10. 上机实践书中出现的案例,可自由发挥修改。

项目 5 异常机制

5.1 异常的含义

程序运行过程中难免会发生各种非正常情况,即产生异常。在 Java 中,以类的形式对现实问题进行描述,形成异常类,当发生异常时即产生对应异常类的对象。例如,发生空指针异常、找不到文件、参数非法等都会抛出异常对象。异常的出现干扰了正常的指令流程,如果异常没有被处理,程序就会非正常终止。

【例 5-1】

举例演示异常的产生。

步骤 1:新建一个项目 chapter5,在 src 目录下定义一个 cn.linaw.chapter5.demo01 包,包里定义一个工具类 MyMath1,类里定义一个整数相除求商的静态成员方法,如图 5-1 所示。

```
1 package cn.linaw.chapter5.demo01;
2 public class MyMath1 {
3       public static int divide(int x, int y) {
4           int result = x / y;  // 除数为0,会产生异常
5           System.out.println("" + x + "/" + y + "=" + result);
6           return result;
7       }
8 }
```

图 5-1　MyMath1 类

步骤 2:通过一个测试类 MyMath1Test1 来演示产生一个异常,如图 5-2 所示。

从运行结果可以看出,程序发生了异常,程序非正常结束。从异常信息看,程序发生了

```
 1 package cn.linaw.chapter5.demo01;
 2 public class MyMath1Test1 {
 3     public static void main(String[] args) {
 4         System.out.println("MyMath1.divide(2, 0)前语句执行......");
 5         MyMath1.divide(2, 0);
 6         System.out.println("MyMath1.divide(2, 0)后语句执行......");
 7     }
 8 }
```

```
MyMath1.divide(2, 0)前语句执行......
Exception in thread "main" java.lang.ArithmeticException: / by zero
    at cn.linaw.chapter5.demo01.MyMath1.divide(MyMath1.java:4)
    at cn.linaw.chapter5.demo01.MyMath1Test1.main(MyMath1Test1.java:5)
```

图 5-2 调用 divide 方法产生异常

一个被 0 除的算术异常（ArithmeticException），同时给出了异常产生的位置。本例异常是由于程序第 5 行调用 MyMath1 类的 divide 方法时，传入了值为 0 的参数，导致 divide 方法在运算时出现被 0 除的异常（MyMath1 类第 4 行）。

异常产生后，如果自己能处理，那么异常处理后继续运行；如果自己没有针对该异常的处理方式，则只有交给调用者处理；如果 main 方法仍没有处理，则会交给调用者 JVM，JVM 有一个默认的异常处理机制，即调用异常对象的 printStackTrace 方法，该方法打印异常信息和异常出现的位置，同时 JVM 停止程序运行，异常产生后的剩余语句不再执行。

在 Java 中，通过不同的异常类来描述各种异常情况，当异常产生时，就会产生一个从对应异常类创建出来的对象，可见，异常在程序中就是一个异常类的对象。在本例中，异常类就是 java.lang.ArithmeticException，产生的异常就是该类的一个对象。

在 Java 中，所有的异常都有一个共同的祖先 java.lang.Throwable 类，而 Throwable 类直接继承自基类 java.lang.Object。Throwable 类有两个直接子类 Error 和 Exception，它们各自含有大量的子类。

Java 异常类层次结构图如图 5-3 所示。

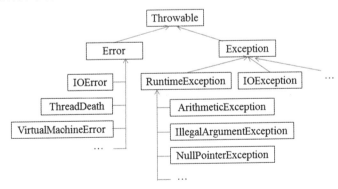

图 5-3 Java 异常类层次结构图

1. Error 类

java.lang.Error 类描述的是程序本身无法处理的错误，是系统内部产生的错误。例如抽象类 java.lang.VirtualMachineError 的子类 java.lang.OutOfMemoryError，因为内存溢出或没有可用的内存提供给垃圾回收器时，Java 虚拟机无法分配一个对象，这时抛出该异常。合理的 Java 应用程序不应该试图捕获并处理 Error 类异常。对于 Error 类异常,一般都需要交给系统处理。

2. Exception 类

java.lang.Exception 类是程序本身可以处理的错误,是系统外部错误。Exception 异常又分为运行时异常与编译异常。

1) 运行时异常

运行时异常是指 RuntimeException 类及其子类。这类异常不会被编译器检测出来,即编译器不要求程序必须进行异常捕获处理或者抛出声明,由程序员自行决定。程序应该从逻辑角度尽可能避免运行时异常的发生,如果没有避免,由系统缺省的异常处理程序处理。例 5-1 中产生的 ArithmeticException 异常,就是一个运行时异常。

2) 编译异常

编译异常是指 Exception 中除 RuntimeException 以外的异常。编译异常意味着编译器会在编译时强制检查程序员是否捕获处理该类异常或者声明抛出,如果程序没这么做,编译都不会通过。

例如,java.io.IOException 异常,操作输入/输出时可能出现的异常,是失败或中断的 I/O 操作生成的异常的通用类。其中:子类 java.io.EOFException 表示文件已结束异常,当输入过程中意外到达文件或流的末尾时,抛出此异常;子类 java.io.FileNotFoundException 表示文件未找到异常,当试图打开指定路径名表示的文件失败时,抛出此异常,等等。

再比如 java.lang.ClassNotFoundException 异常,当使用类时,没有找到具有指定名称的类的定义时会生成该异常。

请注意 unchecked exception(非检查异常)和 checked exception(检查异常)的概念。unchecked exception 包括运行时异常和 Error 异常,而 checked exception 就是编译异常。

5.2 异常处理

在例 5-1 中,由于发生了异常,程序非正常结束,没有继续执行。为了保证程序出现异常后仍然可以正常地完结,需要进行异常处理。

Java 规定,Error 异常属于合理的应用程序不该捕捉的异常;运行时异常允许应用程序不捕捉,该类异常应该通过修改程序逻辑规避。对于所有的检查异常,一个方法必须将其捕捉,或者通过声明将该异常抛出方法。

◆ 5.2.1 捕获异常

在方法抛出异常之后,JRE 将转为寻找合适的异常处理器(exception handler)。当异常处理器所能处理的异常类型与方法抛出的异常类型相符时,即为合适的异常处理器。JRE 从发生异常的方法开始,依次回溯调用栈中的方法,直至找到含有合适异常处理器的方法并执行。捕获异常并处理的格式有三种,分别为 try…catch、try…catch…finally 和 try…finally。

下面以 try…catch…finally 结构进行说明:

```
try {
    // 可能抛出异常的语句块
} catch(异常类型 1 变量名){
    // 捕获该类型异常,处理异常
}[ catch(异常类型 2 变量名){
    // 捕获该类型异常,处理异常
} … ] finally{
    //不管是否出现异常都要被执行的语句块
}
```

(1) try 代码块中包含的语句在正常情况下会全部执行,但也有可能会发生异常,属于被监控的区域。当运行 try 代码块中的代码出现异常时,则会产生一个该类异常的对象,并将该异常对象抛出 try 代码块,正常的执行流程就被中断,try 代码块中剩余的代码将不会执行,因此,try 代码块中监控的语句要尽量少。

(2) JRE 接收到该异常对象后,沿着方法调用链,反方向依次查找匹配的异常处理器 (catch 代码块)。如果是 try 代码块抛出异常对象,则依次匹配对应的 catch 代码块(如果存在多个 catch 代码块,应该尽量将捕获底层异常类的 catch 代码块放在前面,否则可能会被屏蔽或产生编译异常),当异常对象第一次匹配到对应 catch 代码块中异常类型(包括该异常类的子类)时,就将异常对象赋值给 catch 代码块声明的变量,执行 catch 代码块中的异常处理代码,异常捕获完成;如果在该方法没有匹配成功,则退出该方法,将异常对象传递给调用该方法的调用处,继续前面过程;如果在所有方法调用链中都找不到匹配的异常处理器,则程序终止并在控制台上打印异常对象信息。其实,寻找异常处理器的过程就是捕获异常的过程。

(3) 不管 try 代码块里是否发生异常,finally 代码块内的代码都会执行,一般用于释放资源,如关闭打开的数据库连接、文件等。

在 try…catch 结构中,没有 finally 代码块,表示如果有异常发生需要 catch 代码块捕获,但没有资源清理等收尾工作。在 try…finally 结构中,没有 catch 代码块,表示如果有异常抛出也不用捕获,但在异常被抛给上层调用者之前需要执行 finally 代码块。

【例 5-2】

利用 try…catch 结构处理例 5-1 中的异常。

在例 5-1 中,当调用 MyMath1 类的 divide 方法时产生除数为 0 的 ArithmeticException 异常,由于它是运行时异常,由 JRE 自动抛出。假设在 main 方法里将其捕获并处理,则需要用到 try…catch 结构或者 try…catch…finally 结构。

下面演示 try…catch 语句,测试类 MyMath1Test2 如图 5-4 所示。

(1) 本例中,main 方法在程序第 6 行调用 MyMath1.divide(2,0),MyMath1.divide(2,0)方法在执行时抛出异常(见 MyMath1 类第 5 行),由于该代码并没有被监控,于是退出 divide 方法执行(产生异常后的剩余代码不再执行),将生成的异常对象抛给上层 main 方法第 6 行调用处,由于该调用语句被 try 代码块所包含,属于被监控语句,依次匹配该 try 代码块对应的 catch 代码块,被第一个 catch 代码块所捕获并处理,catch 代码块执行完毕后,意味着 try…catch 结构结束,try 代码块中剩余代码(第 7 行)不会被执行。注意,本例实际用

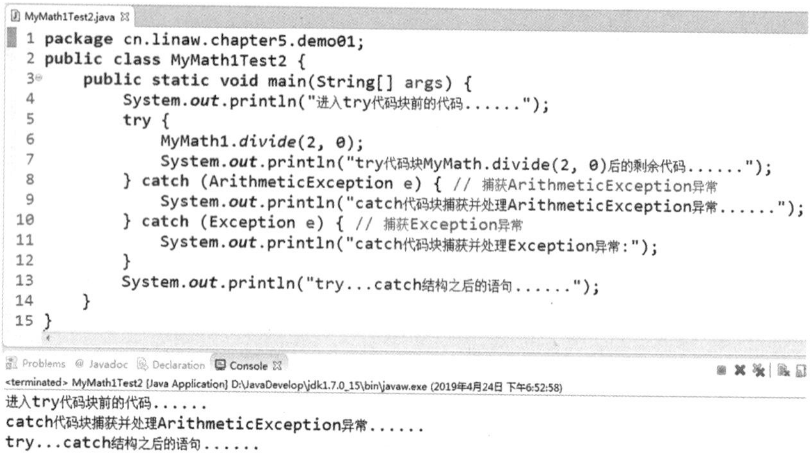

```
MyMath1Test2.java
1 package cn.linaw.chapter5.demo01;
2 public class MyMath1Test2 {
3     public static void main(String[] args) {
4         System.out.println("进入try代码块前的代码......");
5         try {
6             MyMath1.divide(2, 0);
7             System.out.println("try代码块MyMath.divide(2, 0)后的剩余代码......");
8         } catch (ArithmeticException e) { // 捕获ArithmeticException异常
9             System.out.println("catch代码块捕获并处理ArithmeticException异常......");
10        } catch (Exception e) { // 捕获Exception异常
11            System.out.println("catch代码块捕获并处理Exception异常:");
12        }
13        System.out.println("try...catch结构之后的语句......");
14    }
15 }

Problems  Javadoc  Declaration  Console
<terminated> MyMath1Test2 [Java Application] D:\JavaDevelop\jdk1.7.0_15\bin\javaw.exe (2019年4月24日 下午6:52:58)
进入try代码块前的代码......
catch代码块捕获并处理ArithmeticException异常......
try...catch结构之后的语句......
```

图 5-4　try…catch 结构处理异常

不到第二个 catch 代码块，写上它只是为了讲解多个 catch 代码块需要。

(2) 该异常在 main 方法中被捕获，main 方法将继续执行(第 13 行语句)。

(3) 如果程序第 6 行不产生异常(例如改为 MyMath1. divide(2, 5);)，那么 try 代码块中的所有语句都会正常执行，而 catch 代码块中的语句不会执行。

(4) 异常处理也可以在 MyMath1 类的 divide 方法中捕获，这样，MyMath1Test2 类 main 方法调用该方法时就不用再进行异常处理。

【例 5-3】

利用 try…catch…finally 结构处理例 5-1 中的异常。

异常捕获还可以包括 finally 代码块，它表示无论是否出现异常，都应当执行的内容。具体来说：如果没有异常发生，在 try 内的代码执行结束后执行；如果有异常发生且被 catch 捕获，在 catch 内的代码执行结束后执行；如果有异常发生但没被捕获，则在异常被抛给上层之前执行。

程序演示如图 5-5 所示。

(1) 无论是否捕获异常，finally 代码块里的语句都会被执行，就算在 try 代码块或 catch 代码块中遇到 return 语句，finally 代码块也会在方法返回前被执行。特殊情况下，例如 try 代码块或 catch 代码块中使用 System. exit()退出程序等，finally 代码块中的语句才不会被执行。

(2) 一般而言，为避免混淆，应该避免在 finally 代码块中使用 return 语句或者抛出异常，如果调用的其他代码可能抛出异常，则应该捕获异常并进行处理。

(3) 从类 java. lang. Throwable 继承的方法 public void printStackTrace()，将此 Throwable 对象的堆栈跟踪输出至错误输出流，作为字段 System. err 的值。输出的第一行包含此对象的 toString()方法的结果，剩余行表示以前由方法 fillInStackTrace()记录的数据。此信息的格式取决于实现。

5.2.2　抛出异常

当一个方法出现错误引发异常时，方法创建异常对象并交给 JRE，异常对象中包含了异

```java
package cn.linaw.chapter5.demo01;
public class MyMath1Test3 {
    public static void main(String[] args) {
        System.out.println("进入try代码块前的代码......");
        try {
            MyMath1.divide(2, 0);
            System.out.println("try代码块MyMath.divide(2, 0)后剩余代码......");
        } catch (ArithmeticException e) { // 捕获ArithmeticException异常
            System.out.println("catch代码块处理ArithmeticException异常:");
            e.printStackTrace(); // 打印异常信息
            return;
        }finally{
            System.out.println("finally代码块中的语句......");
        }
        System.out.println("try...catch...finally代码块后的语句......");
    }
}
```

```
<terminated> MyMath1Test3 [Java Application] D:\JavaDevelop\jdk1.7.0_15\bin\javaw.exe (2019年4月25日 上午8:59:17)
进入try代码块前的代码......
catch代码块处理ArithmeticException异常:
java.lang.ArithmeticException: / by zero
	at cn.linaw.chapter5.demo01.MyMath1.divide(MyMath1.java:4)
	at cn.linaw.chapter5.demo01.MyMath1Test3.main(MyMath1Test3.java:6)
finally代码块中的语句......
```

图 5-5　try…catch…finally 结构处理异常

常类型和异常出现时的程序状态等异常信息。

如果一个方法可能会出现异常，但是没有能力处理该异常，可以在方法声明处用 throws 关键字来声明抛出异常，表示一旦产生异常则交给方法的调用处进行处理。

【例 5-4】

演示使用 throws 抛出异常。

在项目 chapter5 下 cn. linaw. chapter5. demo01 包里定义一个 MyMath2 类，该类定义一个 divide 方法，要求对该方法所有可能的 Exception 异常都不处理，如图 5-6 所示。

```java
package cn.linaw.chapter5.demo01;
public class MyMath2 {
    public static int divide(int x, int y) throws Exception {// 声明抛出Exception异常
        int result = x / y;
        System.out.println("" + x + "/" + y + "=" + result);
        return result;
    }
}
```

图 5-6　方法声明抛出异常

从方法中抛出的任何异常都必须使用 throws 关键字。throws 用在方法定义时声明该方法可能抛出的异常类型，如果有多个异常则在异常列表中用逗号分隔，如果抛出 Exception 类，则表示该方法被声明为抛出所有的 Exception 异常。

以后会遇到很多出现 throws 声明的方法，这意味着强制调用者必须处理该异常。例如图 5-7 中 MyMath2 类的 divide 方法，提示未处理异常。

调用者处理异常可以选择捕获异常或者抛出异常。注意，main 方法也可以使用 throws 关键字。

本例选择捕获异常，如图 5-8 所示。

在 Java 中，当产生异常时，系统会自动实例化并抛出该异常对象。如果用户需要手动

```
MyMath2Test.java ⊠
 1  package cn.linaw.chapter5.demo01;
 2  public class MyMath2Test {
 3      public static void main(String[] args) {
 4          MyMath2.divide(2, 0);
 5
 6      }
 7  }
 8
```
Unhandled exception type Exception
2 quick fixes available:
  Add throws declaration
  Surround with try/catch
Press 'F2' for focus

图 5-7 编译异常

```
MyMath2Test.java ⊠
 1  package cn.linaw.chapter5.demo01;
 2  public class MyMath2Test {
 3      public static void main(String[] args) {
 4          try {
 5              MyMath2.divide(2, 0);
 6          } catch (Exception e) {
 7              // TODO Auto-generated catch block
 8              e.printStackTrace();
 9          }
10      }
11  }
```
Problems @ Javadoc 🔍 Declaration 🖳 Console ⊠
<terminated> MyMath2Test [Java Application] D:\JavaDevelop\jdk1.7.0_15\bin\javaw.exe (2019年4月25日 上午9:49:33)
Exception in thread "main" java.lang.ArithmeticException: / by zero
        at cn.linaw.chapter5.demo01.MyMath2.divide(MyMath2.java:4)
        at cn.linaw.chapter5.demo01.MyMath2Test.main(MyMath2Test.java:4)

图 5-8 捕获编译异常

实例化一个异常对象并抛出，则需要依靠 throw 关键字，如图 5-9 所示。

```
ThrowTest.java ⊠
 1  package cn.linaw.chapter5.demo01;
 2  public class ThrowTest {
 3      public static void main(String[] args) {
 4          try {
 5              throw new Exception("抛着玩！");
 6          } catch (Exception e) {
 7              // TODO Auto-generated catch block
 8              e.printStackTrace();
 9          }
10      }
11  }
```
Problems @ Javadoc 🔍 Declaration 🖳 Console ⊠
<terminated> ThrowTest [Java Application] D:\JavaDevelop\jdk1.7.0_15\bin\javaw.exe (2019年4月25日 上午10:53:56)
java.lang.Exception: 抛着玩！
        at cn.linaw.chapter5.demo01.ThrowTest.main(ThrowTest.java:5)

图 5-9 throw 关键字

当然，还可以利用 throw 关键字将异常重新抛给调用者，让调用者获得处理该异常的机会。

5.3 自定义异常

Java 提供的异常类可以满足开发中遇到的大部分异常情况。如果内置的异常类的名字不能恰当地描述遇到的问题，通常可以通过继承 Exception 类来自定义异常类，构造方法中使用 super 语句调用父类的构造方法即可。

【例 5-5】

举例演示自定义异常。

如图 5-10 所示，定义一个 MyDividedByZeroException 异常类，用于描述被 0 除的算术异常。

MyDividedByZeroExcepiton.java

```java
package cn.linaw.chapter5.demo01;
public class MyDividedByZeroException extends Exception {
    // 鼠标右键，选择[Source]，再选择[Gernerate Constructors From Superclass]，
    // 勾选父类默认构造器和带String参数的构造器
    public MyDividedByZeroException() {
        super();
    }
    public MyDividedByZeroException(String message) {
        super(message);
    }
}
```

图 5-10　自定义异常类

下面通过程序演示如何使用自定义异常类。图 5-11 所示为 MyMath3 类的 div3 方法。

MyMath3.java

```java
package cn.linaw.chapter5.demo01;
public class MyMath3 {
    public static int div3(int x, int y) throws MyDividedByZeroException {
        if (y == 0) {
            throw new MyDividedByZeroException("除数不能为0");
        }
        int result = x / y;
        System.out.println("" + x + "/" + y + "=" + result);
        return result;
    }
}
```

图 5-11　MyMath3 类中 div3 方法抛出自定义异常类

在 div3 方法中通过 throw 关键字抛出一个自定义异常对象。

下面通过一个测试用例来调用 MyMath3 类中的 div3 方法。由于 MyDividedByZeroException 是一个继承自 Exception 的异常，所以调用者必须处理，否则无法通过编译，如图 5-12 所示。

MyMath3Test.java

```java
package cn.linaw.chapter5.demo01;
public class MyMath3Test {
    public static void main(String[] args) {
        try {
            MyMath3.div3(2, 0);
        } catch (MyDividedByZeroException e1) {
            e1.printStackTrace();
        }
    }
}
```

Problems　Javadoc　Declaration　Console

```
<terminated> MyMath3Test [Java Application] D:\JavaDevelop\jdk1.7.0_15\bin\javaw.exe (2019年4月25日 下午12:07:55)
cn.linaw.chapter5.demo01.MyDividedByZeroException: 除数不能为0
	at cn.linaw.chapter5.demo01.MyMath3.div3(MyMath3.java:5)
	at cn.linaw.chapter5.demo01.MyMath3Test.main(MyMath3Test.java:5)
```

图 5-12　调用声明自定义异常的方法

5.4 运行时异常

在程序中应尽量避免产生 RuntimeException 异常。本节介绍几个常见的运行时异常：ArithmeticException、NullPointerException、ClassCastException、NumberFormatException 和 ArrayIndexOutOfBoundsException。

(1) java.lang.ArithmeticException：当出现异常的运算条件时，抛出算术异常。例如，一个整数"除以零"时，抛出此类的一个实例。开发中可以通过逻辑判断来避免，如图 5-13 所示。

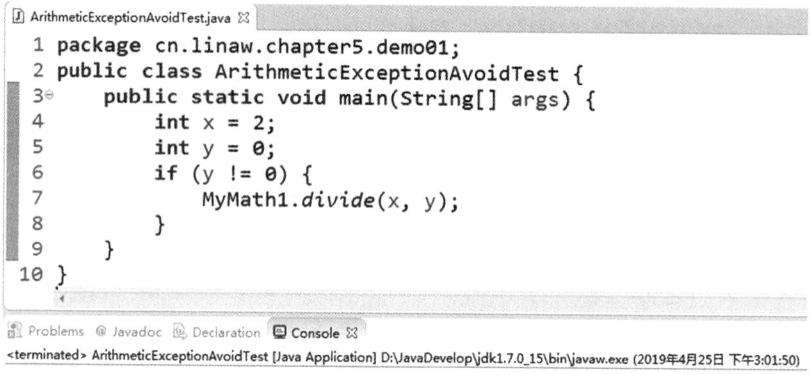

```
package cn.linaw.chapter5.demo01;
public class ArithmeticExceptionAvoidTest {
    public static void main(String[] args) {
        int x = 2;
        int y = 0;
        if (y != 0) {
            MyMath1.divide(x, y);
        }
    }
}
```

图 5-13　ArithmeticException 异常避免

(2) java.lang.NullPointerException：当应用程序试图在需要对象的地方使用 null 时，抛出空指针异常。例如，调用 null 对象的实例方法、访问或修改 null 对象的字段等。解决空指针异常，通常需要增加引用变量是否为 null 的判断，当值为非空时再进一步访问该引用变量所指向的对象。

例如：

```
String str=null;
System.out.println(str.length());  // 产生空指针异常
```

该异常可以通过逻辑判断避免。例如：

```
String str=null;
if(str! =null){
    System.out.println(str.length());
}
```

(3) java.lang.ClassCastException：JVM 在检测到两个类型间的转换不兼容时引发的运行时异常。

例如：

```
Object x=new Integer(0);
System.out.println((String)x);  // 产生类型强制转换异常
```

可以通过 instanceof 操作符来避免类型强制转换异常。例如：

```
Object x=new Integer(0);
if(x instanceof String){
    System.out.println((String)x);
}
```

（4）java.lang.NumberFormatException：数字格式异常。

例如：

```
//字符串中包含空格或非数字字符,转换时产生数字格式异常
System.out.println(Integer.parseInt("123a"));
```

（5）java.lang.ArrayIndexOutOfBoundsException：索引为负或大于等于数组大小,则该索引为非法索引,用非法索引访问数组时抛出数组索引越界异常。

例如：

```
int arr[ ]={ 1, 2 , 3 };
System.out.println(arr[3]); // 此处报数组下标越界异常
```

避免数组索引越界异常的手段是增加边界判断,例如：

```
int arr[]={ 1, 2, 3 };
for (int x=0; x <arr.length; x++ ) {
    System.out.println(arr[x]);
}
```

 项目总结

　　本项目讲解了Java在程序异常时的处理机制。程序出错包括Exception和Error,需要程序处理的是Exception。Exception又可分为编译异常和运行时异常,其中,编译异常是程序必须处理的,否则不能通过编译。本项目接着讲解了异常处理机制,着重理解try…catch…finally结构和throw、throws关键字的用法。不同异常类的区别主要体现在类名上,如果程序需要,可以自定义异常类。

 项目作业

1. 选择题。

（1）如下关于异常的测试代码中,控制台显示的结果依次是_____。

```java
public class ExceptionTest {
    public static void main(String[] args) {
        try {
            function();
            System.out.println("main-try剩余语句");
        } catch (Exception e) {
            System.out.println("main-catch");
        }
        System.out.println("main方法结束");
    }
    public static void function() throws Exception {
        try {
            System.out.println("function-try");
            throw new Exception();
        } finally {
            System.out.println("function-finally");
        }
    }
}
```

A. main-catch　　B. main方法结束　　C. function-try　　D. function-finally

E. main-try剩余语句

(2) 如下关于异常的测试代码中,控制台显示的结果依次是_____。

```java
public class ExceptionTest2 {
    public static void main(String[] args) {
        try {
            System.out.println("try");
            System.out.println(0/0);
        } catch (Exception e) {
            System.out.println("catch");
            return;
        }finally{
            System.out.println("finally");
        }
        System.out.println("main方法结束");
    }
}
```

A. try   B. catch   C. finally   D. main方法结束

2. 填空题。

(1) JDK 中,Exception 类中_____类及其子类用于表示运行时异常,其他子类都表示_____异常。

(2) 异常捕获中,_____代码块用于监测可能发生的异常,_____代码块用于捕获产生的异常,_____代码块不管是否出现异常都要被执行。

3. 简述什么是检查异常(checked exception),什么是运行时异常。

4. 简述关键字 try、catch、finally、throw、throws 的作用。

5. 自定义一个编译异常 MyException,并编写 MyExceptionTest 测试类验证。

6. 上机实践书中出现的案例,可自由发挥修改。

项目 6 多线程技术

6.1 基本概念

Java 的重要特性之一在于其内置的多线程支持,即在一个应用程序中允许同时运行多个线程。为了理解多线程,首先理解程序、进程和线程的概念。

(1) 程序(program):静态概念。程序是一组指令的有序集合,一般对应操作系统的可执行文件。

(2) 进程(process):程序的一次动态执行。进程是一个动态概念。在传统的没有线程的操作系统中,进程是系统分配资源和进行调度的基本单位。例如,用户运行自己的程序,操作系统就创建一个进程,并为它分配资源,包括内存空间、I/O 设备等。分配完成后,该进程进入就绪队列,等待系统调度。当该进程被系统调度时,为它分配 CPU 及其他有关资源,该进程才能真正运行起来。

为了进一步提高程序的并发执行速度,改善系统服务质量,引入了线程,将传统的进程的两个基本属性分开,进程只作为系统分配资源的基本单位,而将线程作为系统调度和执行的基本单位。

在 Windows 系统中,启动任务管理器,可以查看到当前系统的所有进程,如图 6-1 所示。

(3) 线程(thread):进程中的执行单元或执行路径,可以通过创建线程来完成任务,提高并发程度。一个线程只能属于一个进程,而一个进程可以有多个线程,但至少有一个线程。线程可以创建另外一个线程,同一个进程中的多个线程可以并发执行,彼此间可以相互通信。

例如,运行"电脑管家"软件,在主界面上可以点击"病毒查杀"执行杀毒任务,又可以点击"清理垃圾"按钮执行清理垃圾任务,它们是同一进程中不同的线程。

图 6-1　Windows 系统下查看进程

6.2 创建线程

Java 中使用 java.lang.Thread 类代表线程,所有的线程对象都必须是 Thread 类或其子类的实例。本节讲解两种创建多线程的方式:继承 Thread 类创建多线程和实现 Runnable 接口创建多线程。一般推荐采用实现 Runnable 接口的方式来创建多线程。

◆ 6.2.1　继承 Thread 类创建多线程

通过继承 Thread 类来创建并启动多线程的一般步骤如下:

(1) 定义 Thread 类的子类,并重写 Thread 类的 run()方法,在 run()方法中加入线程需要执行的代码,完成线程任务。run()方法通常又称为线程的执行体。

(2) 创建该 Thread 子类的实例,即创建一个线程对象。

(3) 线程对象通过调用继承自 Thread 类的 start()方法来启动线程。

【例 6-1】

演示通过继承 Thread 类创建多线程。

下面通过一个银行存款案例来演示。

步骤 1:新建一个 chapter6 项目,在 src 目录下新建一个包 cn.linaw.chapter6.demo01,在包里定义一个简易的银行账户类 BankAccount,如图 6-2 所示。

BankAccount 中定义了两个成员变量、一个带参构造方法,以及相关的 getter 和 setter。

步骤 2:定义一个线程需要完成的存款任务(SaveMoneyTask1 类),该任务采用继承 Thread 类实现。为了简化,存款任务就是要操作一个给定的银行账户对象,对其账户存 2 次钱,每次存 1 元。SaveMoneyTask1 类具体实现如图 6-3 所示。

(1) 在 SaveMoneyTask1 类中定义一个 BankAccount 类成员变量,通过构造方法传入并保存需要操作的银行账户对象。

(2) 为了更好地观察效果,在每次存钱后调用 Thread.sleep(500),该方法声明为 public

```java
BankAccount.java
package cn.linaw.chapter6.demo01;
public class BankAccount {
    private String name; // 银行账户名
    private int balance; // 存款余额
    public BankAccount(String name, int balance) {
        this.name = name;
        this.balance = balance;
    }
    public String getName() {
        return name;
    }
    public int getBalance() {
        return balance;
    }
    public void setBalance(int balance) {
        this.balance = balance;
    }
}
```

图 6-2　银行账户类 BankAccount

```java
SaveMoneyTask1.java
package cn.linaw.chapter6.demo01;
public class SaveMoneyTask1 extends Thread { // 继承Thread类
    private BankAccount account;
    public SaveMoneyTask1(BankAccount account) {// 传入要操作的银行账户对象
        this.account = account;
    }
    @Override
    public void run() { // 重写run方法
        try {
            for (int i = 0; i < 2; i++) { //为该账户存2次钱
                account.setBalance(account.getBalance() + 1);//每次存1元
                Thread.sleep(500); // 使当前线程休眠500毫秒
            }
        } catch (InterruptedException e) {
            e.printStackTrace();
        }
        System.out.println(Thread.currentThread().getName() + ":"
                + account.getName() + "账户余额" + account.getBalance());
        System.out.println(Thread.currentThread().getName() + "结束");
    }
}
```

图 6-3　继承 Thread 类的存钱任务 SaveMoneyTask1 类

static void sleep(long millis) throws InterruptedException，作用是在指定的毫秒数内让当前正在执行的线程休眠（暂停执行），进入阻塞状态，直到休眠期满后进入就绪状态，等待被再次调度。

步骤 3：在测试类 SaveMoneyTask1ThreadTest 的 main 主线程中创建一个存钱线程，如图 6-4 所示。

（1）程序第 4 行创建一个 BankAccount 对象 x，程序第 5 行创建了一个线程对象，传入 BankAccount 对象 x，同时用 Thread 类型引用变量 t1 指向该线程对象（多态的体现）。

（2）有了线程对象 t1，并不能自动启动该线程，线程对象 t1 调用继承自 Thread 类的 start 方法启动线程，执行该线程对象的 run 方法。新创建的线程和当前线程并发执行。注意：重复启动同一个线程是非法的。

（3）Thread 类 public final String getName()方法用于返回线程的名称，自动生成的名称格式为“Thread-”+n，其中 n 为整数。可以通过 Thread 类的 public final void setName(String name)方法设置线程的名称。

```
1  package cn.linaw.chapter6.demo01;
2  public class SaveMoneyTask1ThreadTest {
3      public static void main(String[] args) {
4          BankAccount x = new BankAccount("x", 0);//为账户x开户,余额为0
5          Thread t1 = new SaveMoneyTask1(x);//实例化线程对象t1
6          t1.start();// 启动线程t1
7          System.out.println("线程t1线程名," + t1.getName());
8          System.out.println("当前线程名," + Thread.currentThread().getName());
9          System.out.println(Thread.currentThread().getName() + "结束");
10     }
11 }
```

```
<terminated> SaveMoneyTask1ThreadTest [Java Application] D:\JavaDevelop\jdk1.7.0_15\bin\javaw.exe (2019年4月25日 下午6:45:49)
线程t1线程名:Thread-0
当前线程名:main
main结束
Thread-0:x账户余额2
Thread-0结束
```

图 6-4　创建并启动线程

（4）Thread 类 public static Thread currentThread()方法用于返回对当前正在执行的线程对象的引用。

（5）main 线程是主线程,由 JVM 启动,不是通过线程对象产生的。当 main 线程和新建的线程开始并发执行时,顺序是不确定的,从本次结果来看,main 线程先执行完,然后才是 Thread-0 线程结束。

◆ 6.2.2　实现 Runnable 接口创建多线程

使用继承 Thread 类创建线程,则无法再继承其他类,因此,在实际开发中,更多的是通过实现 Runnable 接口来创建多线程。通过实现 Runnable 接口创建并启动线程的一般步骤如下:

（1）定义 Runnable 接口的实现类,重写线程的执行体 run()方法。

（2）创建 Runnable 实现类的实例,并用这个实例作为 Thread 类构造方法的参数来创建 Thread 对象,该 Thread 对象即为线程对象。

（3）通过调用线程对象继承的 start()方法启动线程。

【例 6-2】

演示通过实现 Runnable 接口创建多线程。

下面通过一个银行取款案例来演示。

步骤 1:定义一个银行取钱任务 WithdrawMoneyTask1,操作一个给定银行账户类 BankAccount 对象,只要账户里还有钱,就一直取钱,每次取 1 元,如图 6-5 所示。

Thread 类 public static void yield()方法用于暂停当前正在执行的线程,直接让出 CPU 使用权,进入就绪状态,等待再次调度,注意和 sleep()方法的区别。

步骤 2:创建并启动线程。测试用例如图 6-6 所示。

（1）首先创建实现了 Runnable 接口的任务类的实例;接着将该实例对象作为 Thread 类构造方法参数创建 Thread 对象,创建后的 Thread 对象即为线程对象;最后通过调用该线程对象的 start()方法启动线程。

（2）Thread 类的构造方法 public Thread(Runnable target,String name)通过接收一个

WithdrawMoneyTask1.java

```java
package cn.linaw.chapter6.demo01;
public class WithdrawMoneyTask1 implements Runnable { //实现Runnable接口
    private BankAccount account;
    public WithdrawMoneyTask1(BankAccount account) {
        this.account = account;
    }
    @Override
    public void run() { //重写run方法
        while (account.getBalance() > 0) {// 只要该账户对象还有余额，就一直取
            account.setBalance(account.getBalance() - 1);// 每次取1元
            System.out.println(Thread.currentThread().getName() + ":"
                    + account.getName() + "账户余额" + account.getBalance());//打印账户余额
            Thread.yield();// 暂停当前正在执行的线程，直接让出CPU使用权，进入就绪状态
        }
        System.out.println(Thread.currentThread().getName() + "结束");
    }
}
```

图 6-5　实现 Runnable 接口的取钱任务 WithdrawMoneyTask1 类

WithdrawMoneyTask1ThreadTest.java

```java
package cn.linaw.chapter6.demo01;
public class WithdrawMoneyTask1ThreadTest {
    public static void main(String[] args) {
        BankAccount y = new BankAccount("y", 3);//为银行账户y开户，余额为3元
        Thread t2 = new Thread(new WithdrawMoneyTask1(y),"取钱线程");//实例化线程对象t2
        t2.start();// 启动线程t2
        System.out.println("t2线程名：" + t2.getName());
        System.out.println(Thread.currentThread().getName() + "结束");
    }
}
```

```
Problems  Javadoc  Declaration  Console  Servers
<terminated> WithdrawMoneyTask1ThreadTest [Java Application] D:\JavaDevelop\jdk1.7.0_15\bin\javaw.exe (2019年4月26日 下午6:19:17)
t2线程名：取钱线程
取钱线程:y账户余额2
取钱线程:y账户余额1
main结束
取钱线程:y账户余额0
取钱线程结束
```

图 6-6　创建并启动线程

实现 Runnable 接口的对象创建一个线程对象，同时为该线程设置线程名。构造方法 public Thread(Runnable target)也用于创建一个线程对象，不过该线程的名称是自动生成的。

◆ 6.2.3　用户线程和守护线程

Java 线程分为用户线程(user thread)和守护线程(daemon thread)。守护线程又称为后台线程或服务线程，优先级比较低，为其他线程提供服务。当进程中正在运行的线程都是守护线程时，JVM 退出。例如，JVM 垃圾回收线程就是典型的守护线程。Thread 类 public final boolean isDaemon()方法用于测试该线程是否为守护线程。Thread 类 public final void setDaemon(boolean on)方法用于将该线程标记为守护线程或用户线程。

关于守护线程需要注意以下几点：

(1) 用户线程在启动前可以调用 Thread 对象的 setDaemon(true)将该线程转化为守护线程，不能将正在运行的用户线程转化为守护线程。

(2) 守护线程中产生的新线程也是守护线程。

(3) 守护线程不能用来执行文件、数据库的读写或执行计算等任务，因为当进程中没有用户线程时，JVM 会退出，不会等待守护线程执行完毕，可能导致守护线程中的读写或计算等操作没有完成。

演示守护线程效果。

步骤1:定义一个守护任务类DamonTask,不断执行打印语句(死循环),如图6-7所示。

```java
package cn.linaw.chapter6.demo01;
public class DamonTask implements Runnable{
    @Override
    public void run() { // 重写run方法
        while(true){
            System.out.println(Thread.currentThread().getName() + "正在运行......");
        }
    }
}
```

图6-7 守护任务类 DamonTask

步骤2:定义一个测试类DamenThreadTest,用于演示守护线程结束的过程,如图6-8所示。

```java
package cn.linaw.chapter6.demo01;
public class DamenThreadTest {
    public static void main(String[] args) {
        DamonTask dt = new DamonTask();
        Thread t = new Thread(dt,"守护线程1");
        System.out.println("t.isDaemon():" + t.isDaemon()); // 判断是否是守护线程
        t.setDaemon(true); // 将线程t转化为守护线程
        t.start(); // 启动线程
        for (int i = 0; i < 3; i++) {
            System.out.println(Thread.currentThread().getName() + "线程正在运行......");
        }
        System.out.println(Thread.currentThread().getName() + "线程结束");
    }
}
```

```
t.isDaemon():false
main线程正在运行......
main线程正在运行......
main线程正在运行......
main线程结束
守护线程1正在运行......
守护线程1正在运行......
守护线程1正在运行......
守护线程1正在运行......
```

图6-8 守护线程测试

在main线程(非守护线程)中,创建了一个线程对象t,并将其转化为守护线程,然后启动。从结果可见,当main线程结束后,剩下的都是守护线程了,于是JVM退出了,而创建的守护线程1也随之终结了。

6.3 线程的状态及调度

6.3.1 线程调度

线程调度通常有两种模型,分别是抢占式调度模型和分时调度模型。Java使用的是抢占式调度模型,即按照线程优先级分配CPU时间片运行。在多线程开发中,可以通过控制线程状态变化来协调多个线程对CPU的占用。例如前面讲的线程休眠sleep()方法,让正在运行的程序进入阻塞状态,直到休眠时间结束再进入就绪状态;而线程让步yield()方法会让正在运行的线程直接进入就绪状态。下面介绍线程优先级、线程插队对线程调度的影响。

对于线程的调度，最直接的方式就是设置线程的优先级。Thread 类 public final void setPriority(int newPriority)用于更改线程的优先级。线程优先级用 1~10 的整数来表示，数字越大，优先级越高，即获得 CPU 执行的机会就越大。Thread 类 public final int getPriority()方法用于返回线程的优先级。

Thread 类 public final void join() throws InterruptedException 方法提供了线程插队的功能，当某个线程中调用其他线程的 join()方法时，调用该方法的线程将被阻塞，直到该 join()方法加入的线程执行完毕才能解除阻塞。

演示线程插队。

步骤 1：在项目 chapter6 的 src 下新建 cn.linaw.chapter6.demo02 包，将 cn.linaw.chapter6.demo01 包下的 BankAccount.java 拷贝过来。

步骤 2：新建一个提示任务类 PayAttentionTask，如图 6-9 所示。

```java
package cn.linaw.chapter6.demo02;
public class PayAttentionTask implements Runnable { // 继承Thread类
    @Override
    public void run() { // 重写run方法
        try {
            for (int i = 0; i < 3; i++) { //
                System.out.println(Thread.currentThread().getName()
                        + ": 重要的事说三遍！还剩1元钱了！ ");
                Thread.sleep(500); // 使当前线程休眠500毫秒
            }
        } catch (InterruptedException e) {
            e.printStackTrace();
        }
        System.out.println(Thread.currentThread().getName() + "结束");
    }
}
```

图 6-9 提示任务 PayAttentionTask 类

步骤 3：重新编写取钱任务 WithdrawMoneyTask2 类，如图 6-10 所示。

步骤 4：下面通过测试用例 ThreadJoinTest 类来演示，如图 6-11 所示。

本例中，JVM 启动 main 线程，main 线程中又创建取钱线程，在运行取钱线程过程中，当账户余额为 1 元时，创建提示线程，并调用 join 方法插队，从效果看，提示线程执行完毕后才继续执行该取钱线程。

◆ 6.3.2 线程状态

任何对象都有生命周期，下面对一个线程对象生命周期的 5 种状态加以说明。

1. 新建状态（new）

使用 new 关键字创建线程对象之后，该线程就处于新建状态，此时仅由 JVM 为其分配内存并初始化其成员变量的值，此时的线程对象还没有表现出任何线程的动态特征。

2. 就绪状态（runnable）

当线程对象调用 start 方法之后就处于就绪状态，表示该线程具备了运行条件，至于该线程何时能真正开始运行，取决于 JVM 线程调度器的调度。

```java
package cn.linaw.chapter6.demo02;
public class WithdrawMoneyTask2 implements Runnable {
    private BankAccount account;
    public WithdrawMoneyTask2(BankAccount account) {
        super();
        this.account = account;
    }
    @Override
    public void run() {
        boolean flag = true;
        while (account.getBalance() > 0) {
            if (account.getBalance() == 1 && flag) {// 当余额为1时，插入线程
                try {
                    System.out.println("提示线程插入");
                    Thread t = new Thread(new PayAttentionTask());
                    t.setName("提示线程");  // 设置线程名字
                    t.start();  // 启动线程
                    t.join();   // 线程插队
                    flag = false;
                } catch (InterruptedException e) {
                    e.printStackTrace();
                }
            }
            account.setBalance(account.getBalance() - 1);
            System.out.println(Thread.currentThread().getName() + ":"
                    + account.getName() + "账户余额" + account.getBalance());
            Thread.yield();
        }
        System.out.println(Thread.currentThread().getName() + "结束");
    }
}
```

图 6-10　取钱任务 WithdrawMoneyTask2 类

```java
package cn.linaw.chapter6.demo02;
public class ThreadJoinTest {//线程插入测试
    public static void main(String[] args) {
        BankAccount y = new BankAccount("y", 3);
        Thread wmt = new Thread(new WithdrawMoneyTask2(y),"取钱线程");
        wmt.start();
        System.out.println(Thread.currentThread().getName() + "结束");
    }
}
```

```
<terminated> ThreadJoinTest (4) [Java Application] D:\JavaDevelop\jdk1.7.0_15\bin\javaw.exe (2019年4月27日 上午11:09:54)
main结束
取钱线程：y账户余额2
取钱线程：y账户余额1
提示线程插入
提示线程：重要的事说三遍！还剩1元钱了！
提示线程：重要的事说三遍！还剩1元钱了！
提示线程：重要的事说三遍！还剩1元钱了！
提示线程结束
取钱线程：y账户余额0
取钱线程结束
```

图 6-11　线程 join 方法示例

3. 运行状态（running）

如果处于就绪状态的线程获得了调度，得到 CPU 使用权，便开始执行 run 方法中的代码，此时该线程就处于运行状态。一个线程运行后，不会一直处于运行状态，例如，分配的 CPU 时间到而被中断回到就绪状态、由于等待某种资源而进入阻塞状态、任务完成而进入死亡状态等。

4. 阻塞状态(blocked)

一个正在执行的线程会在某些特殊情况下被阻塞而暂停执行,线程从运行状态进入阻塞状态。当导致阻塞的原因被解除后,线程便从阻塞状态回到就绪状态,等待线程调度器的再次调度。例如:

(1)线程执行线程休眠 sleep 方法后便进入阻塞状态,等指定时间到了后便进入就绪状态。

(2)线程调用线程插队 join 方法,调用该方法的线程将被阻塞,直到该 join()方法加入的线程执行完毕才能解除阻塞。

(3)线程调用了某个对象的 wait 方法后进入阻塞,直到该线程被唤醒进入就绪状态。

(4)线程试图获取某个对象的同步锁,而该锁被其他线程持有,则当前线程会进入阻塞状态,直到获取到该锁后进入就绪状态。

(5)线程执行 I/O 流操作,会进入阻塞状态,直到导致阻塞的 I/O 方法返回。

5. 死亡状态(terminated)

死亡状态是线程生命周期中的最后一个阶段,一旦进入死亡状态,便不能再回到其他状态。线程进入死亡状态有如下原因:

(1) run 方法执行完成,线程正常结束。

(2)线程抛出一个未捕获的 Exception 或 Error。

(3)直接调用该线程的 stop()方法来结束该线程(容易导致死锁,已过时,不推荐使用)。

如何终止 Java 线程是我们开发多线程程序时面对的一个问题。除了使用不推荐的 stop 方法外,我们还可以使用 interrupt 方法让线程在 run 方法中停止,或者当 run 方法中存在死循环时,通过设置退出标志,使 run 执行后线程正常终止。

本节只讲解使用标志控制的场景。我们知道,当线程的 run 方法执行完毕后,线程就会正常终止退出。但是,有的线程的 run 方法如果不干涉的话永远不会结束。例如,服务器端使用线程监听客户端请求的任务,或者其他需要不断循环处理的任务。为了使一个循环在某特定条件下退出,常用的一种方法就是提供一个 boolean 型的标志,通过控制这个标志来控制是否退出循环,从而终止线程。

【例 6-5】

使用退出标志终止一个线程。

步骤1:在项目 chapter6 的 src 目录下新建 cn.linaw.chapter6.demo03 包,在包下定义一个服务器端任务 ServerTask 类,如图 6-12 所示。

在 ServerTask 类中,提供了一个成员变量 flag,初始化为 true。在 run 方法体中,根据 flag 变量的取值控制循环是否退出。

步骤2:通过一个测试用例 ThreadTerminateTest 类来演示如何终止一个处于活动状态的线程,如图 6-13 所示。

(1) Thread 类 public final boolean isAlive()方法用于测试线程是否处于活动状态。如果线程已经启动且尚未终止,则为活动状态。

(2)注意 main 线程中两次 sleep 方法的作用。

```java
package cn.linaw.chapter6.demo03;
public class ServerTask implements Runnable {
    boolean flag = true; // 成员变量，退出标志，显式初始化为true
    public void terminate() {// 定义终止线程的方法
        this.flag = false; // 修改成员变量flag的值为false
    }
    @Override
    public void run() {
        while (flag) {  // 当成员变量flag值为false时，退出循环
            System.out.println(Thread.currentThread().getName() + "：在服务......");
        }
        System.out.println(Thread.currentThread().getName() + "：停止服务......");
    }
}
```

图 6-12　服务器端任务 ServerTask 类

```java
package cn.linaw.chapter6.demo03;
public class ThreadTerminateTest {
    public static void main(String[] args) {
        ServerTask st = new ServerTask();
        Thread t = new Thread(st); // 新建一个线程对象，该线程处于新建状态
        t.start(); // 线程处于就绪状态
        try {
            Thread.sleep(100); // 目的是让线程t有机会被调度
        } catch (InterruptedException e) {
            e.printStackTrace();
        }
        st.terminate(); // st对象调用方法修改flag成员变量
        try {
            Thread.sleep(500);// 目的是等st.terminate()方法有足够时间执行完毕
        } catch (InterruptedException e) {
            e.printStackTrace();
        }
        System.out.println(t.getName() + "是否处于活动状态：" + t.isAlive());
    }
}
```

```
Problems  @ Javadoc  Declaration  Console  Servers
<terminated> ThreadTerminateTest (5) [Java Application] D:\JavaDevelop\jdk1.7.0_15\bin\javaw.exe (2019年4月27日 下午7:45:55)
Thread-1：在服务......
Thread-1：在服务......
Thread-1：在服务......
Thread-1：在服务......
Thread-1：停止服务......
Thread-1是否处于活动状态：false
```

图 6-13　使用标志终止线程示例

（3）图 6-13 中控制台 Console 输出只截取了最后几次打印结果。线程在被终止前执行了很多次循环。

6.4　线程的同步

6.4.1　同步问题的提出

我们知道，线程是 CPU 调度的基本单位，但不是资源分配的基本单位。在一个进程中，多个线程共享同一块存储空间，如果一个共享资源被多个线程同时访问，则可能会出现问题。下面通过一个例子加以说明。

【例 6-6】

演示共享数据被多个线程同时访问带来的冲突问题。

步骤 1：在 chapter6 工程 src 文件夹下新建一个 cn.linaw.chapter6.demo04 包，然后将

cn.linaw.chapter6.demo01 包里的 BankAccount.java 拷贝过来。编写一个新的存钱任务 SaveMoneyTask3.java,任务是对给定银行账户存 2 次钱,每次存 1 元,同时打印银行账户余额,如图 6-14 所示。

```java
package cn.linaw.chapter6.demo04;
public class SaveMoneyTask3 implements Runnable {
    private BankAccount account;
    public SaveMoneyTask3(BankAccount account) {
        this.account = account;
    }
    public void saveMoney(int amount) { // 存钱方法,修改BankAccount对象账户余额
        int temp = account.getBalance();
        temp += amount;
        this.account.setBalance(temp);
        System.out.println(Thread.currentThread().getName() + ":"
                + account.getName() + "余额" + account.getBalance());
    }
    @Override
    public void run() {
        try {
            for (int i = 0; i < 2; i++) {
                saveMoney(1);// 调用存钱方法,每次存1元
                Thread.sleep(100);
            }
        } catch (InterruptedException e) {
            e.printStackTrace();
        }
    }
}
```

图 6-14 新的存钱任务 SaveMoneyTask3 类

步骤 2:编写一个测试方法,创建 2 个存钱线程,对共享资源(同一对象)进行操作,如图 6-15 所示。

```java
package cn.linaw.chapter6.demo04;
public class ThreadSynProblemsTest {
    public static void main(String[] args) {
        BankAccount x = new BankAccount("x", 0); //创建一个BankAccount对象x,余额为0
        SaveMoneyTask3 smt = new SaveMoneyTask3(x); //传入参数x创建一个SaveMoneyTask对象smt
        //两个线程对象t1和t2共同一个SaveMoneyTask对象smt, smt对象是共享资源, 它的成员x当然也是共享资源
        Thread t1 = new Thread(smt); // 新建状态,根据对象smt创建线程对象t1
        Thread t2 = new Thread(smt); // 新建状态,根据对象smt创建线程对象t2
        //注意区分:如果是通过下面方式创建两个线程对象t1和t2,两条线程操作不同的SaveMoneyTask对象,
        //但是两个SaveMoneyTask对象操作的还是同一个成员BankAccount对象x,所以x对象还是共享资源
        //Thread t1 = new Thread(new SaveMoneyTask4(x));
        //Thread t2 = new Thread(new SaveMoneyTask4(x));
        t1.start();
        t2.start();
    }
}
```

```
Thread-0:x余额1
Thread-1:x余额2
Thread-0:x余额3
Thread-1:x余额3
```

图 6-15 多线程操作共享资源带来的问题

(1) 程序第 4 行创建了一个 BankAccount 对象 x,无论采用程序第 7~8 行,还是程序第 11~12 行创建的线程对象 t1 和 t2,都会涉及操作共享资源 BankAccount 对象 x。

(2) 两个线程都往同一个银行账户对象 x 里存了 2 次钱,每次 1 元,账户 x 初始账户余额为 0,账户 x 每次应该增加 1 元,最终余额应该是 4。但是实践证明,多次运行的结果是不确定的,有可能正确,有可能错误,例如本例最后显示余额是 3,显然是错误的。

(3) 在多线程环境下,如果存在共享数据,并且存在多条语句操作共享数据,那么就可

能导致数据破坏。同一个资源,很多线程都想访问,正确的思路应当是每个线程依次访问,等前一个线程操作完退出后,后一个线程再进去访问,就不会破坏数据,这就需要考虑线程的同步问题。

步骤3:同样在多线程环境下,如果多线程未操作同一个对象,那就不需要考虑线程同步,如图6-16所示。

```
1 package cn.linaw.chapter6.demo04;
2 public class ThreadNoNeedSynTest {
3     public static void main(String[] args) {
4         BankAccount x = new BankAccount("x", 0);  //创建一个BankAccount对象x
5         BankAccount y = new BankAccount("y", 0);  //创建一个BankAccount对象y
6         //通过下面方式创建两个线程对象t1和t2,不同线程对象操作不同的SaveMoneyTask对象,
7         //不同的SaveMoneyTask对象操作不同的BankAccount对象,因此两个线程没有访问共享资源
8         Thread t1 = new Thread(new SaveMoneyTask3(x));
9         Thread t2 = new Thread(new SaveMoneyTask3(y));
10        t1.start();
11        t2.start();
12    }
13 }
```

```
<terminated> ThreadNoNeedSynTest [Java Application] D:\JavaDevelop\jdk1.7.0_15\bin\javaw.exe (2019年4月28日 上午11:09:25)
Thread-1:y余额1
Thread-0:x余额1
Thread-0:x余额2
Thread-1:y余额2
```

图6-16 多线程没有访问共享资源

两个存钱线程t1和t2分别向不同的BankAccount对象存了2次钱,每次1元,由于没有操作共享资源,因此,两个线程互不影响,不会出现数据破坏问题,也不用考虑线程同步问题。

6.4.2 线程同步的实现

多线程需要考虑同步时,就是要做到共享资源在同一时刻只能被一个线程访问。Java的同步机制是通过提供"锁"来实现的。锁机制要求每个线程在访问共享资源之前都要先取得同一把锁,访问完退出时再释放该锁。

Java的同步机制使用关键字synchronized来实现,具体又分为两种,一种是同步方法,一种是同步代码块。

1. 同步方法

在方法声明中加入synchronized关键字来声明同步方法。

通过同步方法解决例6-6中的线程同步问题。

步骤1:在chapter6工程src文件夹下新建一个包cn.linaw.chapter6.demo05,然后将cn.linaw.chapter6.demo01包里的BankAccount.java拷贝过来。编写一个新的存钱任务SaveMoneyTask4.java,任务是对银行账户存2次钱,每次存1元,同时打印银行账户余额,如图6-17所示。

(1) SaveMoneyTask4类里将对BankAccount账户对象的操作提取出来,形成一个synchronized修饰的方法。

(2) 如果一个线程调用一个对象上的同步实例方法,首先给该对象加锁。同步方法的

SaveMoneyTask4.java

```java
package cn.linaw.chapter6.demo05;
public class SaveMoneyTask4 implements Runnable {
    private BankAccount account;
    public SaveMoneyTask4(BankAccount account) {
        this.account = account;
    }
    public synchronized void saveMoney(int amount) { // 同步方法
        int temp = account.getBalance();
        temp += amount;
        this.account.setBalance(temp);
        System.out.println(Thread.currentThread().getName() + ":"
                + account.getName() + "余额" + account.getBalance());
    }
    @Override
    public void run() {
        try {
            for (int i = 0; i < 2; i++) {
                saveMoney(1); // 调用存钱方法，每次存1元
                Thread.sleep(100);
            }
        } catch (InterruptedException e) {
            e.printStackTrace();
        }
    }
}
```

图 6-17　存钱任务 SaveMoneyTask4 类定义同步方法

加锁操作是隐式的，对于实例方法，锁即为当前对象 this。在解锁之前，其他调用该对象中的同步方法的线程将被阻塞。

步骤 2：编写一个正确的测试类 ThreadSynFunctionTest1，在 main 线程中创建 2 个存钱线程，对共享资源 SaveMoneyTask4 对象进行同步访问，如图 6-18 所示。

ThreadSynFunctionTest1.java

```java
package cn.linaw.chapter6.demo05;
public class ThreadSynFunctionTest1 {
    public static void main(String[] args) {
        BankAccount x = new BankAccount("x", 0); //创建一个BankAccount对象x
        SaveMoneyTask4 smt = new SaveMoneyTask4(x); //传入对象x创建一个SaveMoneyTask任务对象smt
        // 两个线程t1和t2共享同一个SaveMoneyTask对象smt，smt对象是共享资源，成员BankAccount对象x也是共享资源
        Thread t1 = new Thread(smt); // 根据任务对象smt创建线程对象t1
        Thread t2 = new Thread(smt); // 根据任务对象smt创建线程对象t2
        t1.start(); // 启动线程t1
        t2.start(); // 启动线程t2
    }
}
```

Problems　Javadoc　Declaration　Console　Servers

```
<terminated> ThreadSynFunctionTest1 [Java Application] D:\JavaDevelop\jdk1.7.0_15\bin\javaw.exe (2019年4月28日 下午12:14:40)
Thread-0:x余额1
Thread-1:x余额2
Thread-0:x余额3
Thread-1:x余额4
```

图 6-18　正确利用 synchronized 方法同步线程

(1) 两个存钱线程 t1 和 t2 共享的是同一个 SaveMoneyTask4 类的对象 smt，这两个线程会对该 smt 对象的同步方法 saveMoney 进行同步调用。也就是说，假设 t1 线程执行对象 smt 的 run 方法时，运行到 saveMoney(1)时，由于 saveMoney 是 synchronized 修饰的同步方法，于是 smt 对象调用前，先申请加锁，锁对象即为 smt 对象(this 锁)。如果 t2 线程也通过执行对象 smt 的 run 方法到达 saveMoney(1)，由于该方法是同步方法，因此需要申请锁(即 this 锁)，由于 smt 对象已经被线程 t1 占用，所以 t2 线程被阻塞，直到 t1 线程释放。因此，线程 t1 和 t2 通过 smt 对象调用 saveMoney 方法时做到了同步。

(2) 同步方法针对同一个对象才同步调用。同步后的 saveMoney 方法操作银行账户 BankAccount 对象 x，不会出现数据破坏问题。多次运行，结果显示都是正确的。

步骤 3：编写一个错误理解同步方法的测试用例 ThreadSynFunctionTest2 类，如图 6-19

所示。

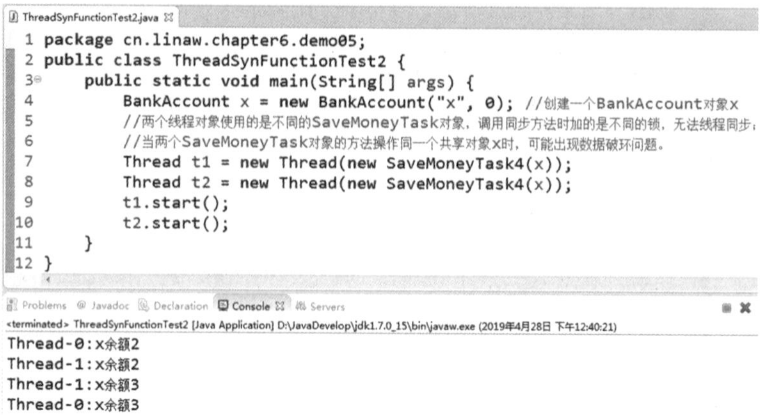
ThreadSynFunctionTest2.java
1 package cn.linaw.chapter6.demo05;
2 public class ThreadSynFunctionTest2 {
3 public static void main(String[] args) {
4 BankAccount x = new BankAccount("x", 0); //创建一个BankAccount对象x
5 //两个线程对象使用的是不同的SaveMoneyTask对象，调用同步方法时加的是不同的锁，无法线程同步；
6 //当两个SaveMoneyTask对象的方法操作同一个共享对象x时，可能出现数据破坏问题。
7 Thread t1 = new Thread(new SaveMoneyTask4(x));
8 Thread t2 = new Thread(new SaveMoneyTask4(x));
9 t1.start();
10 t2.start();
11 }
12 }
Problems @ Javadoc Declaration Console Servers
<terminated> ThreadSynFunctionTest2 [Java Application] D:\JavaDevelop\jdk1.7.0_15\bin\javaw.exe (2019年4月28日 下午12:40:21)
Thread-0:x余额2
Thread-1:x余额2
Thread-1:x余额3
Thread-0:x余额3

图 6-19　没有正确理解 synchronized 方法示例

测试多线程时依然会出现同步问题。这是因为：程序第 7～8 行创建的两个线程对象 t1 和 t2，使用的是不同的 SaveMoneyTask4 对象。不同的 SaveMoneyTask4 对象调用同步方法时申请加的是各自的 this 锁，并不是同一把锁，因此，各自的 SaveMoneyTask4 对象可以同时调用 saveMoney(1) 方法，没有达到同步调用的效果。由于这两个 SaveMoneyTask4 对象又存在操作共享资源 BankAccount 对象 x，因此可能导致数据破坏，存在线程安全问题。

总之，一个同步方法在执行之前需要隐式地加锁。调用一个对象的同步实例方法要求给该对象加锁（锁对象是当前对象 this）。调用一个类的同步静态方法要求对该类加锁（锁对象是当前类的 Class 对象）。

2. 同步代码块

将整个方法声明为 synchronized 会使同步的范围覆盖整个方法，这会大大影响程序的并发效率。为了缩小同步范围，更精确地控制共享资源的操作，Java 提供了同步代码块。

通过 synchronized 关键字可以声明同步代码块，语法格式为：

```
synchronized(synLock){
    //操作共享资源代码块
}
```

synLock 是一个锁对象，不仅可以用 this 锁，还可以用任何对象作为锁。当线程要执行同步代码块时，首先需要获得锁对象才有资格执行同步代码块中的语句。同步是一种高消耗的操作，在开发中应尽量使用同步代码块同步需要操作共享资源的代码。

【例 6-8】

通过同步代码块替代例 6-7 的同步方法。

步骤 1：在 chapter6 工程 src 文件夹下新建一个包 cn. linaw. chapter6. demo06，然后将 cn. linaw. chapter6. demo01 包里的 BankAccount. java 拷贝过来。

步骤 2：在包里定义一个 MySynLocks 类，在类加载的时候提供若干静态 final 锁，如图 6-20所示。

步骤 3：编写一个新的存钱任务 SaveMoneyTask5. java，使用同步代码块操作共享资源，同步需要的锁对象由 MySynLocks 类提供，如图 6-21 所示。

```
MySynLocks.java
package cn.linaw.chapter6.demo06;
public class MySynLocks {
    public static final Object lock1 = new Object();
    public static final Object lock2 = new Object();
}
```

图 6-20 定义 MySynLocks 类

```
SaveMoneyTask5.java
package cn.linaw.chapter6.demo06;
public class SaveMoneyTask5 implements Runnable {
    private BankAccount account;
    public SaveMoneyTask5(BankAccount account) {
        this.account = account;
    }
    public void saveMoney(int amount) {
        synchronized (MySynLocks.lock1) { // 定义同步代码块
            int temp = account.getBalance();
            temp += amount;
            this.account.setBalance(temp);
            System.out.println(Thread.currentThread().getName() + ":"
                    + account.getName() + "余额" + account.getBalance());
        }
    }
    @Override
    public void run() {
        try {
            for (int i = 0; i < 2; i++) {
                saveMoney(1); // 调用存钱方法，每次存1元
                Thread.sleep(100);
            }
        } catch (InterruptedException e) {
            e.printStackTrace();
        }
    }
}
```

图 6-21 存钱任务 SaveMoneyTask5 类定义同步代码块

任何同步的实例方法都可以转换为同步代码块，synchronized (MySynLocks. lock1)表示线程需要获得 MySynLocks. lock1 锁对象才能运行代码块中的代码，否则需要等待。

步骤 4：和测试同步方法一样，编写测试用例 ThreadSynBlockTest1 类，如图 6-22 所示。

```
ThreadSynBlockTest1.java
package cn.linaw.chapter6.demo06;
public class ThreadSynBlockTest1 {
    public static void main(String[] args) {
        BankAccount x = new BankAccount("x", 0);
        SaveMoneyTask5 smt = new SaveMoneyTask5(x);
        Thread t1 = new Thread(smt);
        Thread t2 = new Thread(smt);
        t1.start();
        t2.start();
    }
}
```

```
Problems  Javadoc  Declaration  Console  Servers
<terminated> ThreadSynBlockTest1 (4) [Java Application] D:\JavaDevelop\jdk1.7.0_15\bin\javaw.exe (2019年4月28日 下午5:47:23)
Thread-0:x余额1
Thread-1:x余额2
Thread-1:x余额3
Thread-0:x余额4
```

图 6-22 多线程访问共享资源 SaveMoneyTask5 对象

main 线程中创建并启动的 2 个存钱线程 t1 和 t2，需要对共享资源 SaveMoneyTask5 对象 smt 进行访问，多次测试结果显示，使用同步代码块可以解决多线程同步问题。

步骤 5：和测试同步方法一样，编写测试用例 ThreadSynBlockTest2 类，如图 6-23 所示。

图 6-23　多线程访问共享资源 BankAccount 对象

在本测试用例中，两个线程对象分别创建了一个 SaveMoneyTask5 对象，这两个 SaveMoneyTask5 对象操作同一个 BankAccount 对象 x，存在操作共享资源 x 对象，需要考虑线程同步问题。本例中两个线程在执行同步代码块时面对的是同一把锁 MySynLocks.lock1，因此线程是安全的，共享数据没有被破坏。

◆ 6.4.3　死锁问题

如果两个线程在运行中都在等待对方的锁，那么这两个线程都将处于无限期的阻塞状态，程序不可能正常终止，这种现象被称为死锁。

死锁产生的四个必要条件：

（1）互斥使用，即当资源被一个线程使用（占有）时，别的线程不能使用。

（2）不可抢占，资源请求者不能强制从资源占有者手中夺取资源，资源只能由资源占有者主动释放。

（3）请求和保持，即当资源请求者在请求其他的资源的同时保持对原有资源的占有。

（4）循环等待，即存在一个等待队列：P1 占有 P2 的资源，P2 占有 P3 的资源，P3 占有 P1 的资源。这样就形成了一个等待环路。

当上述四个条件都成立的时候，便形成死锁。当然，在死锁的情况下，如果打破上述任何一个条件，便可让死锁消失。

【例 6-9】

死锁场景演示。

下面通过一个案例来演示产生死锁的情形。

步骤 1：在 chapter6 工程 src 文件夹下新建一个包 cn.linaw.chapter6.demo07，然后将 cn.linaw.chapter6.demo06 包里的 MySynLocks.java 拷贝过来。

步骤 2：定义一个任务类 TaskA。线程执行体先申请 MySynLocks.lock1 锁，进入 MySynLocks.lock1 锁同步代码块，在持有该锁的情况下，继续申请 MySynLocks.lock2 锁，进入 MySynLocks.lock2 锁同步代码块。为了更好地产生死锁，当申请到 MySynLocks.lock1 锁后，调用 Thread.yield()方法让出线程 CPU 使用权，如图 6-24 所示。

```java
package cn.linaw.chapter6.demo07;
public class TaskA implements Runnable {
    @Override
    public void run() {
        synchronized (MySynLocks.lock1) {
            System.out.println(Thread.currentThread().getName()
                    + ":已获得MySynLocks.lock1锁,请求MySynLocks.lock2锁......");
            Thread.yield();
            synchronized (MySynLocks.lock2) {
                System.out.println(Thread.currentThread().getName()
                        + ":已获得MySynLocks.lock2锁......");
            }
        }
    }
}
```

图 6-24　任务类 TaskA

步骤 3：定义一个任务类 TaskB，线程执行体先申请 MySynLocks.lock2 锁，在持有该锁的情况下，继续申请 MySynLocks.lock1 锁，如图 6-25 所示。

```java
package cn.linaw.chapter6.demo07;
public class TaskB implements Runnable {
    @Override
    public void run() {
        synchronized (MySynLocks.lock2) {
            System.out.println(Thread.currentThread().getName()
                    + ":已获得MySynLocks.lock2锁,请求MySynLocks.lock1锁......");
            Thread.yield();
            synchronized (MySynLocks.lock1) {
                System.out.println(Thread.currentThread().getName()
                        + ":已获得MySynLocks.lock1锁......");
            }
        }
    }
}
```

图 6-25　任务类 TaskB

步骤 4：定义一个测试类 DeadLockTest 验证，如图 6-26 所示。

```java
package cn.linaw.chapter6.demo07;
public class DeadLockTest {
    public static void main(String[] args) {
        Thread t1 = new Thread(new TaskA());
        Thread t2 = new Thread(new TaskB());
        t1.start();
        t2.start();
    }
}
```

```
Problems @ Javadoc  Declaration  Console  Servers
DeadLockTest [Java Application] D:\JavaDevelop\jdk1.7.0_15\bin\javaw.exe (2019年4月28日 下午6:34:58)
Thread-0:已获得MySynLocks.lock1锁,请求MySynLocks.lock2锁......
Thread-1:已获得MySynLocks.lock2锁,请求MySynLocks.lock1锁......
```

图 6-26　程序发生死锁

结果显示，程序运行便发生了死锁。死锁发生时，多个线程同时被阻塞，它们中的一个或者全部都在等待某个资源被释放。由于线程被无限期地阻塞，因此程序不可能正常终止，只能手动强制退出。在进行多线程开发时，需要仔细分析，避免死锁的发生。

6.5　线程间合作

6.5.1　线程间通信

在多线程环境下，每个线程完成各自的任务，如果多个线程存在对共享资源的互斥访问,那么可以通过同步代码块或者同步方法解决。但是,如果多个线程需要经过相互协作来共同完成某个任务,就会涉及线程间通信,协调执行。

Java 在 Object 类中提供了 wait()、notify() 和 notifyAll() 等方法来解决线程间通信的问题。

(1) public final void wait() throws InterruptedException。该方法使得调用该方法的线程释放同步锁对象,从运行状态进入阻塞状态,直到被其他线程通过调用 notify 方法或 notifyAll 方法唤醒才能从阻塞状态进入就绪状态。

(2) public final void notify()。该方法的作用是唤醒在此同步锁对象上等待的单个线程。如果多个线程都在此同步锁对象上等待,则会选择唤醒其中一个线程。

(3) public final void notifyAll()。该方法的作用是唤醒在此同步锁对象上等待的所有线程。

需要注意的是,以上几个方法的调用者都是同步锁对象,它们都是在 synchronized 关键字作用的范围内使用的,并且在同一个同步问题中搭配使用。

◆ 6.5.2 生产者和消费者模型

以经典的生产者和消费者模型为例来讲解多线程的并发协作。该模型简单描述为:一群生产者线程和一群消费者线程共享同一个初始为空、存放固定数据数量的缓冲区。生产者的任务是在缓冲区没满时,不断生产数据并放入缓存区,如果缓存区已满,则生产者必须等待。同时,只有当缓冲区不为空时,消费者才能从缓冲区中不断取出一个或多个数据(即将数据从缓冲区中移出),如果缓冲区为空,表明没有数据可消费,则消费者必须等待。可见,缓冲区是所有生产者和消费者的共享资源,且一次只允许一个线程访问。

缓冲区是实现并发协作的核心。有了缓冲区,可以更好地解耦生产者和消费者,生产者无须同消费者直接打交道,生产者只要看到缓冲区没满,就可以向缓冲区里放置数据。反之亦然,消费者只要看到缓冲区里不为空,就可以从缓冲区里取数据。由于生产者和消费者在被阻塞后,需要被其他线程唤醒,因此涉及线程间通信问题。

【例 6-10】

演示生产者和消费者模型。

步骤 1:定义生产和消费的数据类 MyData。生产者和消费者生产的数据类 MyData 可以按照需要定义,这里只提供一个序列号属性,如图 6-27 所示。

```
1 package cn.linaw.chapter6.demo08;
2 public class MyData {
3     private int id; // 数据的序列号
4     public MyData(int id) {
5         super();
6         this.id = id;
7     }
8 }
```

图 6-27 数据类 MyData 定义

步骤 2:设计缓冲区 DataBuffer 类。缓冲区 DataBuffer 类的设计如图 6-28 所示。

(1) 利用 java.util.ArrayList<E> 类来实现自定义缓冲区 DataBuffer 类。ArrayList

```java
package cn.linaw.chapter6.demo08;
public class DataBuffer {
    private final int capacity; // 定义缓冲区最大可容纳数据的数量
    private java.util.ArrayList<MyData> list = null;
    public DataBuffer(int capacity) {
        super();
        if (capacity <= 0) { // 如果参数传递不合适,抛出一个参数不合法的运行时异常
            throw new IllegalArgumentException("参数capacity必须为正整数! ");
        }else{
            this.capacity = capacity;
        }
        list = new java.util.ArrayList<MyData>(capacity);// 根据容量创建缓冲区
    }
    public int getQuantity(){ // 获取缓冲区数据数量
        return list.size();
    }
    public boolean isFull(){ // 判断缓冲区是否已满
        return list.size() == this.capacity;
    }
    public boolean isEmpty(){ // 判断缓冲区是否为空
        return list.size() == 0;
    }
    public void produce(MyData data){ // 生产一个数据
        list.add(data);// 在列表尾部增加数据
    }
    public MyData consume(){ // 消费一个数据,采用先进先出方式
        MyData tmp = list.get(0);
        list.remove(0); // 将列表头部数据删除
        return tmp;
    }
}
```

图 6-28 定义缓冲区 DataBuffer 类

<E>类是一个泛型类,是一个按照线性表结构实现的列表,内部是通过数组实现的,在项目 9 集合中详细讲解,这里简单理解下,ArrayList<E>类表示列表里面的每个元素的数据类型都是 E 占位符代表的类型,创建一个列表时 E 需要指定。

(2) 为了设置缓冲区可容纳数据的数量,采用一个 final 修饰的 int 型变量 capacity 来表示,该值通过构造方法参数设定。构造方法根据 capacity 的值来开辟缓冲区空间,如果该参数不是正整数,则将抛出一个运行时异常 IllegalArgumentException。

(3) 缓冲区 DataBuffer 类除了定义成员属性、构造方法外,还提供了获取缓冲区数据数量的 getQuantity 方法、判断缓冲区是否已满的 isFull 方法、判断缓冲区是否为空的 isEmpty 方法、生产一个数据(在列表尾部添加)的 produce 方法、消费一个数据(先进先出,先消费列表头部的数据)的 consume 方法。

步骤3:设计生产者任务 ProducerTask 类。生产者任务 ProducerTask 类如图 6-29 所示。

(1) 在生产者任务类 ProducerTask 中,定义 DataBuffer 型成员变量 buffer,通过构造方法接收和保存缓冲区对象。

(2) 生产者生产的所有数据产品都有一个顺序编号,通过 static 关键字修饰的 int 型变量 id 表示待生产数据的序列号,初始化为 1。static 关键字修饰意味着变量 id 被该类所有对象共享。

(3) 所有生产者和消费者对共享资源缓冲区对象需要互斥访问,需要考虑线程同步问题。可以使用缓冲区对象 buffer 作为锁对象,也可以重新定义一个所有生产者线程和消费者线程都使用的同一个锁对象。

(4) 当一个生产者线程在获得 buffer 锁对象后发现缓冲区是满的时候,生产者线程需要加入 buffer 锁对象的等待池中等待,随后该线程进入阻塞状态,等待 buffer 锁对象上的其

```java
1  package cn.linaw.chapter6.demo08;
2  public class ProducerTask implements Runnable {
3      private DataBuffer buffer;
4      private static int id = 1;  // 待生产数据的序列号
5      public ProducerTask(DataBuffer buffer) { // 接收并保存缓冲区对象
6          this.buffer = buffer;
7      }
8      public void run() {
9          try {
10             while (true) {
11                 synchronized (buffer) {
12                     while (buffer.isFull()) { // 线程唤醒后,通过循环判断缓冲区,是满的将再次进入阻塞状态
13                         buffer.wait(); // 线程被阻塞,等待被唤醒
14                     }
15                     MyData data = new MyData(id); // 可以对数据内容按需赋值,这里用序列号是方便观察
16                     buffer.produce(data); // 将数据写入缓冲区
17                     System.out.println(Thread.currentThread().getName() + ",新生产数据序列号"
18                             + id + ",缓冲区还有" + buffer.getQuantity() + "个数据可消费");
19                     id++; // 序列号加1,为下一次生产准备序列号
20                     buffer.notifyAll(); // 生产完,唤醒所有在buffer对象等待池中等待的线程
21                     Thread.sleep((int) (Math.random() * 500)); //线程休眠,方便观察多线程效果
22                 }
23             }
24         } catch (InterruptedException e) {
25             e.printStackTrace();
26         }
27     }
28 }
```

图 6-29 定义生产者任务 ProducerTask 类

他线程唤醒。当被唤醒时,由阻塞状态转为就绪状态,等待被调度运行。由于可能存在多个生产者线程,一旦线程被唤醒,需要再次判断缓冲区是否是满的,这里通过 while 循环来实现,如果是满的,重新进入阻塞状态。当缓冲区没有满时,生产者线程可以生产数据,在控制台打印相关信息,并将下一个待生产数据的序列号加 1,然后通过锁对象 buffer 调用 notifyAll 方法唤醒该对象上所有的等待线程。生产者生产了数据,意味着缓冲区不再是空的,所有消费者线程都可以进行消费任务。当然,如果缓冲区没有满,所有生产者线程也可以继续生产。注意,无论是哪个线程向缓冲区生产数据或消费数据,都必须先获得同一个 buffer 锁对象。

步骤 4:设计消费者任务 ConsumerTask 类。消费者任务 ConsumerTask 类如图 6-30 所示。

```java
1  package cn.linaw.chapter6.demo08;
2  public class ConsumerTask implements Runnable {
3      private DataBuffer buffer;
4      public ConsumerTask(DataBuffer buffer) { // 接收并保存缓冲区对象
5          this.buffer = buffer;
6      }
7      @Override
8      public void run() {
9          try {
10             while (true) {
11                 synchronized (buffer) {
12                     while (buffer.isEmpty()) {// 唤醒后需要再次判断,没有数据可消费则重新进入阻塞状态
13                         buffer.wait();
14                     }
15                     System.out.println(Thread.currentThread().getName()
16                             + ",消费数据" + buffer.consume()
17                             + ",缓冲区还有" + buffer.getQuantity() + "个数据可消费");
18                     buffer.notifyAll(); // 消费完,唤醒所有在buffer锁对象等待池中等待的线程
19                     Thread.sleep((int) (Math.random() * 500)); // 线程休眠
20                 }
21             }
22         } catch (InterruptedException e) {
23             e.printStackTrace();
24         }
25     }
26 }
```

图 6-30 定义消费者任务 ConsumerTask 类

（1）在消费者任务类 ConsumerTask 中，定义 DataBuffer 型变量 buffer，通过构造方法接收和保存缓冲区对象。

（2）当一个消费者线程获取到锁对象 buffer 后发现缓冲区是空的时候，意味着消费者没有数据可消费，需要加入 buffer 对象等待池中等待，该线程随即处于阻塞状态，等待 buffer 对象上的其他线程唤醒。当被唤醒时，由阻塞状态转为就绪状态，等待被调度运行。由于可能存在多个生产者和消费者线程，一旦线程被唤醒，需要再次判断缓冲区是否是空的，这里通过 while 循环来实现，如果是空的，重新进入阻塞状态。当缓冲区不为空时，消费者线程可以消费数据，并在控制台打印相关信息，然后通过锁对象 buffer 调用 notifyAll 方法唤醒该对象上所有的等待线程。消费者消费了数据，意味着缓冲区不再是满的，生产者线程也可以进行生产任务。注意，无论是哪个线程向缓冲区生产数据或消费数据，都必须先获得同一个 buffer 锁对象。

步骤 5：编写测试类 ProducerComsumerTest。

下面通过一个测试用例来测试生产者和消费者模型，如图 6-31 所示。创建一个可容纳 2 个数据的缓冲区，然后创建一个生产者任务对象和消费者任务对象，接着创建 2 个生产者线程和 2 个消费者线程（模拟多个生产者、多个消费者场景）。

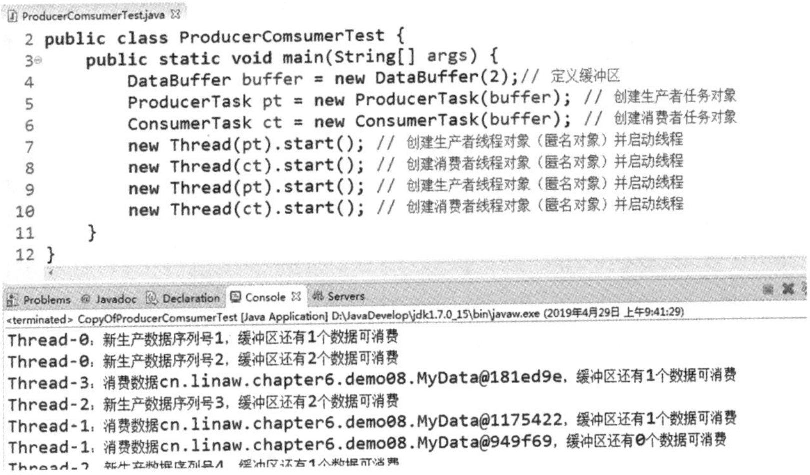

图 6-31　生产者和消费者模型测试

结果显示，各线程之间实现了并发协作。由于生产者线程和消费者线程会一直继续下去，所以程序需要强制退出。

6.6　线程池

在多线程编程环境下，线程的生命周期有新建、就绪、运行、阻塞、死亡等 5 种状态。首先定义一个任务类，通过该任务类创建一个线程对象，接着通过线程对象启动线程执行任务，当任务完成，则需要销毁该线程。需要注意的是，创建、销毁线程都需要系统开销，如果只有少量的任务，在每个任务开始时创建线程、在任务结束时销毁线程是很方便的，但是，如果存在大量的任务需要并发执行，这种频繁创建和销毁线程就显得很不经济。于是，线程池应运而生，线程池中的线程可以复用。当某一个线程执行完任务后，并不会被销毁，而是被再次放回到线程池,为其他任务服务。因此,如果存在较多生存期很短的线程,最好使用线程池。

◆ 6.6.1 线程池的使用

Java 的 java.util.concurrent.Executors 类提供了一系列静态工厂方法来创建各种线程池,返回的线程池都实现了 ExecutorService 接口。三种常用的方法如下:

(1) public static ExecutorService newFixedThreadPool(int nThreads)方法用于创建一个可重用且固定线程数(nThreads)的线程池。如果在所有线程处于活动状态时提交附加任务,则在有可用线程之前,附加任务将在队列中等待。

(2) public static ExecutorService newSingleThreadExecutor()方法用于创建单个线程的线程池,这个线程处理完一个任务后接着处理下一个任务。如果该线程因为异常而结束,则会新建一个线程来替代。

(3) public static ExecutorService newCachedThreadPool()方法创建一个线程池,它可以按需创建新线程,当以前构造的线程可用时将重用它们。对于执行很多短期异步任务的程序而言,这类线程池通常可提高程序性能。调用 execute 方法将重用以前构造的线程(如果线程可用);如果现有线程没有可用的,则创建一个新线程并添加到池中。另外,终止并从缓存中移除那些已有 60 秒钟未被使用的线程,因此,长时间保持空闲的该类线程池不会使用任何资源。

以上三种方法创建的线程池其实是 java.util.concurrent.ThreadPoolExecutor 类的对象。下面简单介绍 ThreadPoolExecutor、AbstractExecutorService、ExecutorService 和 Executor 之间的关系。

(1) java.util.concurrent.Executor 接口:Executor 是一个顶层接口,在它里面只声明了一个抽象方法 void execute(Runnable command),用来执行传进去的任务。其子接口和所有实现类如图 6-32 所示。

java.util.concurrent
接口 Executor

所有已知子接口:
　　ExecutorService, ScheduledExecutorService

所有已知实现类:
　　AbstractExecutorService, ScheduledThreadPoolExecutor, ThreadPoolExecutor

图 6-32 Executor 接口

(2) java.util.concurrent.ExecutorService 接口:继承了 Executor 接口,并声明了 submit、invokeAll、invokeAny、awaitTermination、shutdown 等抽象方法,主要用来管理和控制任务。

(3) java.util.concurrent.ThreadPoolExecutor 类:ThreadPoolExecutor 继承自抽象类 java.util.concurrent.AbstractExecutorService,在抽象类 AbstractExecutorService 中基本实现了 ExecutorService 接口声明的所有抽象方法。

在 ThreadPoolExecutor 类中有几个非常重要的方法:

(1) execute()方法实际上是 Executor 接口中声明的方法,在 ThreadPoolExecutor 类中

进行了具体的实现,该方法是 ThreadPoolExecutor 类中的核心方法,通过这个方法可以向线程池提交一个任务,然后由线程池去执行。

(2) submit()方法是在 ExecutorService 中声明的方法,在 AbstractExecutorService 抽象类中就有了具体的实现,在子类 ThreadPoolExecutor 中并没有对其进行重写。这个方法也是用来向线程池提交任务的,和 execute()方法不同的是,它能够返回任务执行的结果,实际上该方法还是调用了 execute()方法,只不过利用 Future 来获取任务执行结果。

(3) shutdown()和 shutdownNow()是用来关闭线程池的。其他方法请参考 API 帮助文档。

【例 6-11】

演示线程池的使用。

步骤1:在 chapter6 工程 src 文件夹下新建一个包 cn.linaw.chapter6.demo09,在包里创建任务类 Task1.java,如图 6-33 所示。

步骤2:在包里创建任务类 Task2.java,如图 6-34 所示。

```java
package cn.linaw.chapter6.demo09;
public class Task1 implements Runnable {
    @Override
    public void run() {
        System.out.println(Thread.currentThread()
                .getName() + ":执行任务1......");
    }
}
```

图 6-33 定义任务 Task1 类

```java
package cn.linaw.chapter6.demo09;
public class Task2 implements Runnable {
    @Override
    public void run() {
        System.out.println(Thread.currentThread()
                .getName() + ":执行任务2......");
    }
}
```

图 6-34 定义任务 Task2 类

步骤3:利用线程池执行多个任务,测试类 ThreadPoolTest 如图 6-35 所示。

```java
package cn.linaw.chapter6.demo09;
import java.util.concurrent.ExecutorService;
import java.util.concurrent.Executors;
public class ThreadPoolTest {
    public static void main(String[] args) {
        Task1 task1 = new Task1();
        Task2 task2 = new Task2();
        // 定义一个固定有3个线程的线程池
        ExecutorService executorService = Executors.newFixedThreadPool(3);
        executorService.execute(task1);// 提交任务到线程池执行
        executorService.execute(task2);// 提交任务到线程池执行
        executorService.shutdown();// 关闭线程池
    }
}
```

```
pool-1-thread-1:执行任务1......
pool-1-thread-2:执行任务2......
```

图 6-35 利用线程池执行任务

(1) 测试类 ThreadPoolTest 中创建了一个固定线程数为 3 的线程池,并将创建好的两个任务提交到线程池中运行,由于线程池中有 3 个线程,因此,这两个任务可以并发执行。

(2) 如果使用 Executors.newSingleThreadExecutor()方法或者 Executors.newFixedThreadPool(1)方法创建线程池,则待执行的任务会按顺序执行,因为线程池里只有一个线程。

(3) 如果使用 Executors.newCachedThreadPool()方法创建线程池,则会为每一个等待的任务创建一个新线程,这样所有的任务都能并发执行,当然,并发的任务数越多,对资源的消耗越大。

6.6.2 线程池的生命周期

线程池生命周期包括 RUNNING、SHUTDOWN、STOP、TIDYING、TERMINATED 五种状态。

线程池状态默认从 RUNNING 开始流转,到状态 TERMINATED 结束,状态变化可能的路径和变化条件如图 6-36 所示。

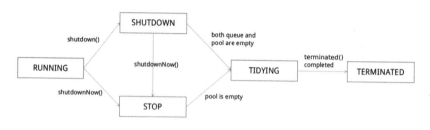

图 6-36　线程池状态变化路径

线程池一旦构造完成,初始状态为 RUNNING 状态,RUNNING 状态下可接收新任务,可执行等待队列里的任务。

线程池在运行过程中可通过执行 shutdown()或 shutdownNow()来改变 RUNNING 状态。如果调用 shutdown()方法,则线程池处于 SHUTDOWN 状态,线程池不能接收新任务,但是可执行等待队列里的任务,它会等待所有任务执行完毕后关闭,所以是平缓关闭线程池;而如果调用 shutdownNow()方法,是立即关闭线程池,线程池处于 STOP 状态,此时,线程池不能接收新的任务,而且会取消所有未完成的线程,并返回未完成任务的清单。

SHUTDOWN 状态下,当线程池等待队列和线程池中执行的任务都为空时,或者 STOP 状态下,线程池中执行的任务为空时,就会从 SHUTDOWN 状态或 STOP 状态转为 TIDYING 状态。TIDYING 状态下,所有的任务均处理完成,有效的线程数为 0。

转换成 TIDYING 状态的线程池会运行 terminated 方法()。执行完 terminated()方法之后,线程池被设置为 TERMINATED 状态。

6.7　定时任务调度

开发中经常遇到定时任务,例如定时备份数据、定时清理系统等。这里通过 JDK 提供的 Timer 类和 TimerTask 类来完成定时任务的调度。注意,在实际开发中,通常使用一个完全由 Java 编写的、功能强大的开源作业调度框架 Quartz 来实现任务的定时调度。

1. java.util.Timer 类

java.util.Timer 类是 JDK 中提供的一种计时器工具,线程用其安排以后在后台线程中执行的任务。可安排任务执行一次,或者定期重复执行。

下面介绍该类常见的 3 个方法:

(1) public void schedule(TimerTask task,long delay):安排在指定延迟后执行指定的

任务。参数 task 表示所要安排的任务。参数 delay 表示执行任务前的延迟时间,单位是毫秒。

(2) public void schedule(TimerTask task, long delay, long period):安排指定的任务从指定的延迟后开始进行重复的固定延迟执行。以近似固定的时间间隔(由指定的周期分隔)进行后续执行。

(3) public void cancel():终止此计时器,丢弃所有当前已安排的任务。这不会干扰当前正在执行的任务(如果存在)。一旦终止了计时器,那么它的执行线程也会终止,并且无法根据它安排更多的任务。

注意,在此计时器调用的计时器任务的 run 方法内调用此方法,就可以绝对确保正在执行的任务是此计时器所执行的最后一个任务。

可以重复调用此方法;但是第二次和后续调用无效。

2. java.util.TimerTask 类

TimerTask 类是一个抽象类,类的声明为 public abstract class TimerTask extends Object implements Runnable。由于该抽象类实现了 Runnable 接口,因此,该类具备多线程的能力。在具体定义一个可被 Timer 调度的任务类时,可以通过继承 TimerTask 类,重写 run 抽象方法。

【例 6-12】

演示定时任务调度。

步骤 1:在 chapter6 工程 src 文件夹下新建一个包 cn.linaw.chapter6.demo10,在包里创建任务类 ScheduledTask,如图 6-37 所示。

```java
package cn.linaw.chapter6.demo10;
import java.util.Timer;
import java.util.TimerTask;
public class ScheduledTask extends TimerTask {
    private Timer t;          // 计时器
    private int count = 0;    // 统计任务执行次数
    public ScheduledTask() {
        super();
    }
    public ScheduledTask(Timer t) {   // 接收并保存计时器
        super();
        this.t = t;
    }
    @Override
    public void run() {// 重写TimerTask抽象类的run抽象方法
        System.out.println(Thread.currentThread().
                getName() + ":定时任务......");
        count++;
        if (count == 3) { // 定时任务执行3次后,终止此计时器
            t.cancel();
        }
    }
}
```

图 6-37 定义一个继承自 TimerTask 的任务类

Timer 成员变量 t 用于接收并保存计时器。在任务执行时可以调用该计时器的 cancle 方法终止该计时器。

步骤 2：在包里创建一个测试类 ScheduledTaskTest，如图 6-38 所示。

```java
package cn.linaw.chapter6.demo10;
import java.util.Timer;
public class ScheduledTaskTest {
    public static void main(String[] args) {
        Timer t = new Timer(); // 创建一个计时器
        ScheduledTask scheduledTask = new ScheduledTask();// 创建一个任务
        t.schedule(scheduledTask, 5000, 2000); // 5秒后每隔2秒重复执行一次任务
    }
}
```

```
<terminated> ScheduledTaskTest (10) [Java Application] D:\JavaDevelop\jdk1.7.0_15\bin\javaw.exe (2019年4月30日 上午9:13:26)
Timer-0: 定时任务......
Timer-0: 定时任务......
Timer-0: 定时任务......
```

图 6-38　定时任务调度测试

测试用例中，首先创建一个 Timer 计时器，通过该 Timer 对象决定如何调度一个任务。本例中，5 秒后每隔 2 秒调度一次任务。当该任务被调度 3 次后，任务执行线程调用该计时器的 cancel 方法终止了该计时器。

6.8　匿名内部类实现多线程

前面讲解了实现多线程的两种方式，一是继承 Thread 类方式，二是实现 Runnable 接口方式。在一定条件下，我们也可以采用匿名内部类的方式方便地创建多线程。对应匿名内部类创建多线程有如下两种方式：

（1）对应继承 Thread 类方式的匿名内部类实现：

`new Thread(){代码}.start();`

其中，代码部分包括重写 run 方法，里面包含要完成的任务。

（2）对应实现 Runnable 接口方式的匿名内部类实现：

`new Thread(new Runnable(){代码}).start();`

其中，代码部分包括重写 run 方法，里面包含要完成的任务。

【例 6-13】

使用匿名内部类实现多线程。

在 chapter6 工程 src 文件夹下新建一个包 cn.linaw.chapter6.demo11，在包里创建测试类 AnonymousInnerClassesThreadTest，如图 6-39 所示。

```
 1  package cn.linaw.chapter6.demo11;
 2  public class AnonymousInnerClassesThreadTest {
 3      public static void main(String[] args) {
 4          // 对应继承Thread类方式的匿名内部类实现多线程
 5          new Thread() {
 6              public void run() {
 7                  System.out.println(Thread.currentThread().
 8                          getName() + ":" + "任务1......");
 9              };
10          }.start();
11          // 对应实现Runnable接口方式的匿名内部类实现多线程
12          new Thread(new Runnable() {
13              @Override
14              public void run() {
15                  System.out.println(Thread.currentThread().
16                          getName() + ":" + "任务2......");
17              }
18          }) {
19          }.start();
20      }
21  }
```

```
<terminated> AnonymousInnerClassesThreadTest (11) [Java Application] D:\JavaDevelop\jdk1.7.0_15\bin\javaw.exe (2019年4月30日 上午10:13:21)
Thread-0:任务1......
Thread-1:任务2......
```

图 6-39 匿名内部类方式实现多线程

项目总结

Java 支持多线程开发。本项目首先介绍了程序、进程和线程的联系和区别,接着介绍了创建多线程的两种方式——继承 Thread 类和实现 Runnable 接口,讲解了线程从创建到死亡所经历的生命周期。线程在提升效率的同时也带来了同步问题,本项目讲解了解决同步问题的两种方法——同步方法和同步代码块。不同线程之间可能需要通信,这就涉及线程间通信问题,本项目利用 Object 类的 wait 方法、notify 方法和 notifyAll 方法实现了经典的生产者和消费者问题,是多线程的难点所在。本项目接着讲解了线程池的使用,目的是避免频繁创建和注销线程,最后讲解了 JDK 中定时任务调度实现,以及使用匿名内部类方式实现多线程。本项目内容总体难度较大,需要认真体会。

项目作业

1. 简述程序、进程和线程的区别。
2. 简述创建线程的两种方式。
3. Thread 类中的 start() 方法和 run() 方法有什么区别和联系?
4. 简述线程的几种状态,以及相互之间如何转换。
5. 简述 sleep、yield 和 join 方法的区别。
6. 简述线程同步的原因和线程同步的方法。
7. 简述线程通信中 wait、notify、notifyAll 方法的作用。
8. 设计一个多线程实现的卖火车票的简易程序。例如有 100 张票,在 2 个窗口同时卖出,打印各个窗口的售票情况。要求采用继承 Thread 类和实现 Runnable 接口两种方式实现。提示:注意 synchronized 关键字的用法,使用的锁必须是同一个对象。
9. 上机实践书中出现的案例,可自由发挥修改。

项目 7 包装类、字符串相关类和System类

7.1 包装类

7.1.1 包装类概述

Java是面向对象的编程语言,但是Java的基本数据类型均不是面向对象的。在Java中使用基本数据类型主要是考虑到处理对象需要增加额外的开销,但是,在实际使用中基本数据类型可能会带来不便,例如,在许多方法的形参中,传递的均为对象。为了解决这个问题,Java为每一种基本数据类型设计了一个对应的包装类(wrapper class)。例如基本数据类型int对应包装类Integer。

所有的包装类都位于java.lang包中。基本数据类型和对应的包装类如表7-1所示。

表7-1 基本数据类型与包装类对应关系

基本数据类型	对应包装类	基本数据类型	对应包装类
byte	Byte	boolean	Boolean
short	Short	char	Character
int	Integer	float	Float
long	Long	double	Double

除了Integer和Character外,其余六种包装类名称同基本数据类型的名称除首字母大写外均保持一致。

除了Character类和Boolean类外,其余六种包装类都是继承自java.lang.Number抽

象类，实现了 Number 类中的抽象方法。

包装类的主要用途为：

(1) 包装类充当了基本数据类型和引用数据类型的桥梁。

(2) 包装类解决了基本数据类型只能存放值的问题，可以提供大量的方法或常量。

7.1.2 基本数据类型与包装类之间的转换

1. 基本数据类型转换为包装类

这里讲解两种方法：

(1) 调用包装类的 valueOf 方法。以 int 为例，方法声明为 public static Integer valueOf(int i)，该方法返回一个表示指定的 int 值的 Integer 实例。

(2) 使用包装类构造方法。以 int 为例，构造方法 public Integer(int value) 根据 int 值 value 构造一个新分配的 Integer 对象。

2. 包装类转换为基本数据类型

包装类对象转换为对应基本数据类型，调用包装类对象的 xxValue() 方法。以 Integer 包装类为例，方法声明为 public int intValue()，表示以 int 类型返回该 Integer 的值。

【例 7-1】

以 int 类型和 Integer 包装类为例，演示它们之间的转换。

新建项目 chapter7，在 src 目录下新建包 cn.linaw.chapter7.demo01。在包下新建测试类 WrapperClassTest1，如图 7-1 所示。

WrapperClassTest1.java

```
package cn.linaw.chapter7.demo01;
public class WrapperClassTest1 {
    public static void main(String[] args) {
        // 基本数据类型转换成对应包装类
        Integer integer1 = Integer.valueOf(25);
        Integer integer2 = new Integer(26);
        System.out.println("integer1.toString():" + integer1.toString());
        System.out.println("integer2.hashCode():" + integer2.hashCode());
        // 包装类对象转换为对应基本数据类型
        int int1 = integer1.intValue();
        int int2 = integer2.intValue();
        System.out.println("int1:" + int1);
        System.out.println("int2:" + int2);
    }
}
```

Problems @ Javadoc Declaration Console Servers

<terminated> WrapperClassTest1 (1) [Java Application] D:\JavaDevelop\jdk1.7.0_15\bin\javaw.exe (2019年4月30日 下午12:06:47)

```
integer1.toString():25
integer2.hashCode():26
int1 = 25
int2 = 26
```

图 7-1 int 类型和 Integer 包装类互相转换

3. 自动装箱和自动拆箱

在 JDK 1.5 版本之后，Java 允许基本数据类型和对应包装类之间进行自动的转换。

【例 7-2】

演示自动装箱和自动拆箱。

测试类 WrapperClassTest2 如图 7-2 所示。

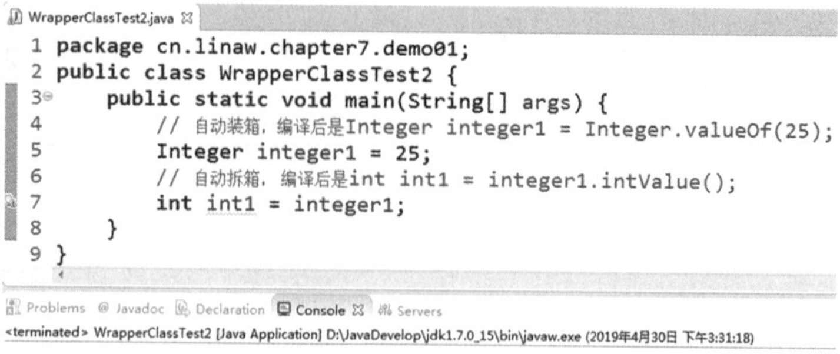

```
WrapperClassTest2.java
1 package cn.linaw.chapter7.demo01;
2 public class WrapperClassTest2 {
3     public static void main(String[] args) {
4         // 自动装箱,编译后是Integer integer1 = Integer.valueOf(25);
5         Integer integer1 = 25;
6         // 自动拆箱,编译后是int int1 = integer1.intValue();
7         int int1 = integer1;
8     }
9 }
```

图 7-2 自动装箱和自动拆箱

装箱(boxing)是将基本数据类型转换成对应包装类对象的过程,反之即为拆箱(unboxing)。在 JDK 1.5 之后,如果需要将一个基本数据类型封装成对象,例如程序第 5 行,编译器会将基本数据类型进行自动装箱,编译成第 4 行备注的语句,因此,所谓自动只是方便程序员书写,而最终编译器会根据需要再次翻译。程序第 7 行的自动拆箱在编译后也成了第 6 行的语句,在自动拆箱时,要避免将空指针(null)赋值给基本数据类型,否则发生空指针异常。

◆ 7.1.3 基本数据类型与 String 类型之间的转换

1. 基本数据类型转换为 String 类型

这里讲解两种方法:

(1) 包装类都提供一个 toString(形参) 静态方法,该方法返回基本数据类型值的 String 对象。以 int 类型为例,public static String toString(int i)返回一个表示指定整数的 String 对象。

(2) 利用 String 类的 valueOf(形参) 静态方法。以 int 类型为例,String 类的静态方法 public static String valueOf(int i) 返回 int 参数的字符串表示形式,其本质还是调用了 Integer.toString(int i)方法。

2. String 类型转换为基本数据类型

(1) 除 char 类型外,其他基本数据类型通过各自包装类调用 parseXxx(参数)静态方法实现。以 int 类型为例,Integer 类的静态方法 public static int parseInt(String s) throws NumberFormatException 将字符串参数作为有符号的十进制整数进行解析。

(2) String 类型转换为 char 类型,通常有 2 种方法:一是使用 String 类的实例方法 public char charAt(int index)返回 String 对象指定索引处的 char 值,索引范围为 0 到 length()−1;二是使用 String 类的实例方法 public char[] toCharArray()将 String 对象转换为一个新的 char 数组,然后可以使用位置索引访问 char 数组中的任意字符。

【例 7-3】

演示基本数据类型和 String 类型相互转换。

测试类 WrapperClassTest3 如图 7-3 所示。

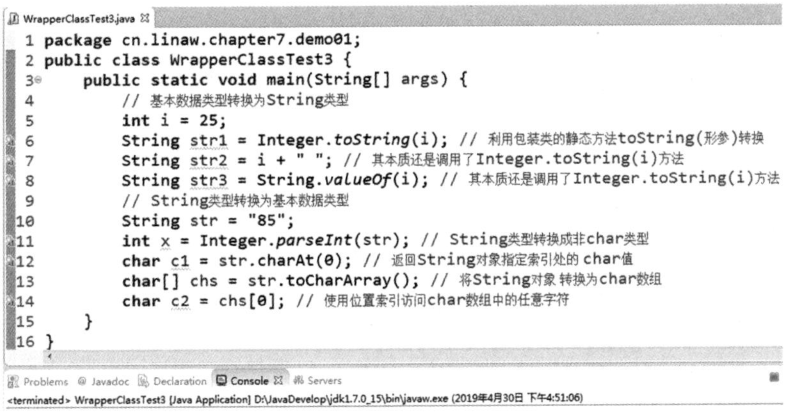

```
1 package cn.linaw.chapter7.demo01;
2 public class WrapperClassTest3 {
3     public static void main(String[] args) {
4         // 基本数据类型转换为String类型
5         int i = 25;
6         String str1 = Integer.toString(i); // 利用包装类的静态方法toString(形参)转换
7         String str2 = i + " "; // 其本质还是调用了Integer.toString(i)方法
8         String str3 = String.valueOf(i); // 其本质还是调用了Integer.toString(i)方法
9         // String类型转换为基本数据类型
10        String str = "85";
11        int x = Integer.parseInt(str); // String类型转换成非char类型
12        char c1 = str.charAt(0); // 返回String对象指定索引处的char值
13        char[] chs = str.toCharArray(); // 将String对象转换为char数组
14        char c2 = chs[0]; // 使用位置索引访问char数组中的任意字符
15    }
16 }
```

图 7-3 基本数据类型和 String 类型相互转换

7.2 字符串相关类

在很多语言中，字符串就是字符数组。在 Java 语言中有三个与字符串相关的类，分别是 String、StringBuffer 和 StringBuilder。字符串相关类在开发中极其重要，需要熟练掌握。

7.2.1 String 类概述

java.lang.String 类又称为不可变字符序列，String 类是一个 final 类，不能被继承。String 类中有一个用于存储字符的字符数组成员变量 value，声明为"private final char value[];"，由于该字符数组有 final 修饰符，因此，String 对象的 value 成员变量是常量。

7.2.2 String 类常用方法

String 类有许多方法，具体参看 Java String API 文档，下面通过几个例子说明。

【例 7-4】

演示 String 对象创建、"=="运算符、String 类 equals 方法以及字符串连接等。

在项目 chapter7 的 src 目录下新建一个包 cn.linaw.chapter7.demo02，新建测试类 StringTest1，测试代码如图 7-4 所示。

String 类构造方法众多，通常通过字符串常量或者字符数组来创建 String 类对象。注意区分 String 对象和 String 对象的引用，String 引用变量存储的是 String 对象的引用。运算符"=="比较的 String 引用变量本身的值，如果要比较 String 引用变量指向的 String 对象的内容是否相同，则需要用到 String 类的 equals 方法，该方法将此 String 对象的字符串内容与指定 String 对象的字符串内容比较。

字符串的连接有两种方式：一种是使用"+"，如果和字符串连接的是基本数据类型的数据，在连接前系统会自动将这些数据转换为字符串；另一种方式是使用 String 类的 concat 方法，public String concat(String str)方法将指定字符串连接到此字符串的结尾。

```java
package cn.linaw.chapter7.demo02;
public class StringTest1 {
    public static void main(String[] args) {
        // String字符串对象的创建
        String str1 = new String();// 创建不包含任何字符的文字符串，等同于new String("")
        String str2 = new String("abc");// 使用指定字符串常量创建String对象
        String str3 = "";// 等同于String str3 = new String();
        String str4 = "abc";// 等同于String str4 = new String("abc");
        char[] ch = { 'd', 'e', 'f' };
        String str5 = new String(ch);// 使用字符数组创建String对象
        str5 = "a";// String对象是常量，该语句创建了一个新的String对象，并将地址赋值给str5
        // 比较运算符"=="和"equals方法"比较
        System.out.println("str1 == str3? " + (str1 == str3));
        System.out.println("str1.equals(str3)? " + str1.equals(str3));
        System.out.println("str2 == str4? " + (str2 == str4));
        System.out.println("str2.equals(str4)? " + str2.equals(str4));
        // 字符串的拼接
        String str6 = str1 + str2 + str5 + 123;
        System.out.println("str6: " + str6); // 实际调用str6.toString()
        System.out.println("str6.length(): " + str6.length());
    }
}
```

```
str1 == str3? false
str1.equals(str3)? true
str2 == str4? false
str2.equals(str4)? true
str6: abca123
str6.length(): 7
```

图 7-4　String 对象构造、equals 方法和连接测试

【例 7-5】

演示与 String 字符串的判断和查询相关的方法。

测试类 StringTest2 如图 7-5 所示。

```java
package cn.linaw.chapter7.demo02;
public class StringTest2 {
    public static void main(String[] args) {
        String str = "Hello World!Hello World   ";
        System.out.println("判断字符串str是否以Hello开头？ " + str.startsWith("Hello"));
        System.out.println("判断字符串str是否以ld结尾？ " + str.endsWith("ld"));
        System.out.println("判断字符串str是否包含or？ " + str.contains("or"));
        System.out.println("判断字符串str是否为空？" + str.isEmpty());
        System.out.println("字符串str长度: " + str.length());
        System.out.println("字符串str中索引位置4对应的字符是: \'" + str.charAt(4) + "\'");
        System.out.println("字符串str中字符W第一次出现的索引位置是: " + str.indexOf('W'));
        System.out.println("字符串str中字符W最后一次出现的索引位置是: " + str.lastIndexOf('W'));
        System.out.println("字符串str中子串Wo第一次出现的索引位置是: " + str.indexOf("Wo"));
        System.out.println("字符串str中字符Wo最后一次出现的索引位置是: " + str.lastIndexOf("Wo"));
        System.out.println("字符串str中从索引位置2到5的子串是: \"" + str.substring(2, 5) + "\"");
        System.out.println("字符串str中从索引位置2到结束的子串是: \"" + str.substring(2) + "\"");
    }
}
```

```
判断字符串str是否以Hello开头？true
判断字符串str是否以ld结尾？false
判断字符串str是否包含or？true
判断字符串str是否为空？false
字符串str长度: 25
字符串str中索引位置4对应的字符是: 'o'
字符串str中字符W第一次出现的索引位置是: 6
字符串str中字符W最后一次出现的索引位置是: 18
字符串str中子串Wo第一次出现的索引位置是: 6
字符串str中字符Wo最后一次出现的索引位置是: 18
字符串str中从索引位置2到5的子串是: "llo"
字符串str中从索引位置2到结束的子串是: "llo World!Hello World   "
```

图 7-5　测试与 String 字符串的判断和查询相关的方法

【例 7-6】

演示与 String 字符串转换和修改相关的方法。

测试类 StringTest3 如图 7-6 所示。

```java
package cn.linaw.chapter7.demo02;
public class StringTest3 {
    public static void main(String[] args) {
        String str = "  Hello World!Hello World   ";
        char[] chs = str.toCharArray();// 将字符串转换为一个字符数组
        System.out.print("字符串str包含的字符是: [");
        for (int i = 0; i < chs.length; i++) {
            if (i != chs.length - 1) {
                System.out.print(chs[i] + "、");
            } else {
                System.out.println(chs[i] + "]");
            }
        }
        System.out.println("字符串str中字符都转换为大写后是: \"" + str.toUpperCase() + "\"");
        System.out.println("字符串str中字符都转换为小写后是: \"" + str.toLowerCase() + "\"");
        System.out.println("字符串str中去除首尾空格的新字符串是: \"" + str.trim() + "\"");
        System.out.println("字符串str中将删除所有空格后的新字符串是: \"" + str.replace(" ", "")
                + "\"");// 字符串的替换功能, 中间的空格也被删除
    }
}
```

```
<terminated> StringTest3 [Java Application] D:\JavaDevelop\jdk1.7.0_15\bin\javaw.exe (2019年4月30日 下午6:08:15)
字符串str包含的字符是: [ 、 、H、e、l、l、o、 、W、o、r、l、d、!、H、e、l、l、o、 、W、o、r、l、d、 、 、 ]
字符串str中字符都转换为大写后是: "  HELLO WORLD!HELLO WORLD   "
字符串str中字符都转换为小写后是: "  hello world!hello world   "
字符串str中去除首尾空格的新字符串是: "Hello World!Hello World"
字符串str中将删除所有空格后的新字符串是: "HelloWorld!HelloWorld"
```

图 7-6　测试与 String 字符串转换和修改相关的方法

方法 public String trim()返回字符串的副本,忽略前导空白和尾部空白,但是不能删除中间的空白。如果需要删除所有的空白,则需要使用 public String replace(char oldChar,char newChar)返回一个新的字符串,它是通过用 newChar 替换此字符串中出现的所有 oldChar 得到的。

方法 public char[] toCharArray()将此字符串转换为一个新的字符数组,还可以将一个字符串转换成 byte 数组。

方法 public byte[] getBytes()使用平台的默认字符集将此 String 编码为 byte 序列,并将结果存储到一个新的 byte 数组中。

方法 public byte[] getBytes(String charsetName) throws UnsupportedEncodingException 使用指定的字符集将此 String 编码为 byte 序列,并将结果存储到一个新的 byte 数组中。

◆ 7.2.3　正则表达式

在处理字符串时,经常会用到正则表达式。从 JDK 1.4 开始提供了对正则表达式的支持,位于 java.util.regex 包里。正则表达式(regular expression)是对字符串操作的一种逻辑公式,就是用事先定义好的一些特定字符及这些特定字符的组合,组成一个"规则字符串",这个"规则字符串"用来表达对字符串的一种过滤逻辑。给定一个正则表达式和另一个字符串,我们可以达到如下的目的:

(1)给定的字符串是否符合正则表达式的过滤逻辑(称作"匹配")。

(2)可以通过正则表达式,从字符串中获取我们想要的特定部分。

1. 正则表达式的构造规则

在 Java 中,可以查看 API 文档中的 java.util.regex.Pattern 类,里面有正则表达式的构造帮助。常见的正则表达式的构造规则说明如下:

(1)单个字符举例:

x　　　　　　表示字符 x

\\　　　　　　表示反斜线字符

(2) 字符类举例：

[abc]　　　表示 a、b 或 c(简单类)

[^abc]　　表示任何字符，除了 a、b 或 c(否定)

[a-zA-Z]　表示 a 到 z 或 A 到 Z，两头的字母包括在内(范围)

[0-9]　　　表示 0 到 9 的字符

(3) 预定义字符类举例：

.　　　　表示任何字符。如果要表示 . 字符本身，需要通过转义 \.。

\d　　　表示数字，等价于[0-9]

\D　　　表示非数字：[^0-9]

\s　　　空白字符：[\t\n\x0B\f\r]

\S　　　非空白字符：[^\s]

\w　　　表示单词字符，等价于[a-zA-Z_0-9]

\W　　　表示非单词字符，等价于[^\w]

(4) 边界匹配器举例：

^　　　　表示行的开头

$　　　　表示行的结尾

\b　　　　表示单词边界

(5) Greedy 数量词举例：

X?　　　表示 X 有一次或一次也没有

X*　　　表示 X 有零次或多次

X+　　　表示 X 有一次或多次

X{n}　　表示 X 恰好 n 次

X{n,}　　表示 X 至少 n 次

X{n,m}　表示 X 至少 n 次，但是不超过 m 次

(6) Logical 运算符举例：

X|Y　　　表示 X 或 Y

(X)　　　表示 X 整体作为捕获组

【例 7-7】

编写一个或多个数字、QQ 号码、手机号码、邮箱的正则表达式。

(1) 一个或多个数字正则表达式：

一个或多个数字(即全数字)的正则表达式：^[0-9]+$ 或者^\d+$。

(2) QQ 号码正则表达式：

假定 QQ 号码的规则为 5～12 的数字，不能以 0 开头，正则表达式可以写为：^[1-9]\d{4,11}$。

(3) 手机号码正则表达式：

假定目前手机号码是以 13、14、15、17、18 开头的 11 位数字，正则表达式可以写为：^1[34|5|7|8]\d{9}$。

(4) 邮箱正则表达式：

假设邮箱名称只允许由英文、数字和下划线组成，且可以多次出现，邮箱的域名部分至

少要有二级域名,这样的邮箱正则表达式可以写成:

^[a-zA-Z0-9_]+@[a-zA-Z0-9_]+(\.[a-zA-Z0-9_]+)+$,或者^\w+@\w+(\.\w+)+$。

2. String 类对正则表达式的支持

1) 字符串匹配正则表达式判断

给定一个正则表达式,可以判断给定的字符串是否符合正则表达式的过滤逻辑,也就是"匹配"功能。String 类中的方法 public boolean matches(String regex)用于判断此字符串是否匹配给定的正则表达式。参数 regex 为用来匹配此字符串的正则表达式,当且仅当此字符串匹配给定的正则表达式时,返回 true。

【例 7-8】

判断给定邮箱字符串是否合乎预定义正则表达式。

测试类 RegexTest1 如图 7-7 所示。

```java
package cn.linaw.chapter7.demo02;
public class RegexTest1 {
    public static void main(String[] args) {
        // 邮箱的正则表达式
        String regex = "^[a-zA-Z0-9_]+@[a-zA-Z0-9_]+(\\.[a-zA-Z0-9_]+)+$";
        // String regex = "^\\w+@\\w+(\\.\\w+)+$";
        String str1 = "Law_123@135.com";
        String str2 = "Law123.abc@135.com";
        String str3 = "Law123-abc@135.com";
        boolean flag1 = str1.matches(regex);
        boolean flag2 = str2.matches(regex);
        boolean flag3 = str3.matches(regex);
        System.out.println("字符串str1是合法邮箱吗? " + flag1);
        System.out.println("字符串str2是合法邮箱吗? " + flag2);
        System.out.println("字符串str3是合法邮箱吗? " + flag3);
    }
}
```

```
字符串str1是合法邮箱吗? true
字符串str2是合法邮箱吗? false
字符串str3是合法邮箱吗? false
```

图 7-7 字符串匹配正则表达式测试

要验证一个字符串是否为邮箱,首先要根据需要定义邮箱账号的格式,即邮箱的正则表达式,然后调用 String 类的 matches 方法进行匹配。注意正则表达式中有特殊含义的字符,书写时需要使用转义反斜线字符('\')进行转义。

2) 利用正则表达式进行替换

String 类的方法 public String replaceAll(String regex,String replacement)使用给定的 replacement 替换此字符串所有匹配给定的正则表达式的子字符串。其中,参数 regex 用来匹配此字符串的正则表达式,replacement 用来替换每个匹配项的字符串,返回替换后所得的新字符串。

String 类的方法 public String replaceFirst(String regex,String replacement)使用给定的 replacement 替换此字符串匹配给定的正则表达式的第一个子字符串。

【例 7-9】

利用正则表达式对给定字符串进行替换操作。

测试类 RegexTest2 如图 7-8 所示。

3）利用正则表达式分割字符串

String 类的方法 public String[] split(String regex) 根据匹配给定的正则表达式来拆分此字符串，分割后的所有子字符串放在字符串数组里返回。

【例 7-10】

利用正则表达式对给定字符串进行分割。

测试类 RegexTest3 如图 7-9 所示。

```
RegexTest2.java
1 package cn.linaw.chapter7.demo02;
2 public class RegexTest2 {
3     public static void main(String[] args) {
4         String str = "lk1sd3_dd88daf@+";
5         String regex = "\\d";
6         String str1 = str.replaceFirst(regex, "?");
7         String str2 = str.replaceAll(regex, "**");
8         System.out.println("str1: " + str1);
9         System.out.println("str2: " + str2);
10    }
11 }
```

```
<terminated> RegexTest2 [Java Application] D:\JavaDevelop\jdk1.7.0_15\bin\javaw.exe (2019年5月1日 上午8:49:52)
str1: lk?sd3_dd88daf@+
str2: lk**sd**_dd****daf@+
```

图 7-8　利用正则表达式对字符串进行替换

```
RegexTest3.java
1 package cn.linaw.chapter7.demo02;
2 public class RegexTest3 {
3     public static void main(String[] args) {
4         String[] strs1 = "a 12    89".split(" +");
5         for (int i = 0; i < strs1.length; i++) {
6             System.out.print("\"" + strs1[i] + "\"\t");
7         }
8         System.out.println();
9         String[] strs2 = "abc.163.com".split("\\.");
10        for (int i = 0; i < strs2.length; i++) {
11            System.out.print("\"" + strs2[i] + "\"\t");
12        }
13        System.out.println();
14        String[] strs3 = "张三|18|男".split("\\|");
15        for (int i = 0; i < strs3.length; i++) {
16            System.out.print("\"" + strs3[i] + "\"\t");
17        }
18    }
19 }
```

```
<terminated> RegexTest3 [Java Application] D:\JavaDevelop\jdk1.7.0_15\bin\javaw.exe (2019年5月1日 上午8:56:39)
"a"     "12"    "89"
"abc"   "163"   "com"
"张三"  "18"    "男"
```

图 7-9　利用正则表达式对字符串进行分割

当利用正则表达式无法正确分割时，检查下正则表达式中是不是有特殊字符需要加转义反斜线字符（'\'）。

◆ **7.2.4　StringBuffer 类和 StringBuilder 类**

StringBuffer 是一个线程安全的可变的字符序列，可安全地用于多个线程，必要时能对这些方法进行同步，特定 StringBuffer 对象上的所有操作就好像以串行顺序依次执行，该顺序与所涉及的每个线程进行的方法调用顺序一致。StringBuffer 的内部也是一个字符数组 char value[]，但是该数组没有用 final 修饰，因此内容可以修改。

StringBuffer 类上的主要操作是 append 和 insert 方法，通过方法重载，可以接收任意类型的数据。每个方法都能有效地将给定的数据转换成字符串，然后将该字符串的字符添加到或插入字符串缓冲区中，添加后仍然返回自身对象。其中，append 方法始终将这些字符添加到缓冲区的末端，而 insert 方法则在指定的位置添加字符。例如，如果变量 z 引用一个当前内容是"start"的字符串缓冲区对象，则此方法调用 z.append("le") 会使字符串缓冲区包含"startle"，而之前如果采用 z.insert(4, "le")，将更改字符串缓冲区，使之包含"starlet"。

每个字符串缓冲区都有一定的容量，只要字符串缓冲区所包含的字符序列的长度没有超出此容量，就无须分配新的内部缓冲区数组。如果内部缓冲区溢出，则此容量自动增大。

从 JDK 1.5 开始，为 StringBuffer 类补充了一个单线程使用的等价类，即 StringBuilder。通常情况下，应该优先使用 StringBuilder 类，因为它支持所有相同的操作，但不执行同步检查，所以速度更快，效率更高。当然，在多线程中使用 StringBuilder 时要考虑外部同步，另外也可以选择使用 StringBuffer。

StringBuilder 类常见构造方法如下：

（1）public StringBuilder()：构造一个其中不带字符的 StringBuilder 实例，初始容量为 16 个字符。

（2）public StringBuilder(int capacity)：构造一个其中不带字符的 StringBuilder 实例，初始容量由 capacity 参数指定。

（3）public StringBuilder(String str)：构造一个 StringBuilder 实例，并初始化为指定的字符串内容。该字符串生成器的初始容量为 16 加上字符串参数的长度。

【例 7-11】

测试 StringBuilder 常用方法。

测试类 StringBuilderTest 如图 7-10 所示。

```java
package cn.linaw.chapter7.demo02;
public class StringBuilderTest {
    public static void main(String[] args) {
        // 构造一个不带字符的StringBuilder对象，初始容量为16个字符
        StringBuilder sb1 = new StringBuilder();
        // 利用String对象构造StringBuilder对象
        StringBuilder sb2 = new StringBuilder(new String("Wo"));
        StringBuilder sb3 = new StringBuilder("rld");
        sb1.append("520").append(sb2).append(sb3);
        System.out.println("sb1执行多次apend方法后为：" + sb1);
        sb1.insert(0, "Hello");
        System.out.println("指定位置插入字符串后sb1为：" + sb1);
        sb1.delete(2, 4);
        System.out.println("删除指定位置字符串后sb1为：" + sb1);
        sb1.setCharAt(1, '5');
        System.out.println("修改指定位置字符后sb1为：" + sb1);
        sb1.replace(2, 3, "Love");
        System.out.println("替换指定位置字符后sb1为：" + sb1);
        sb1.reverse();
        System.out.println("字符串sb1逆序后为：" + sb1);
        String str = sb1.toString();
        System.out.println("利用StringBuilder对象sb1得到String对象str：" + str);
    }
}
```

```
<terminated> StringBuilderTest (1) [Java Application] D:\JavaDevelop\jdk1.7.0_15\bin\javaw.exe (2019年5月1日 上午10:18:34)
sb1执行多次apend方法后为：520World
指定位置插入字符串后sb1为：Hello520World
删除指定位置字符串后sb1为：Heo520World
修改指定位置字符后sb1为：H5o520World
替换指定位置字符后sb1为：H5Love520World
字符串sb1逆序后为：dlroW025evoL5H
利用StringBuilder对象sb1得到String对象str：dlroW025evoL5H
```

图 7-10　StringBuilder 的常见方法测试

StringBuilder 类和 String 类的很多方法类似，例如 indexOf、substring、length 等，不再举例，可以参考 API 文档。

> **注意：**
> String 对象一经初始化，是不会改变其内容的，对 String 对象的拼接其实是丢弃原有的 String 对象，重新产生一个包含新内容的 String 对象。而 StringBuffer 和 StringBuilder 对象是对内部缓冲区中的原字符串内容本身操作，除非内部缓冲区溢出，否则不会产生副本垃圾，因此，进行大量字符串的拼接时慎用 String 对象，可以使用 StringBuffer 和 StringBuilder。

7.3 System 类

System 类包含一些有用的类字段和方法。它不能被实例化。

在 System 类提供的属性中,有"标准"输入流、"标准"输出流和"标准"错误输出流。

(1) public static final InputStream in:"标准"输入流。此流已打开并准备提供输入数据。通常,此流对应于键盘输入或者由主机环境或用户指定的另一个输入源。

(2) public static final PrintStream out:"标准"输出流。此流已打开并准备接收输出数据。通常,此流对应于显示器输出或者由主机环境或用户指定的另一个输出目标。编写一行输出数据的典型方式是:System.out.println(data)。

(3) public static final PrintStream err:"标准"错误输出流。此流已打开并准备接收输出数据。通常,此流对应于显示器输出或者由主机环境或用户指定的另一个输出目标。

System 类主要定义了一些与系统相关的属性和方法,这些成员都是静态的。常用方法说明如下:

(1) public static void exit(int status):终止当前正在运行的 Java 虚拟机。参数用作状态码;根据惯例,非 0 的状态码表示异常终止。

(2) public static void gc():运行垃圾回收器。调用 gc 方法暗示着 Java 虚拟机做了一些努力来回收未用对象,以便能够快速地重用这些对象当前占用的内存。当控制权从方法调用中返回时,虚拟机已经尽最大努力从所有丢弃的对象中回收了空间。

(3) public static long currentTimeMillis():返回以毫秒为单位的当前时间,即返回当前时间与基准时间 1970 年 1 月 1 日午夜之间的时间差(以毫秒为单位测量)。

(4) public static void arraycopy(Object src, int srcPos, Object dest, int destPos, int length):从指定源数组中复制一个数组,复制从指定的位置开始,到目标数组的指定位置结束。参数 src 为源数组,srcPos 为源数组中的起始位置,dest 为目标数组,destPos 为目标数组中的起始位置,length 为要复制的数组元素的数量。

(5) public static Properties getProperties():确定当前的系统属性。返回一个 Properties 集合,里面存放的是属性和属性值的关系映射。

(6) public static String getProperty(String key):获取指定键指示的系统属性。

【例 7-12】

通过 getProperty 方法获取系统所有属性或者指定具体键的属性值。

测试类 SystemTest1 如图 7-11 所示。

(1) System.getProperty("file.separator")可以获取系统名称分隔符,在 Windows 中是"\",在 UNIX 系统中是"/",这种写法可以做到平台无关性。

(2) System.getProperty("path.separator")可以获取系统路径分隔符,在 Windows 中是";",在 UNIX 系统中是":",这种写法可以做到平台无关性。

(3) System.getProperty("line.separator")可以获取系统行分隔符,即换行符,在 UNIX 系统中是"/n",这种写法可以做到平台无关性。

(4) System.getProperty("user.dir")可以轻松获取当前项目路径。

```java
package cn.linaw.chapter7.demo04;
import java.util.Iterator;
import java.util.Properties;
import java.util.Set;
public class SystemTest1 {
    public static void main(String[] args) {
        System.out.println("获取当前系统名称分隔符file.separator："+System.getProperty("file.separator"));
        System.out.println("获取当前系统路径分隔符path.separator："+System.getProperty("path.separator"));
        System.out.println("获取当前系统行分隔符line.separator： "+System.getProperty("line.separator"));
        System.out.println("获取当前项目路径user.dir："+System.getProperty("user.dir"));
        //获取系统所有属性,遍历方法参考项目9集合类
        Properties prop = System.getProperties();
        Set<String> keySet = prop.stringPropertyNames();
        Iterator<String> it = keySet.iterator();
        while (it.hasNext()) {
            String key = it.next();
            String value = prop.getProperty(key);
            System.out.println(key + "=" + value + "\t");
        }
    }
}
```

```
获取当前系统名称分隔符file.separator：\
获取当前系统路径分隔符path.separator：;
获取当前系统行分隔符line.separator：

获取当前项目路径user.dir：D:\JavaDevelop\workspace\chapter7
java.runtime.name=Java(TM) SE Runtime Environment
sun.boot.library.path=D:\JavaDevelop\jdk1.7.0_15\jre\bin
java.vm.version=23.7-b01
```

图 7-11　getProperty 方法测试

【例 7-13】

通过 System.currentTimeMillis() 来获取一个当前时间毫秒数的 long 型数字。测试用例如图 7-12 所示。

```java
package cn.linaw.chapter7.demo04;
public class SystemTest2 {
    public static void main(String[] args) {
        // 比较String和StringBuilder效率
        String str = "";
        long startTime1 = System.currentTimeMillis();// 循环起始时间
        for (int i = 0; i < 10000; i++) {
            str = str + i;// 不断产生String对象垃圾
        }
        long endTime1 = System.currentTimeMillis();// 循环结束时间
        System.out.println("利用String对象进行字符串拼接1万次运行时长："
                + (endTime1 - startTime1) + "毫秒");
        StringBuilder sb = new StringBuilder();
        long startTime2 = System.currentTimeMillis();
        for (int i = 0; i < 10000; i++) {
            sb.append(i);
        }
        long endTime2 = System.currentTimeMillis();
        System.out.println("利用StringBuilder对象进行字符串拼接1万次运行时长："
                + (endTime2 - startTime2) + "毫秒");
    }
}
```

```
利用String对象进行字符串拼接1万次运行时长：250毫秒
利用StringBuilder对象进行字符串拼接1万次运行时长：0毫秒
```

图 7-12　currentTimeMillis 方法测试

该测试比较了利用 String 类和 StringBuilder 类进行字符串拼接时的时间效率,显然采用后者速度更快。

项目总结

自动拆装箱是 JDK 1.5 引入的新特性。字符串的处理是开发中非常重要的部分,本项目详细介绍了 String 类、StringBuffer 类和 StringBuilder 类的使用场景,需要掌握它们的常用方法。正则表达式在开发中很重要,其构造规则是本项目难点,经常用在密码校验、邮箱校验等方面,当然,网上有很多正则表达式借鉴,要求至少能看懂和修改。最后讲解了 System 类的几个常用方法。

项目作业

1. 简述什么是自动装箱和自动拆箱。
2. 简述 String、StringBuffer 和 StringBuilder 的区别。
3. 简述 String 比较运算符==和 equals()方法的区别。
4. 验证用户密码以字母开头,长度在 6~15 之间,只能包含字母、数字和下划线,正则表达式^[a-zA-Z]\w{5,14}$ 是否正确?
5. 如何将一个 char 值、一个 char 数组、一个 int 型数值转换成 String 类型的值?举例说明。
6. 如何将字符串"123"转换成字符数组?或者转换成 int 型值 123?如何将字符串"1"转换成字符'1'?
7. 给定带路径的字符串,例如"http://192.168.1.1:8080/chapter10/pig.jpg",利用 String 类的方法找出字符串末尾的文件名"pig.jpg"。
8. 上机实践书中出现的案例,可自由发挥修改。

项目 8 时间处理、随机数和 Math 类

8.1 时间处理相关类

在计算机里,人们将格林尼治标准时间(GMT)1970 年 1 月 1 日 00:00:00.00.000 定为基准时间。Java 用 long 类型的变量来表示时间差(单位为毫秒),从基准时间向前、向后都可以表示。例如,当前时刻和基准时间之间的时间值(以毫秒为单位):

```
long now= System.currentTimeMillis();
```

有了和基准时间之间的时间差,年、月、日、时、分、秒等都可以根据这个时间差计算出来。下面学习与时间处理相关的类。

◆ 8.1.1 Date 类

java.util.Date 类表示特定的瞬间,精确到毫秒。

Date 类有两个构造方法:

(1) public Date():分配 Date 对象并以系统当前时间初始化此对象(精确到毫秒)。

(2) public Date(long date):分配 Date 对象并初始化此对象,以表示自从基准时间(称为"历元"(epoch),即 1970 年 1 月 1 日 00:00:00 GMT)以来的指定毫秒数。

查看 API 文档,Date 类的大部分方法已经作废,下面讲解几个 Date 类中未过时的方法:

(1) public long getTime():返回自 1970 年 1 月 1 日 00:00:00 GMT 以来此 Date 对象表示的毫秒数。

(2) public void setTime(long time):设置此 Date 对象,以表示 1970 年 1 月 1 日 00:00:00 GMT 以后 time 毫秒的时间点。

（3）public String toString()把此 Date 对象转换为以下形式的 String：

dow mon dd hh:mm:ss zzz yyyy

其中：

dow 是一周中的某一天（Sun，Mon，Tue，Wed，Thu，Fri，Sat）。

mon 是月份（Jan，Feb，Mar，Apr，May，Jun，Jul，Aug，Sep，Oct，Nov，Dec）。

dd 是一月中的某一天(01 至 31)，显示为两位十进制数。

hh 是一天中的小时(00 至 23)，显示为两位十进制数。

mm 是小时中的分钟(00 至 59)，显示为两位十进制数。

ss 是分钟中的秒数(00 至 61)，显示为两位十进制数。

zzz 是时区(并可以反映夏令时)。如果不提供时区信息，则 zzz 为空，即根本不包括任何字符。

yyyy 是年份，显示为 4 位十进制数。

从 JDK 1.1 开始，Java 推荐使用 Calendar 类来处理日期和时间，而字符串的转化使用 DateFormat 类。

◆ **8.1.2 DateFormat 类和 SimpleDateFormat 类**

使用 Date 对象打印时间，是调用 toString 方法以默认的英文格式输出，有时这种格式不能满足实际需要，例如按中文格式输出时间。为此，Java 提供了 java.text.DateFormat 类来专门用于 Date 对象以指定格式的字符串输出，或者将特定格式的字符串转换成一个 Date 对象。

DateFormat 类是一个抽象类，不能直接实例化，但它提供了一系列静态工厂方法获取 DateFormat 类的实例对象，并调用相应方法格式化输出或解析字符串。DateFormat 类提供了 2 个重要的方法：

（1）public final String format(Date date)：将一个 Date 格式化为日期/时间字符串。

（2）public Date parse(String source) throws ParseException：从给定字符串的开始解析文本，以生成一个日期。

由于 DateFormat 类在使用时格式不够灵活，为了更好地格式化日期、解析字符串到 Date 对象，Java 提供了子类 java.text.SimpleDateFormat 类。SimpleDateFormat 类常用的构造方法 public SimpleDateFormat(String pattern)用给定的模式和默认语言环境的日期格式符号构造 SimpleDateFormat。参数 pattern 用于描述日期和时间格式的模板的字符串。

日期和时间格式由日期和时间模板字符串指定。在日期和时间模板字符串中，未加引号的字母 'A' 到 'Z' 和 'a' 到 'z' 被解释为模式字母，用来表示日期或时间字符串元素。在 SimpleDateFormat 类中定义了表 8-1 所示的模式字母(所有其他字符 'A' 到 'Z' 和 'a' 到 'z' 都被保留)。

表 8-1 模式字母及含义

字　母	日期或时间元素	字　母	日期或时间元素
G	Era 标志符	a	am/pm 标记
y	年 Year	H	一天中的小时数(0~23)

续表

字 母	日期或时间元素	字 母	日期或时间元素
M	年中的月份	k	一天中的小时数(1~24)
w	年中的周数	K	am/pm 中的小时数(0~11)
W	月份中的周数	h	am/pm 中的小时数(1~12)
D	年中的天数	m	小时中的分钟数
d	月份中的天数	s	分钟中的秒数
F	月份中的星期	S	毫秒数
E	星期中的天数	z	时区 general time zone

【例 8-1】

使用 SimpleDateFormat 类演示 Date 对象的格式化输出，以及解析给定日期格式的字符串生成一个 Date 对象。

新建项目 chapter8，在 src 目录下新建包 cn.linaw.chapter8.demo01，在包里新建测试类 SimpleDateFormatTest。测试类代码如图 8-1 所示。

```java
package cn.linaw.chapter8.demo01;
import java.text.ParseException;
import java.text.SimpleDateFormat;
import java.util.Date;
public class SimpleDateFormatTest {
    public static void main(String[] args) {
        Date date1 = new Date(); // 创建Date对象
        System.out.println("date1.toString(), " + date1.toString());// 默认英文格式
        // 创建一个SimpleDateFormat对象，并指定日期格式模板
        SimpleDateFormat sdf1 = new SimpleDateFormat("yyyy年MM月dd日 HH:mm:ss E");
        System.out.println("sdf1.format(date1), " + sdf1.format(date1));
        SimpleDateFormat sdf2 = new SimpleDateFormat("yyyy-MM-dd");
        String str = "1982-09-21"; // 定义一个日期格式的字符串
        Date date2 = null;
        try {
            date2 = sdf2.parse(str);//将字符串解析成Date对象串，字符串不符合格式要求则抛出异常
        } catch (ParseException e) {
            e.printStackTrace();
        }
        System.out.println("date2.toString():" + date2.toString());// 打印生成的Date对象
    }
}
```

```
date1.toString(), Wed May 01 16:38:11 CST 2019
sdf1.format(date1), 2019年05月01日 16:38:11 星期三
date2.toString():Tue Sep 21 00:00:00 CST 1982
```

图 8-1 SimpleDateFormat 类测试

(1) 程序第 7 行创建了一个当前时间的 Date 对象。第 8 行显示以英文格式默认打印 Date 对象。

(2) 程序第 10 行创建了一个 SimpleDateFormat 对象 sdf1，并指定日期格式模板为字符串"yyyy 年 MM 月 dd 日 HH:mm:ss E"。程序第 11 行调用 sdf1 的 format 方法时会将 Date 对象格式化成指定日期格式模板的字符串形式。

(3) 程序第 12 行创建了一个指定日期格式模板的"yyyy-MM-dd"的 SimpleDateFormat 对象 sdf2，然后指定一个符合该模板的字符串"1982-09-21"，然后调用 sdf2 的 parse 方法将该字符串解析成 Date 对象。

8.1.3 Calendar 类

java.util.Calendar 类的功能要比 java.util.Date 类的功能强大很多。Calendar 类是一个抽象类,它为特定毫秒值与一组诸如年、月、日、时、分、秒等日历字段之间的转换,以及为操作日历字段提供一些方法。Calendar 类的特定毫秒值和 Date 类一样,都是距离基准时间 1970 年 1 月 1 日 00:00:00.00 的偏移量。

Calendar 抽象类通过调用静态方法 getInstance 来获得此类型的一个通用的对象。Calendar 类的 getInstance 方法返回一个 Calendar 子类对象,其日字段已由当前日期和时间初始化。例如:语句"Calendar rightNow = Calendar.getInstance();",查看源代码,rightNow 变量指向的是一个新建的 GregorianCalendar 对象。GregorianCalendar 类是 Calendar 抽象类的子类。

Calendar 类中有一些常量,常见指示 get 和 set 的日历字段值如表 8-2 所示。

表 8-2 Calendar 类中的部分 get 和 set 的日历字段值

常 量	说 明
public final static int YEAR=1;	指示年的 get 和 set 的字段数字
public final static int MONTH=2;	指示月份的 get 和 set 的字段数字。一年中的第一个月是 JANUARY,它为 0
public final static int DATE=5;	get 和 set 的字段数字,指示一个月中的某天。它与 DAY_OF_MONTH 是同义词。一个月中第一天的值为 1
public final static int DAY_OF_MONTH=5;	它与 DATE 是同义词
public final static int DAY_OF_YEAR=6;	get 和 set 的字段数字,指示当前年中的天数。一年中第一天的值为 1
public final static int DAY_OF_WEEK=7;	get 和 set 的字段数字,指示一个星期中的某天。1 代表周日,2 代表周一,以此类推
public final static int HOUR=10;	get 和 set 的字段数字,指示上午或下午的小时。HOUR 用于 12 小时制时钟(0~11)
public final static int HOUR_OF_DAY=11;	get 和 set 的字段数字,指示一天中的小时。HOUR_OF_DAY 用于 24 小时制时钟
public final static int MINUTE=12;	get 和 set 的字段数字,指示一小时中的分钟
public final static int SECOND=13;	get 和 set 的字段数字,指示一分钟中的秒
public final static int MILLISECOND=14;	get 和 set 的字段数字,指示一秒中的毫秒

Calendar 类的常用方法,说明如下:

(1) public static Calendar getInstance():使用默认时区和默认语言环境获得基于当前时间的一个 Calendar 日历对象。

(2) public final Date getTime():返回一个表示此 Calendar 时间值(从历元至现在的毫秒偏移量)的 Date 对象。

(3) public final void setTime(Date date):使用给定的 Date 设置此 Calendar 的时间。

(4) public int get(int field):返回给定日历字段的值。

(5) public void set(int field, int value):将给定的日历字段设置为给定值。

（6）public final void set(int year, int month, int date)：设置日历字段 YEAR、MONTH 和 DAY_OF_MONTH 的值。保留其他日历字段以前的值。如果不需要这样做，则先调用 clear()。

（7）public final void set(int year, int month, int date, int hourOfDay, int minute)：设置日历字段 YEAR、MONTH、DAY_OF_MONTH、HOUR_OF_DAY 和 MINUTE 的值。保留其他字段以前的值。如果不需要这样做，则先调用 clear()。

（8）public final void set(int year, int month, int date, int hourOfDay, int minute, int second)：设置字段 YEAR、MONTH、DAY_OF_MONTH、HOUR、MINUTE 和 SECOND 的值。保留其他字段以前的值。如果不需要这样做，则先调用 clear()。

（9）public abstract void add(int field, int amount)：根据日历的规则，为给定的日历字段添加或减去指定的时间量。例如，要从当前日历时间减去 5 天，可以通过调用以下方法做到这一点：add(Calendar.DAY_OF_MONTH，-5)。

【例 8-2】

获取系统当前时间的 Calendar 对象，并获取日历字段信息。

Calendar 变量所引用的子类对象封装了所有的日历字段值，通过 get 方法可以获取不同日历字段的取值。测试类 CalendarTest1 演示了如何获取当前日历字段信息，如图 8-2 所示。

```java
package cn.linaw.chapter8.demo01;
import java.util.Calendar;
import java.util.Date;
public class CalendarTest1 {
    public static void main(String[] args) {
        Calendar c1 = Calendar.getInstance();// 多态，父类指向子类GregorianCalendar新建的一个对象
        // Calendar c1 = new GregorianCalendar();
        Date date1 = c1.getTime(); // 将GregorianCalendar对象转换为Date对象
        System.out.println("c1.getTime():" + date1.toString());
        System.out.println("c1.get(Calendar.YEAR)=" + c1.get(Calendar.YEAR));
        System.out.println("c1.get(Calendar.MONTH)=" + c1.get(Calendar.MONTH));
        System.out.println("c1.get(Calendar.DATE)=" + c1.get(Calendar.DATE));
        System.out.println("c1.get(Calendar.HOUR)=" + c1.get(Calendar.HOUR));
        System.out.println("c1.get(Calendar.MINUTE)=" + c1.get(Calendar.MINUTE));
        System.out.println("c1.get(Calendar.SECOND)=" + c1.get(Calendar.SECOND));
        System.out.println("c1.get(Calendar.MILLISECOND)="
                + c1.get(Calendar.MILLISECOND));
        System.out.println("c1.get(Calendar.DAY_OF_WEEK)=" + c1.get(Calendar.DAY_OF_WEEK));
    }
}
```

```
c1.getTime():Wed May 01 20:05:08 CST 2019
c1.get(Calendar.YEAR)=2019
c1.get(Calendar.MONTH)=4
c1.get(Calendar.DATE)=1
c1.get(Calendar.HOUR)=8
c1.get(Calendar.MINUTE)=5
c1.get(Calendar.SECOND)=8
c1.get(Calendar.MILLISECOND)=248
c1.get(Calendar.DAY_OF_WEEK)=4
```

图 8-2 获取日历各字段信息

（1）程序第 6 行创建了一个系统当前时间的 Calendar 对象，Calendar 类在静态方法 getInstance 中创建了一个子类对象，父类引用指向子类对象，是多态的应用。第 6 行的效果和第 7 行的效果相同。

（2）程序第 8 行通过 Calendar 类的 getTime 方法将 Calendar 变量所引用的子类对象转换为对应的 Date 对象。

（3）程序第 10 行 c1.get(Calendar.YEAR)等价于 c1.get(1)。使用常量表示，提高程

序的可读性。

（4）注意程序第 11 行 c1.get(Calendar.MONTH)得到的值比现实中说的月份数少 1。

（5）注意程序第 18 行 Calendar 对象 c1 通过 get 方法取回的 Calendar.DAY_OF_WEEK 的取值范围为 1～7，依次对应周日，周一，…，周六。

设置 Calendar 日历对象。

设置日历对象测试类 CalendarTest2，如图 8-3 所示。

```java
package cn.linaw.chapter8.demo01;
import java.text.ParseException;
import java.text.SimpleDateFormat;
import java.util.Calendar;
import java.util.Date;
public class CalendarTest2 {
    public static void main(String[] args) {
        Calendar c2 = Calendar.getInstance();   // 以系统当前时间创建Calendar对象
        System.out.println("第一次打印c2.getTime():"+c2.getTime());
        c2.set(1982, 8, 21);  // 设置c2为1982年9月21日，保留其他日历字段以前的值
        System.out.println("第二次打印c2.getTime():"+c2.getTime());
        // 通过字符串切割设置日历
        String str1 = "2019-02-14";
        String[] str1s = str1.split("-");
        c2.set(Calendar.YEAR, Integer.parseInt(str1s[0]));
        c2.set(Calendar.MONTH, Integer.parseInt(str1s[1]) - 1);//月份设置为实际数─1
        c2.set(Calendar.DATE, Integer.parseInt(str1s[2]));
        System.out.println("第三次打印c2.getTime():"+c2.getTime());
        // 通过SimpleDateFormat将字符串解析为Date对象，再根据Date对象设置日历
        String str2 = "2020-02-14";
        SimpleDateFormat sdf = new SimpleDateFormat("yyyy-MM-dd");
        Date date = null;
        try {
            date = sdf.parse(str2);  // 解析出Date对象
        } catch (ParseException e) {
            e.printStackTrace();
        }
        c2.setTime(date);    // 根据Date对象设置
        System.out.println("第四次打印c2.getTime():"+c2.getTime());
    }
}
```

```
<terminated> CalendarTest2 [Java Application] D:\JavaDevelop\jdk1.7.0_15\bin\javaw.exe (2019年5月2日 上午8:44:55)
第一次打印c2.getTime():Thu May 02 08:44:55 CST 2019
第二次打印c2.getTime():Tue Sep 21 08:44:55 CST 1982
第三次打印c2.getTime():Thu Feb 14 08:44:55 CST 2019
第四次打印c2.getTime():Fri Feb 14 00:00:00 CST 2020
```

图 8-3 设置日历

（1）创建一个指定日期的 Calendar 对象，需要首先创建一个 Calendar 对象，然后再按需设定该对象的年月日等日历字段。

（2）Calendar 对象除了调用 set 方法来设置各日历字段值外，还可以使用给定的 Date 对象调用方法 setTime(Date date)设置此 Calendar 对象的时间。

从现在时间往前推 102 天是哪年哪月哪日，星期几？

测试类 CalendarTest3 如图 8-4 所示。

（1）Calendar 类 public abstract void add(int field,int amount)是抽象方法，子类需要重写。amount 的符号决定向前推还是向后推。

（2）注意星期几和几月的处理。

```java
package cn.linaw.chapter8.demo01;
import java.util.Calendar;
public class CalendarTest3 {
    public static void main(String[] args) {
        Calendar c3 = Calendar.getInstance();
        int x = c3.get(Calendar.DAY_OF_WEEK)-1;  // 将周日~周六对应为数字0~6
        String week = "" + ((x == 0) ? "日" : x);  // 对周日对应的数字0进行处理
        System.out.println("当前日历:" + c3.get(Calendar.YEAR) + "年,"
                + (c3.get(Calendar.MONTH) + 1) + "月,"
                + c3.get(Calendar.DATE) + "日," + "星期" + week);
        c3.add(Calendar.DATE, -102);// 日期推算,当前日历对象日期向前推102天
        x = c3.get(Calendar.DAY_OF_WEEK) - 1;
        week = "" + ((x == 0) ? "日" : x);
        System.out.println("102天前日历:" + c3.get(Calendar.YEAR) + "年,"
                + (c3.get(Calendar.MONTH) + 1) + "月,"
                + c3.get(Calendar.DATE) + "日," + "星期" + week);
    }
}
```

```
<terminated> CalendarTest3 [Java Application] D:\JavaDevelop\jdk1.7.0_15\bin\javaw.exe (2019年5月2日 上午9:21:13)
当前日历:2019年,5月,2日,星期4
102天前日历:2019年,1月,20日,星期日
```

图 8-4 日历推算

8.2 Random 类

Java 提供的 java.util.Random 类是一个伪随机数产生器,可以在指定的取值范围内随机产生数字。

Random 类提供了两个构造方法:

(1) public Random():以当前时间为种子(seed)构造伪随机数生成器,因此每次实例化的 Random 对象所产生的随机数是不同的。

(2) public Random(long seed):使用指定 long 型的 seed 种子构造伪随机数生成器,当 seed 相同时,每次实例化 Random 对象所产生的随机数是相同的。

Random 类支持生成 int、long、double、float 和 boolean 型的随机数,常用方法如下:

(1) public int nextInt():返回下一个伪随机数,它是取自此随机数生成器的序列中均匀分布的 int 值。

(2) public int nextInt(int n):返回下一个伪随机数,它是取自此随机数生成器序列的、在 0(包括)和指定值 n(不包括)之间均匀分布的 int 值。

(3) public long nextLong():返回下一个伪随机数,它是取自此随机数生成器序列的均匀分布的 long 值。

(4) public float nextFloat():伪随机地生成并返回一个从 0.0f(包括)到 1.0f(不包括)范围内均匀选择(大致)的 float 值。

(5) public double nextDouble():伪随机地生成并返回一个从 0.0d(包括)到 1.0d(不包括)范围内均匀选择(大致)的 double 值。

(6) public boolean nextBoolean():伪随机地生成并返回一个 boolean 值。值 true 和 false 的生成概率(大致)相同。

(7) public void setSeed(long seed):使用单个 long 种子设置此随机数生成器的种子。setSeed 的常规协定是它更改此随机数生成器对象的状态,使其状态好像是刚刚使用参数 seed 作为种子创建它的状态一样。

【例 8-5】

使用 Random 类演示生成指定区间范围的 int 型随机数和 float 型随机数。

在项目 chapter8 的 src 目录下新建包 cn.linaw.chapter8.demo02，在包里创建测试类 RandomTest1，源代码如图 8-5 所示。

```java
package cn.linaw.chapter8.demo02;
import java.util.Random;
public class RandomTest1 {
    public static void main(String[] args) {
        Random r = new Random();
        System.out.println("生成[0, 10)之间的int型随机数，" + r.nextInt(10));
        System.out.println("生成[20, 30)之间的int型随机数，"
                + (r.nextInt(30 - 20) + 20));
        System.out.println("生成[0, 1.0)之间的float型随机数，" + r.nextFloat());
        System.out.println("生成[2.5, 3.8)之间的float型随机数，"
                + (r.nextFloat() * (3.8 - 2.5) + 2.5));
    }
}
```

```
<terminated> RandomTest1 [Java Application] D:\JavaDevelop\jdk1.7.0_15\bin\javaw.exe (2019年5月2日 上午10:01:56)
生成[0, 10)之间的int型随机数，5
生成[20, 30)之间的int型随机数，28
生成[0, 1.0)之间的float型随机数，0.6165532
生成[2.5, 3.8)之间的float型随机数，3.11429226398468
```

图 8-5 利用 Random 类生成指定区间的随机数

> **注意：**
> 如果使用 Random 类生成[a, b)区间的随机数，可以将[a, b)区间分解为[0, b−a)＋a，先利用 Random 类的方法生成[0, b−a)区间的随机数，再加上 a 即可。

Random 类中实现的随机算法是伪随机的，是有规则的随机，随机算法需要指定种子（seed），使用无参构造方法 Random()生成 Random 对象使用的是当前系统时间对应的数字作为种子。如果用相同的种子创建两个 Random 对象，则对每个对象进行相同的方法调用序列，它们将生成并返回相同的数字序列。

【例 8-6】

使用 Random 类有参构造方法产生随机数。

测试类 RandomTest2 如图 8-6 所示。

```java
package cn.linaw.chapter8.demo02;
import java.util.Random;
public class RandomTest2 {
    public static void main(String[] args) {
        Random r = new Random(20); //传入种子
        for (int i = 0; i < 5; i++) {
            if(i == 4){
                System.out.println(r.nextInt(100));
            }else{
                System.out.print(r.nextInt(100) + "、");
            }
        }
    }
}
```

```
<terminated> RandomTest2 [Java Application] D:\JavaDevelop\jdk1.7.0_15\bin\javaw.exe (2019年5月2日 上午10:17:21)
53、36、1、61、5
```

图 8-6 使用指定种子构造 Random 对象示例

多次运行该测试程序可以看出，使用指定的种子构造的 Random 对象，每次运行时的结果都相同。

利用相同种子构造的 Random 对象可以生成相同的随机数序列这个特性,有时在软件测试中很有帮助,例如,在使用不同随机数序列前先使用固定的随机数序列进行验证。

8.3 Math 类

java.lang.Math 类是一个工具类,主要用于完成科学计算,如求指数、对数、平方根和三角函数等。Math 类中的所有方法都是静态的,因此可以直接通过类名调用,另外,Math 类中还有两个常量,PI 和 E,分别代表数学上的 π 和 e。

java.lang.Math 类比较简单,可以查看 API 文档学习。如果涉及高等数学等更强大的运算,可以使用 apache commons 下的 Math 类库。

JDK 的 Math 类提供了不同的舍入函数,还可以产生[0,1)之间的 double 型随机数,具体说明如下:

(1) public static double ceil(double a):返回最小的 double 值,该值大于等于参数,并等于某个整数,即返回大于 a 的最小整数,不过要转换为 double 型。

(2) public static double floor(double a):返回最大的 double 值,该值小于等于参数,并等于某个整数,即返回小于 a 的最大整数,不过要转换为 double 型。

(3) public static int round(float a):返回最接近参数的 int,结果等于(int)Math.floor(a+0.5f),即类似四舍五入。

(4) public static long round(double a):返回最接近参数的 long,结果等于(long)Math.floor(a+0.5d),即类似四舍五入。

(5) public static double random():返回一个从 0.0d(包括)到 1.0d(不包括)范围内均匀选择(大致)的 double 型随机数。查看该方法源代码,当调用 Math.Random()方法时,将创建一个伪随机数生成器(new java.util.Random),然后调用 Random 对象的 nextDouble() 方法实现。

【例 8-7】

演示 Math 类的使用。

下面对 Math 类的常量和几个方法加以演示。测试类 MathTest 如图 8-7 所示。

```
1 package cn.linaw.chapter8.demo02;
2 public class MathTest {
3     public static void main(String[] args) {
4         System.out.println("Math.PI="+Math.PI);//比任何其他值都更接近圆周率 π的double值
5         System.out.println("Math.E="+Math.E);//比任何其他值都更接近 e(即自然对数的底数)的double值
6         System.out.println("生成[0,1)之间的double型随机数:"+Math.random());
7         System.out.println("-3.2向上取整:"+(int)Math.ceil(-3.2));
8         System.out.println("-3.2向下取整:"+(int)Math.floor(-3.2));
9         System.out.println("-3.2四舍五入取整:"+Math.round(-3.2));
10        System.out.println("2.0的3次幂:"+Math.pow(2.0,3));
11        System.out.println("4.0的正平方根:"+Math.sqrt(4.0));//返回正确舍入的double 值的正平方根
12        System.out.println("2.0、3.5和1.5中最大值为:"+Math.max(Math.max(2.0, 3.5),1.5));
13    }
14 }
```

```
<terminated> MathTest (1) [Java Application] D:\JavaDevelop\jdk1.7.0_15\bin\javaw.exe (2019年5月2日 上午10:32:11)
Math.PI=3.141592653589793
Math.E=2.718281828459045
生成[0,1)之间的double型随机数:0.9671477624070851
-3.2向上取整:-3
-3.2向下取整:-4
-3.2四舍五入取整:-3
2.0的3次幂:8.0
4.0的正平方根:2.0
2.0、3.5和1.5中最大值为:3.5
```

图 8-7 Math 类的使用示例

项目总结

本项目主要讲解了 Java 中与时间处理相关的类、用于产生随机数的 Random 类，还有 Math 类。在学习过程中，如果有疑惑，除了查看 API 文档外，更要学会搜索网络上相关发帖解决问题。

项目作业

1. 编写 DateTest 测试类。给定字符串"1997-04-22"表示某人出生日期，请利用 Date 类和 SimpleDateFormat 类计算此人到当前系统时间已出生多少天。

2. 如何利用 Random 类和 Math 类的 random() 方法分别产生 [10, 19] 之间的随机整数？提示：[10, 19] 应该看成 [10, 20)。

3. 简述 Math 类的 ceil 方法、floor 方法和 round 方法的区别。

4. 上机实践书中出现的案例，可自由发挥修改。

项目 9 集合类

9.1 集合概述

Java 中的集合就像一个容器,是专门用来存放和管理一组对象的。与 Java 集合框架相关的接口和类位于 java.util 包中。Java 集合框架可以分为以下两个系列:

(1) Collection 接口:用于存储一组对象元素的单列集合类的根接口。Collection 接口有两个重要的子接口,即 List 接口和 Set 接口。List 接口的实现类主要有 ArrayList 和 LinkedList,它们的特点是:存储的元素是有序的,元素可以重复。Set 接口的实现类主要有 HashSet 和 TreeSet,它们的特点是:存储的元素是无序的,但元素不能重复。

(2) MAP 接口:用于存储键(key)值(value)对的双列集合类的根接口。Map 接口的主要实现类有 HashMap、TreeMap 和 HashTable,特点是存储的每个元素都包含键值对,通过键可以找到对应的值。

Java 框架中提供的类很多,先掌握开发中常用的类,后续有特殊需要时再扩展学习。

9.2 单列集合

9.2.1 Collection<E>接口

java.util Collection<E>接口是一个泛型接口,定义了单列集合通用的方法,部分方法说明如下:

(1) boolean add(E e):向集合中添加指定的新元素。如果此 Collection 由于调用而发生更改,则返回 true。如果此 Collection 不允许有重复元素,并且已经包含了指定的元素,则返回 false。

(2) boolean addAll(Collection<? extends E> c)：将指定 Collection 中的所有元素都添加到此 Collection 中。

这里用到了通配泛型类型。通配泛型类型有三种形式，分别为"?"、"? extends E"和"? super E"。"?"表示非受限通配符，同"? extends Object"一样；"? extends E"表示 E 或者 E 的任一子类型；"? super E"表示 E 或者 E 的任一父类型。

(3) void clear()：移除此 Collection 中的所有元素。

(4) boolean contains(Object o)：如果此 Collection 包含指定的元素，则返回 true。

(5) boolean containsAll(Collection<?> c)：如果此 Collection 包含指定 Collection 中的所有元素，则返回 true。

(6) boolean isEmpty()：如果此 Collection 不包含元素，则返回 true。

(7) Iterator<E> iterator()：返回在此 Collection 的元素上进行迭代的迭代器。

(8) boolean remove(Object o)：如果存在的话，从此 Collection 中移除指定元素。

(9) boolean removeAll(Collection<?> c)：移除此 Collection 中那些也包含在指定 Collection 中的所有元素。此调用返回后，Collection 中将不包含任何与指定 Collection 相同的元素。

(10) boolean retainAll(Collection<?> c)：仅保留此 Collection 中那些也包含在指定 Collection 中的元素(可选操作)。换句话说，移除此 Collection 中未包含在指定 Collection 中的所有元素。

(11) int size()：返回此 Collection 中的元素数。

(12) Object[] toArray()：返回包含此 Collection 中所有元素的数组。如果 Collection 对其迭代器返回的元素顺序做出了某些保证，那么此方法必须以相同的顺序返回这些元素。

◆ 9.2.2　Iterator<E>接口

java.util.Iterator<E>接口是 Java 集合框架中的一员，主要用于迭代访问(即遍历) Collection 中的元素。Iterator<E>接口有以下三个抽象方法：

(1) boolean hasNext()：如果仍有元素可以迭代，则返回 true。

(2) E next()：返回迭代的下一个元素。

(3) void remove()：删除当前位置的元素，在执行完 next 方法后最多只能执行一次。

所有实现了 Collection 接口的集合类都有一个 Iterator 方法用以返回一个实现了 Iterator 接口的对象，这个对象即被称作迭代器，它可以方便地实现对集合内元素的遍历。迭代器的工作原理示意图如图 9-1 所示。

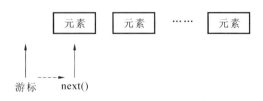

图 9-1　迭代器工作原理示意图

Iterator 遍历集合时，内部采用指针的方式来跟踪集合中的元素。在调用 next()方法之前,游标(即迭代器的索引)位于 Collection 第一个元素之前,不指向任何元素。第一次调用 next()方法后,游标会向后移动一位,指向第一个元素并将该元素返回;再次调用 next()方法时,游标会指向第二个元素并将该元素返回;以此类推,直到 hasNext()方法返回 false,表示到达了 Collection 的末尾终止对元素的遍历。

9.2.3 List<E>接口

java.util.List 接口的声明:public interface List<E> extends Collection<E>。List 接口继承自 Collection 接口,习惯性地会把实现了 List 接口的对象称为 List 集合。List 集合可以对列表中每个元素的插入位置进行精确的控制,用户可以根据元素的整数索引(在列表中的位置)访问元素,并搜索列表中的元素。

List 集合提供了元素的有序排列,与 Set 集合不同,List 集合允许有重复的元素。更确切地讲,List 集合通常允许满足 e1.equals(e2) 的元素 e1 和 e2,并且如果 List 集合本身允许 null 元素的话,通常它们允许多个 null 元素。

List 接口除了继承 Collection 接口的全部方法外,还增加了一些根据位置(索引)操作集合的方法,部分方法说明如下:

(1) void add(int index,E element):在列表的指定位置插入指定元素。将当前处于该位置的元素(如果有的话)和所有后续元素向右移动(在其索引中加 1)。

(2) boolean addAll(int index,Collection<? extends E> c):将指定 Collection 中的所有元素都插入列表中的指定位置(可选操作)。将当前处于该位置的元素(如果有的话)和所有后续元素向右移动(增加其索引)。

(3) E get(int index):返回列表中指定位置的元素。

(4) E set(int index,E element):用指定元素替换列表中指定位置的元素。

(5) E remove(int index):移除列表中指定位置的元素。将所有的后续元素向左移动(将其索引减 1)。返回从列表中移除的元素。

(6) int indexOf(Object o):返回此列表中第一次出现的指定元素的索引。如果此列表不包含该元素,则返回-1。

(7) int lastIndexOf(Object o):返回此列表中最后出现的指定元素的索引。如果列表不包含此元素,则返回-1。

List 接口所有的实现类都可以调用这些方法。下面介绍 List 接口两个常用的实现类 ArrayList 和 LinkedList。

9.2.4 ArrayList 类

1. ArrayList 集合的基本使用

ArrayList 是 List 接口的实现类,实现了 List 接口中的所有抽象方法,它也是程序中最常用的 List。每个实例化的 ArrayList 底层都是用一个数组实现存储的,当数组存满后,再继续存入时,ArrayList 会重新定义一个容量更大的数组,并将原数组的内容和新元素向新数组拷贝,因此,ArrayList 可以看作一个长度可变的数组。

ArrayList 构造方法如下:

(1) public ArrayList():构造一个初始容量为 10 的空列表。

（2）public ArrayList(int initialCapacity)：构造一个具有指定初始容量的空列表。如果能够预知所能存储的元素个数，可在构造 ArrayList 时指定其容量。

（3）public ArrayList(Collection<? extends E> c)：构造一个包含指定 Collection 的元素的列表，这些元素是按照该 Collection 的迭代器返回它们的顺序排列的。

【例 9-1】

创建一个 ArrayList 集合，并演示其常用方法完成集合的增、删、改、查等功能。

新建一个项目 chapter9，在 src 目录下新建一个包 cn.linaw.chapter9.demo01，在包里新建一个测试类 ArrayListTest，源代码如图 9-2 所示。

```
package cn.linaw.chapter9.demo01;
import java.util.ArrayList;
import java.util.List;
public class ArrayListTest {
    public static void main(String[] args) {
        List<String> list = new ArrayList<String>();
        list.add(null);
        list.add("李四");// 向list尾部添加元素，等价于list.add(list.size(),"李四");
        list.add(0, "张三");// 向list头部插入元素
        list.add("张三");
        list.add(4, "王五");// 在list索引为4的位置插入新元素；
        System.out.println("打印list:" + list);//实际调用list.toString()方法
        System.out.println("list是否包含\"张三\"?" + list.contains("张三"));
        System.out.println("\"张三\"在list中第一次出现的索引是, " + list.indexOf("张三"));
        System.out.println("\"张三\"在list中最后一次出现的索引是, " + list.lastIndexOf("张三"));
        System.out.println("取得list索引为2的元素是: " + list.get(2));
        list.remove(2);// 删除list索引为2的元素
        list.set(0, "马六");// 修改list索引为0的元素
        System.out.println("打印list:" + list);
        System.out.println("list长度:" + list.size());
        list.clear();
        System.out.println("list是否为空? "+list.isEmpty());
    }
}
```

```
<terminated> ArrayListTest [Java Application] D:\JavaDevelop\jdk1.7.0_15\bin\javaw.exe (2019年3月28日 下午6:30:03)
打印list:[张三, null, 李四, 张三, 王五]
list是否包含"张三"?true
"张三"在list中第一次出现的索引是, 0
"张三"在list中最后一次出现的索引是, 3
取得list索引为2的元素是, 李四
打印list:[马六, null, 张三, 王五]
list长度:4
list是否为空? true
```

图 9-2　ArrayList 集合常用方法

（1）程序第 6 行创建了一个空的 ArrayList<String>集合 list，该 list 集合只能存储 String 类型的元素。在定义集合时，可以使用泛型（即<参数化类型>）来限定集合中存储的数据类型。注意，使用集合类时建议都使用泛型，这样，在集合中存取数据时可以避免大量的类型判断。

（2）list 集合通过 add 方法添加元素，通过 get 方法取出指定索引位置的元素。注意，集合的索引取值范围和数组类似，都是从 0 开始，到 list.size()－1 为止，访问元素时避免超出范围，否则抛出 IndexOutOfBoundsException 异常。

2. ArrayList 集合的遍历

开发中经常需要遍历集合，使集合中的每个元素均被访问一次，而且仅被访问一次。

以 ArrayList 集合为例演示 List 集合的遍历。

List 集合有三种常用的遍历方式，图 9-3 所示为测试类 ArrayListTraversalTest 演示。

```java
package cn.linaw.chapter9.demo01;
import java.util.ArrayList;
import java.util.Iterator;
import java.util.List;
public class ArrayListTraversalTest {
    public static void main(String[] args) {
        List<String> list = new ArrayList<>();
        list.add(null);
        list.add("李四");
        list.add(0, "张三");
        list.add("张三");
        // 方式1：普通for循环遍历list
        for (int i = 0; i < list.size(); i++) {
            System.out.print(list.get(i)+"\t"); // 打印list中的每一个元素
        }
        System.out.println();
        // 方式2：使用Iterator迭代器遍历list
        Iterator<String> iterator = list.iterator(); // 得到list迭代器
        while (iterator.hasNext()) { // 判断list是否还有下一个元素
            String tmp = iterator.next();
            if (null == tmp) {
                iterator.remove(); // 利用迭代器的方法删除list中null元素
            }
        }
        System.out.println(list); // 打印删除null元素后的list
        // 方式3：增强for循环遍历list
        for (String tmp : list) { // 对list遍历，每次取到的元素赋给临时变量
            System.out.print(tmp + "\t"); // 打印临时变量
        }
    }
}
```

```
张三        null        李四        张三
[张三, 李四, 张三]
张三        李四        张三
```

图 9-3　List 集合的三种遍历方式

（1）第一种方式采用普通 for 循环遍历 List 集合，和数组的遍历类似。在遍历的过程中可以同时删除指定元素。

（2）第二种方式采用迭代器方式遍历 List 集合。首先在程序第 18 行通过调用 list.iterator()方法得到该 list 的 Iterator 迭代器。使用迭代器遍历时，可以同时删除集合中的元素。

（3）第三种方式是 JDK 1.5 之后提供的增强 for 循环（也称为 foreach 循环），可以用来对数组或者集合进行遍历。foreach 循环的语法格式如下：

```
for(元素类型 临时变量：容器变量){
    //语句块
}
```

编译器在编译期间会以特定的字节码来处理 foreach 循环。对于数组，foreach 循环实际使用的是普通 for 循环；对于集合，foreach 循环实际使用的是 Iterator 迭代器迭代。

foreach 循环的写法简洁，但是该方式只能访问数组或集合中的元素，而无法修改其中的元素，这是因为，遍历取回的元素赋值给临时变量，对临时变量的修改不能影响原有数组或集合。

List 集合还可以使用 ListIterator 迭代器，java.util.ListIterator＜E＞接口继承自 Iterator＜E＞接口，ListIterator 迭代器允许程序员按任一方向遍历 List 集合、迭代期间修

改 List 集合，并获得迭代器在 List 集合中的当前位置，这里不再赘述。再次强调：ListIterator 迭代器只能用于 List 集合。

◆ 9.2.5 LinkedList 类

LinkedList 类是 List 接口的链接列表实现类。LinkedList 底层采用双向链表，而 ArrayList 底层采用的是可变长数组，因此，两者的区别其实就是数组和链表的区别。LinkedList 的特点是查询效率低，增删效率高，当 List 查询操作少，而增删操作多时，可优先考虑使用 LinkedList，反之考虑采用 ArrayList。

这里简单介绍一下双向链表。双向链表是链表的一种，它的每个数据结点中都有两个指针，分别指向直接后继和直接前驱。所以，从双向链表中的任意一个结点开始，都可以很方便地访问它的前驱结点和后继结点。

对于 LinkedList 的测试，将 ArrayList 的两个测试类中的"List<String> list = new ArrayList<String>();"语句改为"List<String> list = new LinkedList<String>();"，同时导入对应的包即可运行，请自己动手验证。LinkedList 除了具备增删元素效率高外，还提供了一些特有的方法，如 public void addFirst(E e)方法将指定元素插入此列表的开头，这里不再赘述，具体参考 API 文档。

◆ 9.2.6 Set 接口

java.util.Set<E>接口继承自 Collection<E>接口，Set 接口没有对 Collection 接口进行功能上的扩充，只是比 Collection 接口要求更加严格。Set 的特点是元素无序（没有索引），不重复（不允许加入重复元素）。Set 的实现类有 HashSet 和 TreeSet 等，本书只讲解常用的 HashSet。

◆ 9.2.7 HashSet 类

HashSet 的底层其实是由 HashMap 实现的，在学习完 HashMap 后才能真正理解 HashSet。

1. HashSet 的构造方法

（1）public HashSet()：构造一个空的 HashSet 集合，其底层创建的 HashMap 实例的默认初始容量是 16，加载因子是 0.75。源代码如图 9-4 所示。

```
93      private transient HashMap<E,Object> map;
94
95      // Dummy value to associate with an Object in the backing Map
96      private static final Object PRESENT = new Object();
97
98      /**
99       * Constructs a new, empty set; the backing <tt>HashMap</tt> instance has
100      * default initial capacity (16) and load factor (0.75).
101      */
102     public HashSet() {
103         map = new HashMap<>();
104     }
```

图 9-4 HashSet 类的无参数构造方法

（2）public HashSet(int initialCapacity)：构造一个空的 HashSet 集合，其底层创建的 HashMap 实例具有指定的初始容量和默认的加载因子(0.75)。

（3）public HashSet(int initialCapacity,float loadFactor)：构造一个空的 HashSet 集合，其底层创建的 HashMap 实例具有指定的初始容量和指定的加载因子。

2. 向 HashSet 添加数据

观察 HashSet 的 public boolean add(E e)方法，源代码如图 9-5 所示。

```java
public boolean add(E e) {
    return map.put(e, PRESENT)==null;
}
```

图 9-5　HashSet 类的 add 方法

向 HashSet 中增加一个元素，实际是向 map 集合中增加一个键值对，其中，键对象就是这个元素 e，而值是一个 Object 类型的常量。由于在 HashMap 中，键对象是不能重复的，因此，这些键对象作为 HashSet 集合的元素自然也是不会重复的。

3. HashSet 的遍历

Set 集合中的元素是无序的，Set 集合中的元素不能通过索引操作，因此，Set 集合的遍历只能通过 Iterator 迭代器或者增强 for 循环来实现。

【例 9-3】

以 HashSet 集合为例演示 Set 集合的遍历。

在项目 chapter9 的 src 目录下新建包 cn. linaw. chapter9. demo02，在包里新建一个测试类 HashSetTraversalTest，源代码如图 9-6 所示。

HashSetTraversalTest.java

```java
package cn.linaw.chapter9.demo02;
import java.util.HashSet;
import java.util.Iterator;
import java.util.Set;
public class HashSetTraversalTest {
    public static void main(String[] args) {
        Set<String> set = new HashSet<String>();
        set.add("张三");
        set.add("李四");
        set.add("李四");
        set.add("王五");
        System.out.println(set); //打印当前set所有元素
        // 方式1：使用Iterator迭代器遍历set
        Iterator<String> iterator = set.iterator(); // 获得set的迭代器
        while (iterator.hasNext()) {
            String tmp = iterator.next();
            if ("张三" == tmp) {
                iterator.remove();
            }
        }
        // 方式2：增强for循环遍历set
        for (String tmp : set) {// 对set遍历，每次取到的元素赋值给临时变量
            System.out.print(tmp + "\t"); // 打印临时变量
        }
    }
}
```

Problems　@ Javadoc　Declaration　Console　Servers

```
<terminated> HashSetTraversalTest [Java Application] D:\JavaDevelop\jdk1.7.0_15\bin\javaw.exe (2019年5月2日 下午5:29:10)
[张三, 李四, 王五]
李四	王五
```

图 9-6　HashSet 的遍历

(1) 程序第 7 行创建了一个空的 HashSet 集合。

(2) 程序第 8~11 行通过调用 HashSet 的 add 方法,向 set 里添加元素。程序第 12 行显示,重复元素没有增加进 set,HashSet 集合的元素是不重复的。

(3) 程序第 14 行通过 set.iterator() 获取了该集合的迭代器,然后利用迭代器进行遍历。在迭代器遍历中,可以同时删除指定的集合元素。

(4) 程序第 22~24 行通过增强 for 循环遍历 HashSet 集合。

9.3 双列集合

9.3.1 Map<K,V>接口

java.util.Map<K,V>接口是一个泛型接口,定义了双列集合通用的方法,部分方法说明如下:

(1) V put(K key, V value):将指定的值与此映射中的指定键关联。

(2) V get(Object key):返回指定键所映射的值;如果此映射不包含该键的映射关系,则返回 null。

(3) V remove(Object key):如果存在一个键的映射关系,则将其从此映射中移除。

(4) boolean containsKey(Object key):如果此映射包含指定键的映射关系,则返回 true。

(5) boolean containsValue(Object value):如果此映射将一个或多个键映射到指定值,则返回 true。

(6) void putAll(Map<? extends K,? extends V> m):从指定映射中将所有映射关系复制到此映射中。对于指定映射中的每个键 k 到值 v 的映射关系,此调用等效于对此映射调用一次 put(k, v)。

(7) int size():返回此映射中的键-值映射关系数。

(8) boolean isEmpty():如果此映射未包含键-值映射关系,则返回 true。

(9) void clear():从此映射中移除所有映射关系。此调用返回后,该映射将为空。

(10) Set<K> keySet():返回此映射中包含的键的 Set 视图。

(11) Set<Map.Entry<K,V>> entrySet():返回此映射中包含的映射关系的 Set 视图。Map.Entry<K,V>接口是 Map<K,V>接口中的一个内部接口,Map.Entry<K,V>表示一个映射项(键值对),也就是 Map 集合中保存的一个元素。

9.3.2 Map.Entry<K,V>接口

在 Map<K,V>接口中有一个内部接口 public static interface Map.Entry<K,V>,该接口中的方法说明如下:

(1) K getKey():返回此映射项(键值对)对应的键。

(2) V getValue():返回与此项对应的值。

(3) int hashCode():返回此映射项的 hash 值。

(4) V setValue(V value):用指定的值替换与此项对应的值。

(5) boolean equals(Object o)：比较指定对象与此项的相等性。如果给定对象也是一个映射项，并且两个项表示相同的映射关系，则返回 true。

9.3.3 HashMap 类

java.util.HashMap<K,V>类是 Map 接口最常用的实现类。HashMap 底层采用哈希表来存储数据，要求键不能重复，如果发生重复，新值将替换掉该键的旧值。HashMap 类底层实现决定了它在查找、删除、修改等方面的效率都非常高。

1. HashMap 集合的元素 Entry<K,V>对象

以 JDK 1.7 为例，我们分析 java.util.HashMap<K,V>类中的内部静态类 Entry<K,V>，该类实现了 Map.Entry<K,V>接口的所有抽象方法。相关源代码如图 9-7 所示。

```
static class Entry<K,V> implements Map.Entry<K,V> {
    final K key;
    V value;
    Entry<K,V> next;
    int hash;

    /**
     * Creates new entry.
     */
    Entry(int h, K k, V v, Entry<K,V> n) {
        value = v;
        next = n;
        key = k;
        hash = h;
    }

    public final K getKey() {
        return key;
    }

    public final V getValue() {
        return value;
    }

    public final V setValue(V newValue) {
        V oldValue = value;
        value = newValue;
        return oldValue;
    }

    public final boolean equals(Object o) {
        if (!(o instanceof Map.Entry))
            return false;
        Map.Entry e = (Map.Entry)o;
        Object k1 = getKey();
        Object k2 = e.getKey();
        if (k1 == k2 || (k1 != null && k1.equals(k2))) {
            Object v1 = getValue();
            Object v2 = e.getValue();
            if (v1 == v2 || (v1 != null && v1.equals(v2)))
                return true;
        }
        return false;
    }

    public final int hashCode() {
        return (key==null   ? 0 : key.hashCode()) ^
               (value==null ? 0 : value.hashCode());
    }

    public final String toString() {
        return getKey() + "=" + getValue();
    }
```

图 9-7 HashMap<K,V>类的内部静态类 Entry<K,V>部分代码

HashMap 集合中存储的元素是 Entry<K,V>对象，每一个 Entry<K,V>对象存储

有 4 个成员变量,分别为:

(1) final K key:键对象,final 修饰的变量。

(2) V value:值对象。

(3) Entry<K,V> next :Entry<K,V>对象的引用,指向下一个 Entry<K,V>对象元素。

(4) int hash:键对象 key 经过计算得到的 hash 值。

可见,每一个 Entry<K,V>对象除了存储键 key 和值 value 的映射关系外,还保存了键 key 的 hash 值,以及指向下一个 Entry<K,V>对象的 next 引用。

2. Entry<K,V>对象成员变量 hash 的计算

Entry<K,V>对象中计算成员变量 hash 值的源代码如图 9-8 所示。

```
342    final int hash(Object k) {
343        int h = 0;
344        if (useAltHashing) {
345            if (k instanceof String) {
346                return sun.misc.Hashing.stringHash32((String) k);
347            }
348            h = hashSeed;
349        }
350
351        h ^= k.hashCode();
352
353        // This function ensures that hashCodes that differ only by
354        // constant multiples at each bit position have a bounded
355        // number of collisions (approximately 8 at default load factor).
356        h ^= (h >>> 20) ^ (h >>> 12);
357        return h ^ (h >>> 7) ^ (h >>> 4);
358    }
```

图 9-8　**hash 方法源代码**

hash 方法计算 Object k 的 hash 值时,对 k.hashCode()方法得到的值进行了多次处理,其目的是使不同 k 的 hash 值分布更均匀,减少碰撞概率。

3. HashMap 集合的数据结构

HashMap 实际上是一个"链表散列"的数据结构,即数组和链表的结合体,这样的结构结合了链表在增删方面的高效和数组在寻址上的优势。

查看 HashMap 类的源代码,HashMap 类中定义了一个数组,如图 9-9 所示。

```
146    /**
147     * The table, resized as necessary. Length MUST Always be a power of two.
148     */
149    transient Entry<K,V>[] table;
```

图 9-9　**HashMap 类的 table 成员变量**

新建一个 HashMap 集合时,就会初始化一个给定容量大小、存储 Entry<K,V>对象引用的 table 数组。这个 table 数组中的每个元素的值初始均为 null,当向该集合中存储元素时,table 数组中的对应位置的元素就会保存 Entry<K,V>对象的引用。而 Entry<K,V>对象的数据结构都有一个 next 引用变量,它指向下一个 Entry<K,V>对象。因此,我们可以得出 HashMap 集合的数据结构如图 9-10 所示。

实际上,HashMap 集合的数据结构中,table 数组的每一项值要么为 null,要么指向一个 Entry<K,V>对象,形成单向链表。HashMap 的这种数据结构可以大大提高查询效率。简单地说,查找一个集合元素,首先根据元素特征定位到数组的下标索引,然后在该位置的单向链表中依次查找即可,这大大缩小了查找范围。

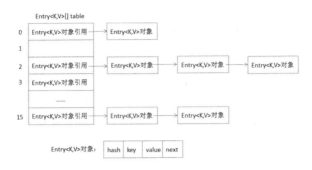

图 9-10 HashMap 集合的数据结构

具体地说,根据 Entry<K,V>对象的键 key 的 hash 值定位到对应的数组下标索引位置,后续只需查找数组下标索引所在链表的元素,这大大缩小了查询范围。

put 方法是在 HashMap 集合中设置键和值的映射关系,如果 HashMap 集合中存在一个该键的映射关系(即 Entry<K,V>对象),则旧值被新值替换,如果没有,则新增该映射关系(即 Entry<K,V>对象)。注意,HashMap 的 key,value 可以取 null。

4. 向 HashMap 集合存储数据

在了解了 HashMap 的基本结构后,需要深入学习如何向 HashMap 集合中存储 Entry<K,V>对象,这就是 HashMap 方法 public V put(K key, V value)方法。以 JDK 1.7 为例,put 方法源代码如图 9-11 所示。

```
468  public V put(K key, V value) {
469      if (key == null)
470          return putForNullKey(value);
471      int hash = hash(key);
472      int i = indexFor(hash, table.length);
473      for (Entry<K,V> e = table[i]; e != null; e = e.next) {
474          Object k;
475          if (e.hash == hash && ((k = e.key) == key || key.equals(k))) {
476              V oldValue = e.value;
477              e.value = value;
478              e.recordAccess(this);
479              return oldValue;
480          }
481      }
482
483      modCount++;
484      addEntry(hash, key, value, i);
485      return null;
486  }
```

图 9-11 put 方法源代码

(1) 程序第 471 行调用 hash(key)方法(参看图 9-8 源代码)得到键 key 对应的 hash 值。

(2) 程序第 472 行调用 indexFor(hash,table.length)方法,得到 hash 值对应 table 数组的位置 i(即数组 table 的下标索引 i)。indexFor 方法源代码如图 9-12 所示。

```
360  /**
361   * Returns index for hash code h.
362   */
363  static int indexFor(int h, int length) {
364      return h & (length-1);
365  }
```

图 9-12 indexFor 方法源代码

indexFor 方法是 hash 值 h 跟 table 数组长度 length 做位运算,返回[0,length－1]区间的一个值 i,正好对应 table 的下标索引范围。

早期的 indexFor 方法采用的是 hash 值对数组长度取模运算(即 h ％ length),这样一来,元素的分布相对来说是比较均匀的。由于模运算的效率较低,现在采用 hash 值同"数组的长度－1"做一次"与"运算(&)即可。为了达到和取模运算一样的分散效果,前提是数组的长度 length 必须为 2 的整数次幂。举例来说,数组长度 length 取 2 的 4 次方,即为 16,则 length－1 即为 15,换算成二进制即为 1111,将 h 也换算成二进制,那么 h &（length－1)计算的结果就等于换算成二进制形式后的 h 的低 4 位(其余高位和 0 相与结果都为 0),共有 16 种可能取值,分布在[0,length－1]区间,和取模运算效果一致。但是,如果 length 值不是 2 的整数次幂,例如 15,那么 length－1 后为 14,换算成二进制后为 1110,那么 h &（length－1)计算的结果就只有 8 种可能(因为 length－1 的二进制中有 3 个 1),其余 7 个数组下标索引永远选不到,后续存储时 table 数组空间浪费大,且碰撞概率增加,也会降低查询效率。

Entry<K,V>对象结果经过 indexFor 方法计算后,就知道它在 table 数组中的位置 i (即下标索引 i)。

(3) 程序第 473~481 行的 for 循环是指如果数组 table[i]的值不为空,则需要遍历该位置 i(即下标索引 i)所在的单向链表。遍历该链表上每一个 Entry<K,V>对象,判断预计要插入对象的键 key 是否重复。判断的条件参见程序第 475 行 if 语句的布尔表达式"e. hash ==hash && ((k=e. key)==key || key. equals(k))"。

如果预计要插入对象的键 key 在链表上重复了,于是用新值 value 覆盖原有 Entry<K, V>对象的 oldValue 旧值,然后将该 key 关联的旧值 oldValue 返回。put 方法结束。

(4) 如果预计要插入对象的键 key 没有重复,则调用程序第 484 行 addEntry(hash, key, value, i)方法将新的 Entry<K,V>对象插入数组 table[i]所在位置(或其链表)中。addEntry 方法源代码如图 9-13 所示。

```
849    void addEntry(int hash, K key, V value, int bucketIndex) {
850        if ((size >= threshold) && (null != table[bucketIndex])) {
851            resize(2 * table.length);
852            hash = (null != key) ? hash(key) : 0;
853            bucketIndex = indexFor(hash, table.length);
854        }
855
856        createEntry(hash, key, value, bucketIndex);
857    }
```

图 9-13 addEntry 方法源代码

当 HashMap 集合中的元素越来越多时,碰撞的概率也就越来越高(因为数组的长度是固定的),为了提高查询的效率,就可能要对 HashMap 集合的数组进行扩容。

增加新元素之前,程序 addEntry 方法首先判断是否需要扩容(程序第 850 行)。当 HashMap 集合中的元素个数(size)超过 threshold 门限阈值(等于数组容量×加载因子 loadFactor),并且 table[bucketIndex]不为 null 时,HashMap 集合就会调用 resize 方法进行扩容,传入的新容量参数是旧容量的 2 倍,即要求扩大一倍。例如,一个数组大小为 16、loadFactor 默认值为 0.75 的 HashMap 集合,当集合中的元素个数超过 16×0.75＝12 时,就满足"size >=threshold"条件。

resize 方法源代码如图 9-14 所示。

```
551  void resize(int newCapacity) {
552      Entry[] oldTable = table;
553      int oldCapacity = oldTable.length;
554      if (oldCapacity == MAXIMUM_CAPACITY) {
555          threshold = Integer.MAX_VALUE;
556          return;
557      }
558
559      Entry[] newTable = new Entry[newCapacity];
560      boolean oldAltHashing = useAltHashing;
561      useAltHashing |= sun.misc.VM.isBooted() &&
562              (newCapacity >= Holder.ALTERNATIVE_HASHING_THRESHOLD);
563      boolean rehash = oldAltHashing ^ useAltHashing;
564      transfer(newTable, rehash);
565      table = newTable;
566      threshold = (int)Math.min(newCapacity * loadFactor, MAXIMUM_CAPACITY + 1);
567  }
```

图 9-14 resize 方法源代码

程序第 554~557 行表示如果数组容量到达最大容量,则不扩容,直接返回。

程序第 559 行根据传入的新容量(即 2 倍的旧容量)创建一个新的数组 Entry[] newTable=new Entry[newCapacity]。

程序第 564 行调用 transfer(newTable,rehash) 方法将 HashMap 集合原有数据从 Entry 数组 table 转移到新的 Entry 数组 newTable 里。这是一个非常消耗性能的操作,由于新数组长度变了,对原 table 里的每一个 Entry<K,V>对象都需要调用 indexFor 方法重新计算其在新数组 newTable 中的位置索引。因此,构造 HashMap 集合时设置较准确的初始容量能有效提高性能。transfer 方法源代码如图 9-15 所示。

```
569  /**
570   * Transfers all entries from current table to newTable.
571   */
572  void transfer(Entry[] newTable, boolean rehash) {
573      int newCapacity = newTable.length;
574      for (Entry<K,V> e : table) {
575          while(null != e) {
576              Entry<K,V> next = e.next;
577              if (rehash) {
578                  e.hash = null == e.key ? 0 : hash(e.key);
579              }
580              int i = indexFor(e.hash, newCapacity);
581              e.next = newTable[i];
582              newTable[i] = e;
583              e = next;
584          }
585      }
586  }
```

图 9-15 transfer 方法源代码

程序第 565 行表示扩容完毕后将 newTable 值赋给 table,table 指向新的数组空间。

程序第 566 行重新设置扩容门限 threshold。

addEntry 方法在处理完扩容问题后(如果不扩容,则跳过),调用 createEntry(hash,key,value,bucketIndex)完成真正的插入 Entry<K,V>对象工作。createEntry 方法源代码如图 9-16 所示。

程序第 868 行表示将 table[bucketIndex]的值赋给局部变量 e,如果不为 null,e 指向该数组位置 bucketIndex 所在链表的第一个 Entry<K,V>对象。

程序第 869 行表示调用有参构造方法创建了一个新的 Entry<K,V>对象,该对象的 next 值为 e,接着将新创建的 Entry<K,V>对象的地址赋给 table[bucketIndex]。由此可

```
867    void createEntry(int hash, K key, V value, int bucketIndex) {
868        Entry<K,V> e = table[bucketIndex];
869        table[bucketIndex] = new Entry<>(hash, key, value, e);
870        size++;
871    }
```

图 9-16　createEntry 方法源代码

见,新创建的 Entry<K,V>对象从该链表的头部插入,同一位置上新元素总会被放在链表的头部位置。

（5）回头看 put 方法的第 469 行和第 470 行,表示 HashMap 中允许插入键 key 为 null 的元素,此时会调用 putForNullKey 方法。putForNullKey 方法源代码如图 9-17 所示。

```
491    private V putForNullKey(V value) {
492        for (Entry<K,V> e = table[0]; e != null; e = e.next) {
493            if (e.key == null) {
494                V oldValue = e.value;
495                e.value = value;
496                e.recordAccess(this);
497                return oldValue;
498            }
499        }
500        modCount++;
501        addEntry(0, null, value, 0);
502        return null;
503    }
```

图 9-17　putForNullKey 方法源代码

键 key 为 null,hash 值为 0,对应的数组 table 位置为 0,putForNullKey 方法遍历 table[0]所在的 Entry<K,V>对象链表,寻找 e.key==null 的 Entry<K,V>对象,如果存在,则保存键 null 对应的值到 oldValue,然后用新值 value 覆盖原值,并返回 oldValue。如果不存在键 key 为 null 的元素,则程序第 501 行调用 addEntry 方法添加。

总结一下,HashMap 添加数据的过程示意图如图 9-18 所示。

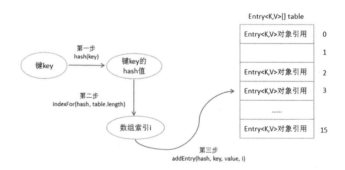

图 9-18　HashMap 添加数据过程示意图

5. 从 HashMap 集合读取数据

HashMap 读取数据的过程,对应 HashMap 的 get 方法。public V get(Object key)方法返回指定键 key 所映射的值,如果对于该键来说,此映射不包含任何映射关系,则返回 null。

> **注意：**
> 返回 null 值并不一定表明该映射不包含该键的映射关系，也可能该映射将该键显式地映射为 null。此时，可使用 public boolean containsKey(Object key)方法来区分这两种情况，如果此映射包含对于指定键的映射关系，则返回 true。

get 方法源代码如图 9-19 所示。

```
402  public V get(Object key) {
403      if (key == null)
404          return getForNullKey();
405      Entry<K,V> entry = getEntry(key);
406
407      return null == entry ? null : entry.getValue();
408  }
```

图 9-19　get 方法源代码

（1）程序第 403、404 行，当键 key 为 null 时，get 方法调用 getForNullKey 方法。getForNullKey 方法源代码如图 9-20 所示。

```
417  private V getForNullKey() {
418      for (Entry<K,V> e = table[0]; e != null; e = e.next) {
419          if (e.key == null)
420              return e.value;
421      }
422      return null;
423  }
```

图 9-20　getForNullKey 方法源代码

key 为 null，getForNullKey 方法在 table[0]所在链表遍历。如果找到 key 为 null 的映射关系，则返回 e.value；否则表示没找到 key 为 null 的映射关系，返回 null。

（2）程序第 405 行，表示键 key 不为 null 时，get 方法将调用 getEntry 方法。getEntry 方法源代码如图 9-21 所示。

```
437  /**
438   * Returns the entry associated with the specified key in the
439   * HashMap.  Returns null if the HashMap contains no mapping
440   * for the key.
441   */
442  final Entry<K,V> getEntry(Object key) {
443      int hash = (key == null) ? 0 : hash(key);
444      for (Entry<K,V> e = table[indexFor(hash, table.length)];
445           e != null;
446           e = e.next) {
447          Object k;
448          if (e.hash == hash &&
449              ((k = e.key) == key || (key != null && key.equals(k))))
450              return e;
451      }
452      return null;
453  }
```

图 9-21　getEntry 方法源代码

程序第 443 行得到键 key 的 hash 值，通过 indexFor(hash, table.length)方法，定位该 hash 值对应的 table 数组位置（下标索引），通过 for 循环遍历该数组索引所在链表上的每个元素，比较它们的键是否满足第 448、449 行的 if 条件，如果满足，表示和查询条件键 key 匹配成功,返回该Entry<K,V>对象,否则表示根据键key查询失败,返回null。

(3) 程序第407行判断第405行调用getEntry(key)的返回值,如果为null,表示根据key没有找到映射关系,返回null,否则,表示查询key成功,返回该Entry<K,V>对象的value。

6. HashMap 构造方法

(1) public HashMap():构造一个具有默认初始容量（16）和默认加载因子（0.75）的空 HashMap。

(2) public HashMap(int initialCapacity):构造一个带指定初始容量和默认加载因子（0.75）的空 HashMap。该构造方法实际调用的是 HashMap(initialCapacity, DEFAULT_LOAD_FACTOR)。

(3) public HashMap(int initialCapacity,float loadFactor):构造一个带指定初始容量和加载因子的空 HashMap。

如果指定的初始容量不是2的整数次幂,构造方法也使用刚好不小于指定初始容量的2的整数次幂来初始化。部分源代码如图9-22所示。

```
276         // Find a power of 2 >= initialCapacity
277         int capacity = 1;
278         while (capacity < initialCapacity)
279             capacity <<= 1;
```

图 9-22 构造方法部分源代码

7. HashMap 集合的遍历

【例9-4】

以 HashMap 集合为例演示 Map 集合的遍历。

首先在项目 chapter9 下新建 cn.linaw.chapter9.demo03 包,在包里定义一个测试类 HashMapTraversalTest。HashMapTraversalTest 类源代码如图9-23所示。

(1) 程序第9行采用无参构造方法创建 HashMap<K,V>集合,键的类型指定为 String,值的类型也指定为 String。

(2) 程序第10～13行通过调用 Map 的 put 方法向集合添加元素。注意,第13行键重复了,则在该键值对中新值会覆盖旧值。

(3) 程序第14～22行是遍历 Map 集合的第一种方法。这种方法先得到 Map 集合的键对象 Set,Set 集合是一个单列集合,可以利用 Iterator 迭代遍历键对象 Set,然后根据每一个键得到对应的值。

(4) 程序第23～28行是遍历 Map 集合的第二种方法。和方法1类似,也要先得到 Map 集合的键对象 Set,再从键得到值。不过方法2对键对象 Set 的遍历采用的是增强 for 循环这种简写方式。

(5) 程序第29～38行是遍历 Map 集合的第三种方法。这种方法首先通过调用 Map 集合的 entrySet()方法,该方法返回包含所有 Entry<K,V>对象的 Set,这是单列集合,可以通过 Iterator 迭代器迭代。注意程序第33行,遍历的每一个元素是 Map.Entry<K,V>对象,再通过该对象的 getKey 和 getValue 方法获取该键和值。

```java
package cn.linaw.chapter9.demo03;
import java.util.HashMap;
import java.util.Iterator;
import java.util.Map;
import java.util.Map.Entry;
import java.util.Set;
public class HashMapTraversalTest {
    public static void main(String[] args) {
        Map<String, String> map = new HashMap<String, String>();
        map.put("2", "张三");
        map.put("1", "李四");
        map.put("3", "王五");
        map.put("3", "赵六"); // 键重复会覆盖值
        // 方法1：先得到键对象的Set，利用Iterator迭代得到每一个键对象，再根据键获取值
        Set<String> keySet = map.keySet();
        Iterator<String> it = keySet.iterator();
        while (it.hasNext()) {
            String key = it.next();
            String value = map.get(key);
            System.out.print(key + ":" + value + "\t");
        }
        System.out.println();
        // 方法2：首先得到键对象的Set，再利用增强for循环遍历，根据键获取值
        for (String key : map.keySet()) {
            String value = map.get(key);
            System.out.print(key + ":" + value + "\t");
        }
        System.out.println();
        // 方法3：首先得到Map中Entry<K,V>对象的Set，再利用Iterator迭代
        Set<Entry<String, String>> entrySet = map.entrySet();
        Iterator<Entry<String, String>> it2 = entrySet.iterator();
        while (it2.hasNext()) {
            Map.Entry<String, String> entry = it2.next();
            String key = entry.getKey();
            String value = entry.getValue();
            System.out.print(key + ":" + value + "\t");
        }
        System.out.println();
        // 方法4：首先得到Map中Entry<K,V>对象的Set，再利用增强for循环遍历
        for (Entry<String, String> entry : map.entrySet()) {
            String key = entry.getKey();
            String value = entry.getValue();
            System.out.print(key + ":" + value + "\t");
        }
    }
}
```

```
3:赵六    2:张三    1:李四
3:赵六    2:张三    1:李四
3:赵六    2:张三    1:李四
```

图 9-23　Map 集合的遍历

（6）程序第 39～44 行是遍历 Map 集合的第四种方法。这种方法是对第三种方法的变形，通过增强 for 循环简化书写。

8. 键对象 hashCode 方法和 equals 方法的重写

HashMap 集合存取数据时，讲到了这两个方法。以 get 方法为例，要利用键对象的 hashCode 方法最终生成键对象的 hash 值，然后通过 HashMap 的 indexFor 方法找到该键对象在数组 table 的位置（下标索引），接着查找该位置的链表，判断该链表上是否存在要查询的键对象，比较两个键对象是否相等时就要用到键对象的 equals 方法。

HashMap 中的键对象可以是任何类型的对象，键对象不能重复，但两个具有相同属性

(指参与比较的)的键对象必须有相同的 hash 值,因此需要重写 hashCode 方法(该方法继承自 Object 类),相应地,键对象的 equals 方法也要重写(该方法继承自 Object 类),两个方法使用的依据要保持一致。

通过改写键对象的 hashCode 方法和 equals 方法,我们可以将任意类型的对象作为 Map 的键。在例 9-4 中使用 String 对象作为键对象,而 String 类已经重写了这两个方法,在 Map 中通常使用 String 对象作为键,但是,如果使用自定义的类对象作为键,则必须自己重写 hashCode 方法和 equals 方法。

【例 9-5】

自定义一个类作为 HashMap 的键类型,并测试效果。

步骤 1:在 cn.linaw.chapter9.demo03 包里定义一个雇员 Employee 类,用它的实例作为键对象。Employee 类有两个属性,一个是工号 id,一个是姓名 name。通常,只要工号 id 不同,即使姓名重复,Employee 对象也是不同的,因此,参与比较的成员属性是工号 id。编写 Employee 类,定义成员属性,并提供一个带参构造方法。

步骤 2:通过 Eclipse 工具重写 hashCode 方法和 equals 方法。定义好 Employee 类的属性后,在 Eclipse 代码区点击鼠标右键,选择【Source】项目下的【Generate hashCode() and equals()】子项目,如图 9-24 所示。

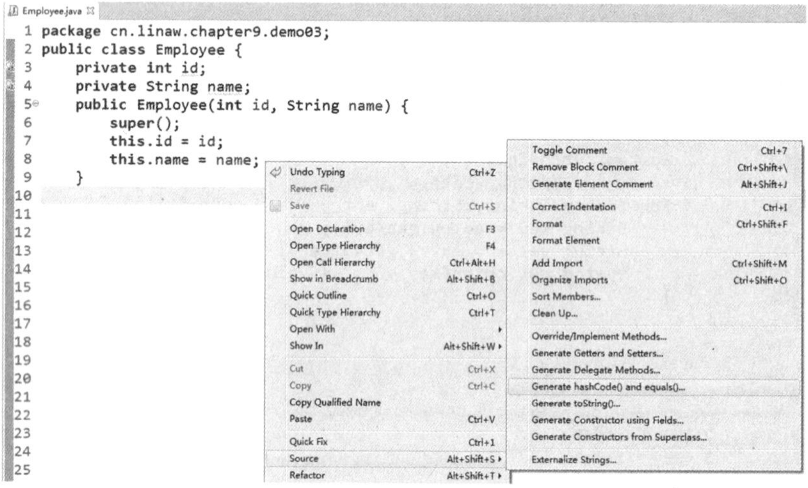

图 9-24 选择【Generate hashCode() and equals()】

在弹出的对话框中,勾选重写 hashCode()和 equals()方法时需比较的属性,这里只选择 id,如图 9-25 所示。

点击【OK】按钮便自动生成代码。

步骤 3:为了测试打印 Employee 对象内容,需重写 toString()方法。Employee 类代码最终如图 9-26 所示。

步骤 4:通过测试类 HashMapTest 来验证以 Employee 对象作为 HashMap 的键,如图 9-27 所示。

(1) 程序第 9 行创建的键对象"new Employee(2,"李四")"根据 hash 值找到数组位置,然后开始遍历,在该链表上已经有一个元素(第 8 行添加的),通过重写的 equals()方法,判

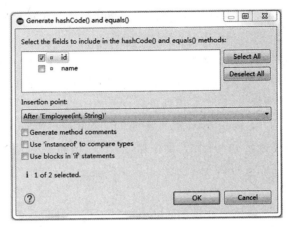

图 9-25 选择重写 hashCode()和 equals()方法时依据的属性

```java
package cn.linaw.chapter9.demo03;
public class Employee {
    private int id;
    private String name;
    public Employee(int id, String name) {
        this.id = id;
        this.name = name;
    }
    @Override
    public int hashCode() {
        final int prime = 31;
        int result = 1;
        result = prime * result + id;
        return result;
    }
    @Override
    public boolean equals(Object obj) {
        if (this == obj)
            return true;
        if (obj == null)
            return false;
        if (getClass() != obj.getClass())
            return false;
        Employee other = (Employee) obj;
        if (id != other.id)
            return false;
        return true;
    }
    @Override
    public String toString() {
        return "Employee [id=" + id + ", name=" + name + "]";
    }
}
```

图 9-26 Employee 类

```java
package cn.linaw.chapter9.demo03;
import java.util.HashMap;
import java.util.Map;
public class HashMapTest {
    public static void main(String[] args) {
        Map<Employee,String> map = new HashMap<Employee,String>();
        map.put(new Employee(1, "张三"),"1");
        map.put(new Employee(2, "王五"),"2");
        map.put(new Employee(2, "李四"),"3");
        map.put(new Employee(3, "张三"),"4");
        System.out.println(map);
    }
}
```

```
<terminated> HashMapTest (1) [Java Application] D:\JavaDevelop\jdk1.7.0_15\bin\javaw.exe (2019年3月30日 下午9:00:38)
{Employee [id=3, name=张三]=4, Employee [id=1, name=张三]=1, Employee [id=2, name=王五]=3}
```

图 9-27 验证自定义 Employee 类作为键类型

断这两个键对象是相同的,因此,第 9 行的新值"3"会替换掉键 new Employee(2,"王五")对应的旧值"2"。

（2）第 10 行创建的键对象(new Employee(3,"张三"))，即使 name 属性值和第 7 行创建的键对象重复了,但由于 id 不同,它们的 hash 值计算出来不相同,就会通过 equals 方法认定它们两个是不同的对象,一定会添加到该集合里。

大家可以尝试下,如果 Employee 类里不重写 hashCode 和 equals 方法,那么测试类 HashMapTest 运行结果会显示 4 个元素都添加进去了。分析一下为什么。

◆ 9.3.4 Properties 类

Map 接口有一个实现类 java.util.Hashtable<K,V>,目前基本已经被 HashMap 所取代,但是 Hashtable 有一个子类 java.util.Properties 在实际应用中很重要。Properties 类主要用来存储字符串类型的键和值,利用 Properties 集合可以存取应用程序配置文件的配置项。配置文件内容格式为"键=值",每个键及其对应的值都是字符串,可以用"♯"来提供注释信息。

Properties 类有一个成员属性 protected Properties defaults,该属性用于包含配置文件属性列表中所有未找到值的键的默认值。

Properties 类的构造方法如下：

（1）public Properties()：创建一个无默认值的空属性列表。

（2）public Properties(Properties defaults)：创建一个带有指定默认值的空属性列表。

下面列举几个 Properties 类的常用方法：

（1）public String getProperty(String key)：用指定的键在此属性列表中搜索属性,也就是通过参数 key ,得到 key 所对应的 value。如果在此属性列表中未找到该键,则接着递归检查默认属性列表及其默认值。如果未找到属性,则此方法返回 null。

（2）public Object setProperty(String key, String value)：调用 Hashtable 的方法 put 设置键值对,即为属性列表中的键 key 设置对应的值。

（3）public Set<String> stringPropertyNames()：返回此属性列表中的键集,其中该键及其对应值都是字符串,包括默认属性列表中的键。

（4）public void load(InputStream inStream) throws IOException：从输入流中读取属性列表(键值对)。

（5）public void load(Reader reader) throws IOException：按简单的面向行的格式从输入字符流中读取属性列表(键和元素对)。

（6）public void store(OutputStream out, String comments) throws IOException：将此 Properties 表中的属性列表(键值对)写入输出流。

（7）public void store(Writer writer, String comments) throws IOException：以适合使用 load(Reader) 方法的格式,将此 Properties 表中的属性列表(键和元素对)写入输出字符流。参数 writer 为输出字符流 writer,comments 为属性列表的描述。

【例 9-6】

利用 Properties 集合存取项目配置(属性)文件。

步骤 1：在当前项目 chapter9 目录下新建一个 test.properties 配置文件(编码为 UTF-

8)。内容如图 9-28 所示。

图 9-28　test.properties 文件内容

步骤 2：修改 Eclipse 中 Properties 文件的默认编码。

在菜单栏【Window】菜单中选择【Preferences】，在弹出的对话框中选中【General】下【Content Types】，在右边框中选中【Java Properties File】，在"File associations："区域选中"＊.properties(locked)"，在下方"Default encoding："文本框中显示默认编码为"ISO-8859-1"，如图 9-29 所示。

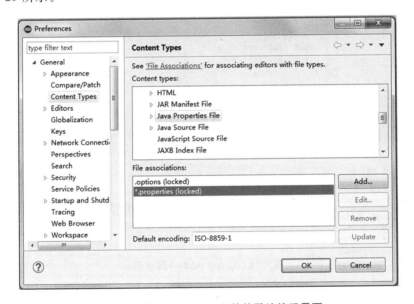

图 9-29　修改 Properties 文件的默认编码界面

将默认编码"ISO-8859-1"手动修改为"UTF-8"。点击【Update】按钮，然后点击【OK】按钮完成设置。

步骤 3：在 cn.linaw.chapter9.demo03 包下新建 PropertiesTest 测试类。PropertiesTest 类源代码如图 9-30 所示。

（1）程序第 12 行构造了一个内容为空的 Properties 集合对象。

（2）程序第 16、17 行创建了一个 BufferedReader 对象，在转换输入流中指定字符编码为 UTF-8。

（3）程序第 18 行使用 PropertiesTest 对象 load 方法通过输入流加载配置文件。

（4）程序第 19 行调用 PropertiesTest 对象 getProperty 方法读取 Properties 集合中键对应的值。

```java
package cn.linaw.chapter9.demo03;
import java.io.BufferedReader;
import java.io.BufferedWriter;
import java.io.FileInputStream;
import java.io.FileOutputStream;
import java.io.IOException;
import java.io.InputStreamReader;
import java.io.OutputStreamWriter;
import java.util.Properties;
public class PropertiesTest {
    public static void main(String[] args) {
        Properties props = new Properties(); // 构造一个Properties对象
        BufferedReader br = null;
        BufferedWriter bw = null;
        try {
            br = new BufferedReader(new InputStreamReader(
                    new FileInputStream("test.properties"), "UTF-8"));
            props.load(br); // 从输入流中读取属性列表（键值对）
            System.out.println("version-->"+props.getProperty("version"));// 打印属性值
            props.setProperty("version", "V2.0"); // 更新属性赋值
            props.setProperty("para1", "值1"); // 新增键值对
            bw = new BufferedWriter(new OutputStreamWriter(
                    new FileOutputStream("test.properties"), "UTF-8"));
            props.store(bw, null); // 将此Properties表中的属性列表（键值对）写入输出流
        } catch (IOException e) {
            e.printStackTrace();
        } finally {
            if (br != null) { // 关闭流
                try {
                    br.close();
                } catch (IOException e) {
                    e.printStackTrace();
                }
            }
            if (bw != null) { // 关闭流
                try {
                    bw.close();
                } catch (IOException e) {
                    e.printStackTrace();
                }
            }
        }
    }
}
```

```
version-->V1.0
```

图 9-30 PropertiesTest 测试类

（5）程序第 20 行调用 PropertiesTest 对象 setProperty 方法更新 Properties 集合中的键值对。

（6）程序第 21 行调用 PropertiesTest 对象 setProperty 方法向 Properties 集合中新增键值对。

（7）程序第 22、23 行创建了一个 BufferedWriter 对象，在转换输出流中指定字符编码为 UTF-8。

（8）程序第 24 行调用 PropertiesTest 类的 store 方法将 Properties 集合的键值对信息写入配置文件保存。

本例用到了输入输出流存取配置文件，IO 流具体参考下一项目。

步骤 4：程序执行后，再次用记事本打开 test.properties 文件，如图 9-31 所示。

图 9-31　测试程序执行后 test.properties 文件内容

 项目总结

　　集合就是容器,用来保存一组数据。本项目分别介绍了单列集合和双列集合,单列集合的根接口是 Collection,提供了操作单列集合的共有方法,Collection 有两个子接口 List 和 Set,相对 Collection 父接口, List 接口新增了面向有序、可重复集合的方法,有两个常用的实现——子类 ArrayList 和 LinkedList, ArrayList 的底层是由可变长数组实现的,而 LinkedList 的底层是一个链表结构。Set 接口相对父接口 Collection 没有新增方法,它的特点是元素无序、不重复,Set 接口常用的实现类为 HashSet,HashSet 的底层是 HashMap,要理解 HashSet,需要先理解 HashMap。双列集合的根接口是 Map,提供了操作键值对的共有方法,Map 接口中最重要的实现就是子类 HashMap,HashMap 的底层是哈希表,其实现方式是本项目难点。

　　HashSet 集合的对象存储原理如图 9-32 所示。

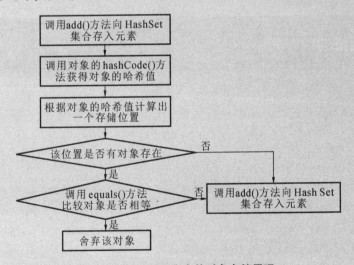

图 9-32　HashSet 集合的对象存储原理

　　HashMap 集合的对象存储原理如图 9-33 所示。

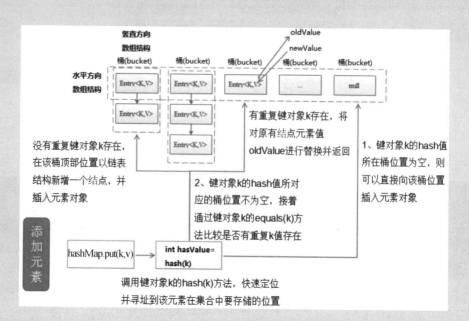

图 9-33 HashMap 集合的对象存储原理

本项目最后讲解了 Properties 类,该类用于存取应用程序的配置项,在开发中非常重要。集合这一项目非常重要,对常用集合的创建和遍历都要认真掌握。

项目作业

1. 简述 List、Set 和 Map 的区别,并列举常用的实现类。
2. 简述 Iterator 迭代器的作用。
3. 简述什么是哈希表,该种结构有何好处。
4. 简述数组结构和链表结构的应用场景。
5. 简述数组、List、Set、Map 的常用遍历方式。
6. 新建一个 HashSet<Student>集合,往里面添加若干个 Student 对象,要求如下:
(1) 如果姓名相同则表示重复,禁止添加。(提示:需要重写 hashCode()方法和 equals()方法。)
(2) 新建测试类,对该 HashSet 集合的遍历,分别采用 Iterator 迭代器和增强 for 循环两种方式。
7. 新建一个 HashMap<String,Student>集合。键为字符串类型,值为 Student。参考例 9-4,采用四种方式遍历该 Map 集合。
8. 上机实践书中出现的案例,可自由发挥修改。

项目 10 File类和输入输出流

10.1 File 类概述

程序运行时,存储在内存中的变量、对象等数据都是暂时的,当程序结束时将会丢失。如果需要永久保存程序运行的数据,则需要将其转存到外存(辅存)中,例如磁盘文件或者数据库。

Java 提供了 java.io.File 类用于磁盘文件和目录的抽象表示,注意,磁盘上对应的文件或目录不一定存在。在开发中,经常通过 File 类生成文件、删除文件、重命名文件,以及修改文件属性等。但是,File 类不能操作文件内容,如果需要从文件中读取数据或者向文件写入数据,则要用到 Java 输入输出流(I/O)。

File 类的几个静态属性与系统相关,考虑到代码跨平台工作,在编程时应尽量使用,分别为:

(1) public static final char separatorChar:与系统有关的默认目录分隔符。在 UNIX 系统上,此字段的值为 '/';在 Windows 系统上,它为 '\\'。

(2) public static final String separator:与系统有关的默认目录分隔符,是一个字符串,此字符串只包含一个字符 separatorChar。源代码为 public static final String separator="" +separatorChar;。

(3) public static final char pathSeparatorChar:与系统有关的路径分隔符。此字符用于分隔以路径列表形式给定的文件序列中的文件名。在 UNIX 系统上,此字段的值为 ':';在 Windows 系统上,它为 ';'。

(4) public static final String pathSeparator:与系统有关的路径分隔符,是一个字符串,此字符串只包含一个字符 pathSeparatorChar。源代码为 public static final String

pathSeparator=""+pathSeparatorChar;。

以上分隔符可以对比 7.3 节 System 类的 System.getProperty("file.separator")方法和 System.getProperty("path.separator")方法进行学习。

下面给出 File 类常用的三种构造方法：

(1) public File(File parent,String child)：根据父目录 File 对象 parent 和 child 路径名字符串创建一个新 File 对象。

(2) public File(String pathname)：通过给定路径名字符串来创建一个新 File 对象。

(3) public File(String parent,String child)：根据 parent 路径名字符串和 child 路径名字符串创建一个新 File 实例。

【例 10-1】

新建一个目录并测试其常用方法。

新建项目 chapter10，在项目 src 目录下新建包 cn.linaw.chapter10.demo01，在包里新建测试类 DirFileTest。源代码如图 10-1 所示。

```java
package cn.linaw.chapter10.demo01;
import java.io.File;
public class DirFileTest {
    public static void main(String[] args) {
        System.out.println("当前项目路径:" + System.getProperty("user.dir"));
        String dirPath = "a/c/b"; // 斜杠(/)是Java的目录分隔符
        // String dirPath = "a" + File.separator + "c" + File.separator + "b";
        File dirFile = new File(dirPath); // 为此目录创建一个File对象
        System.out.println("dirFile.exists()," + dirFile.exists());
        dirFile.mkdirs(); // 创建此File对象指定的目录,包括所有必需但不存在的父目录
        System.out.println("dirFile.getAbsolutePath(),"
                + dirFile.getAbsolutePath());
        System.out.println("dirFile.getPath()," + dirFile.getPath());
        System.out.println("dirFile.getName()," + dirFile.getName());
        System.out.println("dirFile.isDirectory()," + dirFile.isDirectory());
        // System.out.println("dirFile.delete()," + dirFile.delete());
    }
}
```

```
<terminated> DirFileTest [Java Application] D:\JavaDevelop\jdk1.7.0_15\bin\javaw.exe (2019年5月4日 上午9:46:41)
当前项目路径:D:\JavaDevelop\workspace\chapter10
dirFile.exists(), false
dirFile.getAbsolutePath(), D:\JavaDevelop\workspace\chapter10\a\c\b
dirFile.getPath(), a\c\b
dirFile.getName(), b
dirFile.isDirectory, true
```

图 10-1　新建目录并测试

(1) 程序第 5 行显示了当前项目的根目录，即系统属性 user.dir 所指定的路径。

(2) 程序第 6 行，字符串"a/c/b"定义的是相对于项目的相对路径。分隔符使用 UNIX 的斜杠(/)，Java 做了处理，Windows 系统也能将其识别为目录分隔符。目录分隔符推荐使用"/"或者"File.separator"，第 6 行也可以改写成第 7 行。

(3) 程序第 8 行创建了一个字符串对应的 File 对象，该字符串所指的目录或文件不一定要存在。

(4) 程序第 9 行 public boolean exists()测试此抽象路径名表示的文件或目录是否存在。

(5) 程序第 10 行 public boolean mkdirs()方法创建此抽象路径名指定的目录，包括所有必需但不存在的父目录。注意 mkdirs()方法只能创建一级目录，上一级目录存在时才能创建新目录。

（6）程序第 11、12 行 public String getAbsolutePath()方法返回此抽象路径名的绝对路径名字符串。

（7）程序第 13 行 public String getPath()方法将此抽象路径名转换为一个路径名字符串。

（8）程序第 14 行 public String getName()方法返回由此抽象路径名表示的文件或目录的名称。该名称是路径名名称序列中的最后一个名称。如果路径名名称序列为空，则返回空字符串。

（9）程序第 15 行 public boolean isDirectory()方法测试此抽象路径名表示的是否是一个目录。

（10）程序执行完时，将在本项目下生成新的目录，则在 Eclipse 上的【Package Explore】中找到项目 chapter10，点击右键，在弹出的菜单中选择【Refresh】或者按 F5 键刷新，才能看到产生的新目录。然后去掉程序第 16 行注释再重新执行程序，public boolean delete()方法删除此抽象路径名表示的文件或目录。如果此路径名表示一个目录，则该目录必须为空才能被删除。

【例 10-2】

新建一个文件并测试其常用方法。

测试类 FileTest 如图 10-2 所示。

```java
package cn.linaw.chapter10.demo01;
import java.io.File;
import java.io.IOException;
public class FileTest {
    public static void main(String[] args) {
        String fileFath = "a" + File.separator + "b" + File.separator
                + "testfile.txt";
        // String path = "a/b/testfile.txt";
        File f = new File(fileFath);// 为此抽象路径代表的文件创建一个File对象
        if (!f.exists()) {// 测试此File对象表示的文件是否存在，如果不存在，要先创建父目录，再创建文件
            File parentDir = f.getParentFile();// 返回此File对象的File类型父目录
            parentDir.mkdirs();// 创建此File对象指定的目录，包括所有必需但不存在的父目录
            try {
                f.createNewFile();// 创建一个新的空文件
            } catch (IOException e) {
                e.printStackTrace();
            }
        }
        System.out.println("f.isFile()：" + f.isFile());
        System.out.println("f.length()：" + f.length());
        System.out.println("f.lastModified()：" + f.lastModified());
        System.out.println("f.getAbsolutePath()：" + f.getAbsolutePath());
        System.out.println("f.getPath()：" + f.getPath());
        System.out.println("f.getName()：" + f.getName());
        System.out.println("f.getParent()：" + f.getParent());
        System.out.println("f.canRead()：" + f.canRead());
        System.out.println("f.canWrite()：" + f.canWrite());
        System.out.println("f.canExecute()：" + f.canExecute());
        System.out.println("f.isHidden()：" + f.isHidden());
        //System.out.println("f.delete()：" + f.delete());
    }
}
```

```
f.isFile()：true
f.length()：0
f.lastModified()：1556935600273
f.getAbsolutePath()：D:\JavaDevelop\workspace\chapter10\a\b\testfile.txt
f.getPath()：a\b\testfile.txt
f.getName()：testfile.txt
f.getParent()：a\b
f.canRead()：true
f.canWrite()：true
f.canExecute()：true
f.isHidden()：false
```

图 10-2　File 类常用方法测试

(1) 程序第 10~18 行,表示如何创建新文件。在创建新文件之前,要判断该文件是否真实存在,如果不存在,要使用 getParentFile() 方法得到该 File 文件的父目录,并使用 mkdirs() 方法创建(已存在的目录不会再重复创建)。新文件只能在父目录存在的前提下才能创建。

(2) 程序第 21 行,public long lastModified() 表示文件最后一次被修改的时间的 long 值,它是最后修改时间与 1970 年 1 月 1 日 00:00:00 GMT 这一时间点相差的毫秒数。

(3) 程序第 25 行,public String getParent() 返回此抽象路径名父目录的路径名字符串;如果此路径名没有指定父目录,则返回 null。注意与方法 public File getParentFile() 的区别,前者返回 String 类型,后者返回 File 类型。

(4) 其他方法说明可以参看 API 文档。去掉程序第 30 行注释再次运行,新文件在创建好后在程序结束前又被删除了。如果想要看到创建好的新文件,需要注释掉该语句。

10.2 遍历目录

10.2.1 列出当前目录下的目录和文件

在 DOS 命令中,可以用 dir 列出当前目录下的子目录和子文件,Java 也提供了相关方法。

(1) public String[] list():返回字符串数组,这些字符串指定此抽象路径名表示的目录中的文件和目录。如果目录为空,那么数组也将为空。如果此抽象路径名不表示一个目录,或者发生 I/O 错误,则返回 null。

(2) public String[] list(FilenameFilter filter):返回一个字符串数组,这些字符串指定此抽象路径名表示的目录中满足指定过滤器的文件和目录。除了返回数组中的字符串必须满足过滤器外,此方法的行为与 list() 方法相同。如果给定 filter 为 null,则接受所有名称。否则,当且仅当在此抽象路径名及其表示的目录中的文件名或目录名上调用过滤器的 FilenameFilter.accept(java.io.File, java.lang.String) 方法返回 true 时,该名称才满足过滤器。

(3) public File[] listFiles():返回抽象路径名数组,这些路径名表示此抽象路径名表示的目录中的文件和目录。如果目录为空,那么数组也将为空。如果抽象路径名不表示一个目录,或者发生 I/O 错误,则返回 null。

(4) public File[] listFiles(FilenameFilter filter):返回抽象路径名数组,这些路径名表示此抽象路径名表示的目录中满足指定过滤器的文件和目录。除了返回数组中的路径名必须满足过滤器外,此方法的行为与 listFiles() 方法相同。

(5) public File[] listFiles(FileFilter filter):返回抽象路径名数组,这些路径名表示此抽象路径名表示的目录中满足指定过滤器的文件和目录。除了返回数组中的路径名必须满足过滤器外,此方法的行为与 listFiles() 方法相同。如果给定 filter 为 null,则接受所有路径名。否则,当且仅当在路径名上调用过滤器的 FileFilter.accept(java.io.File) 方法返回 true 时,该路径名才满足过滤器。

【例 10-3】

列出指定目录下的子目录和子文件。

测试类 DirFileListTest1 如图 10-3 所示。

```java
package cn.linaw.chapter10.demo01;
import java.io.File;
public class DirFileListTest1 {
    public static void main(String[] args) {
        File dirFile = new File(System.getProperty("user.dir"));
        list(dirFile);
    }
    private static void list(File dir) {
        if (!dir.isDirectory()) {
            throw new RuntimeException("指定的路径不是有效的目录");
        }
        File[] files = dir.listFiles();
        if (files != null) { // 判断是否为null
            for (File file : files) {
                System.out.println(file.getName());
            }
        }
    }
}
```

```
.classpath
.project
.settings
a
bin
src
天凉好个秋（锦绣二重唱）.mp3
```

图 10-3 列出指定目录下的子目录和子文件

（1）程序第 5 行，指定的目录为当前项目所在的根目录。当然也可以换成其他目录测试。

（2）程序第 9 行，在列出给定路径时，要判断是否是一个真实存在的目录，若不是则抛出异常，或者直接 return 也可以。

（3）程序第 13 行，是为了增强程序健壮性。例如，访问隐藏的系统文件夹 System Volume Information，由于程序无法访问，表示该文件夹的 File 对象在调用 listFiles() 方法时会返回 null，后续遍历该对象数组时会出现空指针异常。

【例 10-4】

定义一个文件名后缀的过滤器，并使用该过滤器过滤指定目录下的子文件。

在例 10-3 的基础上，只列出后缀为".mp3"的文件。

步骤 1：在 cn.linaw.chapter10.demo01 包下新建一个过滤器 MyFileNameFilter 类，如图 10-4 所示。

（1）程序第 4 行是一个实现 FileFilter 接口的文件过滤器。

（2）程序第 6 行是一个带参构造方法，参数为 String 型过滤条件。

（3）程序第 11～16 行是实现 FileFilter 接口的 accept 抽象方法。

步骤 2：编写测试类 DirFileListTest2，如图 10-5 所示。

MyFileNameFilter.java

```java
package cn.linaw.chapter10.demo01;
import java.io.File;
import java.io.FileFilter;
public class MyFileNameFilter implements FileFilter { // 实现FileFilter接口过滤器类
    private String suffix;
    public MyFileNameFilter(String suffix) { // 接收过滤的条件
        super();
        this.suffix = suffix;
    }
    @Override
    public boolean accept(File pathname) { // 当File对象是目录或者后缀名符合条件时返回true
        if(!pathname.isFile()){
            return false;
        }
        return pathname.getName().endsWith(suffix);
    }
}
```

图 10-4　创建过滤器 MyFileNameFilter 类

DirFileListTest2.java

```java
1 package cn.linaw.chapter10.demo01;
2 import java.io.File;
3 import java.io.FileFilter;
4 public class DirFileListTest2 {
5     public static void main(String[] args) {
6         File dirFile = new File(System.getProperty("user.dir"));
7         FileFilter filter = new MyFileNameFilter(".mp3");
8         list(dirFile,filter);
9     }
10    private static void list(File dir, FileFilter filter) {
11        if (dir.exists() && dir.isDirectory()) {
12            File[] files = dir.listFiles(filter);
13            if (files != null) { // 判断是否为null
14                for (File file : files) {
15                    System.out.println(file.getName());
16                }
17            }
18        }
19    }
20 }
```

Problems　@ Javadoc　Declaration　Console

```
<terminated> DirFileListTest2 [Java Application] D:\JavaDevelop\jdk1.7.0_15\bin\javaw.exe (2019年5月4日 下午3:25:37)
天凉好个秋（锦绣二重唱）.mp3
```

图 10-5　演示文件过滤器的使用

（1）程序第 7 行定义一个有参过滤器 filter，参数为文件后缀名。

（2）程序第 12 行 File 对象调用带过滤器的 listFiles(FileFilter filter)方法，返回的 File 数组各 File 对象已经满足了指定的过滤器。

10.2.2　递归遍历指定目录下所有文件

文件目录下有可能有子目录，子目录里还有子目录和文件，因此，如果想要遍历一个文件目录下的所有文件，则需要采用递归调用的方式。

【例 10-5】

列出指定目录下的所有文件，包括子目录下的文件。

测试类 DirFileListTest3 如图 10-6 所示。

（1）要定义递归算法，一定条件下自己调用自己。

```java
package cn.linaw.chapter10.demo01;
import java.io.File;
public class DirFileListTest3 {
    public static void main(String[] args) {
        File fileDir = new File(System.getProperty("user.dir"));
        if (fileDir.exists()) {
            list(fileDir);
        }
    }
    public static void list(File dir) { //递归算法
        if (!dir.isDirectory()) {
            throw new RuntimeException("指定的路径不是有效的目录");
        }
        File[] files = dir.listFiles();// 得到目录下的File数组，每个元素对应一个文件或子目录
        if (files != null) { // 判空操作
            for (int i = 0; i < files.length; i++) {
                if (files[i].isDirectory()) { // files[i]是目录则递归调用list方法
                    list(files[i]);
                }
                System.out.println(files[i].getPath()); // files[i]是文件则输出路径
            }
        }
    }
}
```

```
<terminated> DirFileListTest3 [Java Application] D:\JavaDevelop\jdk1.7.0_15\bin\javaw.exe (2019年5月4日 下午4:33:10)
D:\JavaDevelop\workspace\chapter10\.classpath
D:\JavaDevelop\workspace\chapter10\.project
D:\JavaDevelop\workspace\chapter10\.settings\org.eclipse.jdt.core.prefs
D:\JavaDevelop\workspace\chapter10\.settings
D:\JavaDevelop\workspace\chapter10\a\b\testfile.txt
```

图 10-6　遍历一个目录下的所有文件

（2）程序第 17～19 行对当前遍历的 File 对象判断：如果是目录则递归调用 list 方法；否则就是文件，打印输出文件的路径，这样，该目录下所有文件都能全部遍历出来。

10.3　删除目录

File 类 public boolean delete()方法用于删除此 File 对象表示的文件或目录。如果此 File 对象表示一个目录，则该目录必须为空才能删除。因此，当需要删除一个包含子目录或文件的目录时，直接调用 File 的 delete 方法无法将该目录删除，需要将该目录下的所有文件删除，然后才能删除一个空的文件夹。显然，这又需要递归算法解决。

【例 10-6】

删除指定目录。

测试用例如图 10-7 所示。

（1）程序第 5 行和第 6 行都是指定当前项目下 bin 目录。

（2）递归调用的过程和遍历一个目录下所有文件类似，如果 File 对象是目录则递归调用，如果是文件则删除。

（3）程序第 24 行表示删除完一个文件夹里所有文件，便可以删除该外层文件夹。从里层到外层递归删除各个文件夹。

（4）注意，通过 Java 删除的目录不通过回收站，要格外小心，不要误删写的源文件，删错了就无法恢复。本例删除的是当前项目的 bin 文件夹，里面保存的都是编译后的.class 文件。程序运行后，当前项目下的 bin 被删除了。

```
1 package cn.linaw.chapter10.demo01;
2 import java.io.File;
3 public class DeleteDirTest {
4     public static void main(String[] args) {
5         File fileDir = new File(System.getProperty("user.dir") + "/bin");
6         // File fileDir = new File( "bin");
7         if (fileDir.exists()) {
8             deleteDir(fileDir);
9         }
10    }
11    public static void deleteDir(File dir) { //递归算法
12        if (!dir.isDirectory()) {
13            throw new RuntimeException("指定的路径不是有效的目录");
14        }
15        File[] files = dir.listFiles();// 得到目录下的File数组,每个元素对应一个文件或子目录
16        if (files != null) { // 判空操作
17            for (int i = 0; i < files.length; i++) {
18                if (files[i].isDirectory()) { // files[i]是目录则递归调用deleteDir方法
19                    deleteDir(files[i]);
20                }
21                files[i].delete(); // files[i]是文件则删除
22            }
23        }
24        dir.delete(); // 删除空文件夹
25    }
26 }
```

图 10-7 删除指定目录

（5）为了能重新运行该项目,需要在 Eclipse 中将项目重新编译。方法如下：点击 Eclipse 菜单栏上【Project】菜单,选择【Clean】项目,该项目的功能是清理编译程序,可以将该项目下编译生成的.class 文件清理掉,并重新对该项目下的.java 文件进行编译。在弹出的对话框中,选中需要清理的项目或选中清理所有的项目,如图 10-8 所示。

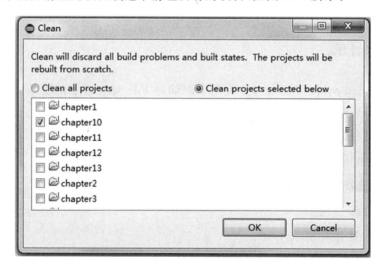

图 10-8 选中需要清理的项目

确认需要清理的工程后,点击【OK】按钮即对选中的项目进行清理。清理完成后,Eclipse 会自动对该项目进行自动编译,.class 字节码文件将重新生成。

10.4 IO 流概述

大多数程序需要实现与设备之间的数据传输,在 Java 中,将这种数据传输抽象为流

(stream)。按照流传输方法的不同,流分为输入流和输出流,程序可以从输入流中读取数据,也可以向输出流中写入数据。可见,输入还是输出是相对于程序而言的。外部设备有很多类型,例如本地磁盘、控制台、键盘、相连的网络等。

根据流操作的数据单位不同,流可以分为字节流和字符流。字节流以字节为单位进行数据的读写,每次读写一个或多个字节。而字符流以字符为单位进行数据的读写,每次读写一个或多个字符。

在计算机中,所有的文件,无论是文本、图片、音频还是视频等,都是以二进制的形式进行存储的,因此,使用字节流可以读取任意文件。而字符流只能针对文本文件,文本文件的存取与编码方式相关,当程序通过字符输出流向文本文件写入一个字符时,需要按照指定的编码方式将字符转化为对应的字节后再写入文件;反之,当通过字符输入流从一个文本文件读取一个字符时,也要按照指定的编码方式读入对应的字节,并转化为对应的字符。可见,字节流是基础,字符流建立在字节流之上,是专门针对文本文件存取的一个特例。

10.5 字节流

◆ 10.5.1 字节流概述

1. 字节输入流 InputStream

所有的字节输入流都继承自抽象类 java.io.InputStream,该类的声明为:public abstract class InputStream extends Object implements Closeable。InputStream 提供了一系列读取字节数据的方法,几个常用方法说明如下:

(1) public abstract int read() throws IOException:从输入流中读取数据的下一个字节,返回 0 到 255 范围内的 int 字节值。如果因为已经到达流末尾而没有可用的字节,则返回值-1。InputStream 的子类必须提供此方法的一个实现。

(2) public int read(byte[] b) throws IOException:从输入流中读取一定数量的字节,并将其存储在缓冲区数组 b 中,以整数形式返回实际读取的字节数。如果因为已经到达流末尾而没有可用的字节,则返回值-1。将读取的第一个字节存储在元素 b[0] 中,下一个存储在 b[1] 中,依次类推,读取的字节数最多等于 b 的长度。设 k 为实际读取的字节数;这些字节将存储在 b[0] 到 b[k-1] 中,不影响 b[k] 到 b[b.length-1]。InputStream 类 read(b) 方法等同于 read(b, 0, b.length)。

(3) public int read(byte[] b, int off, int len) throws IOException:将输入流中最多 len 个数据字节读入 byte 数组。尝试读取 len 个字节,但读取的字节也可能小于该值,以整数形式返回实际读取的字节数。如果因为已经到达流末尾而没有可用的字节,则返回值-1。将读取的第一个字节存储在元素 b[off] 中,下一个存储在 b[off+1] 中,依次类推,读取的字节数最多等于 len。设 k 为实际读取的字节数;这些字节将存储在 b[off] 到 b[off+k-1]中,不影响 b[off+k] 到 b[off+len-1]。在任何情况下,b[0] 到 b[off-1]以及 b[off+len] 到 b[b.length-1]都不会受到影响。InputStream 类的 read(b, off, len) 方法会重复调用方法 read(),相关源代码如图 10-9 所示。

(4) public void close() throws IOException:关闭此输入流并释放与该流关联的所有系

```
|170        int c = read();
|171        if (c == -1) {
|172            return -1;
|173        }
|174        b[off] = (byte)c;
|175
|176        int i = 1;
|177        try {
|178            for (; i < len ; i++) {
|179                c = read();
|180                if (c == -1) {
|181                    break;
|182                }
|183                b[off + i] = (byte)c;
|184            }
|185        } catch (IOException ee) {
|186        }
```

图 10-9　InputStream 类 read(byte b[]，int off，int len)方法部分源代码

统资源。InputStream 的 close 方法不执行任何操作。

2. 字节输出流 OutputStream

所有的字节输出流都继承自抽象类 java.io.OutputStream，该类的声明为：public abstract class OutputStream extends Object implements Closeable, Flushable。OutputStream 接收输出字节并将这些字节发送到某个接收器，几个常用方法说明如下：

(1) public abstract void write(int b) throws IOException：将指定的字节写入此输出流。要写入的字节是参数 b 的八个低位，b 的 24 个高位将被忽略。OutputStream 的子类必须提供此方法的一个实现。

(2) public void write(byte[] b) throws IOException：将 b.length 个字节从指定的 byte 数组写入此输出流。write(b)与调用 write(b，0，b.length) 的效果完全相同。

(3) public void write(byte[] b, int off, int len) throws IOException：将指定 byte 数组中从偏移量 off 开始的 len 个字节写入此输出流。write(b，off，len) 的常规协定是：将数组 b 中的某些字节按顺序写入输出流；元素 b[off] 是此操作写入的第一个字节，b[off+len－1] 是此操作写入的最后一个字节。OutputStream 的 write 方法对每个要写出的字节调用单字节的 write 方法，其源代码如图 10-10 所示。

```
 99      * @param      b     the data.
100      * @param      off   the start offset in the data.
101      * @param      len   the number of bytes to write.
102      * @exception  IOException  if an I/O error occurs. In particular,
103      *             an <code>IOException</code> is thrown if the output
104      *             stream is closed.
105      */
106     public void write(byte b[], int off, int len) throws IOException {
107         if (b == null) {
108             throw new NullPointerException();
109         } else if ((off < 0) || (off > b.length) || (len < 0) ||
110                    ((off + len) > b.length) || ((off + len) < 0)) {
111             throw new IndexOutOfBoundsException();
112         } else if (len == 0) {
113             return;
114         }
115         for (int i = 0 ; i < len ; i++) {
116             write(b[off + i]);
117         }
118     }
```

图 10-10　OutputStream 类 write(byte b[]，int off，int len)方法源代码

(4) public void flush() throws IOException：刷新此输出流并强制写出所有缓冲的输

出字节。如果此输出流的实现已经缓冲了以前写入的任何字节,则调用此方法指示应将这些字节立即写入它们预期的目标。OutputStream 的 flush 方法不执行任何操作。

(5) public void close() throws IOException:关闭此输出流并释放与此流有关的所有系统资源。关闭的流不能执行输出操作,也不能重新打开。OutputStream 的 close 方法不执行任何操作。

InputStream 和 OutputStream 提供了一系列读写数据有关的方法,但它们是抽象类,不能被实例化。针对不同的应用场景,JDK 提供了不同的子类,本项目将讲解其中的几个流。

◆ 10.5.2 FileInputStream 类和 FileOutputStream 类

1. FileInputStream 类

java.io.FileInputStream 从文件系统中的某个文件中获得输入字节。FileInputStream 类的声明为:public class FileInputStream extends InputStream。

FileInputStream 类的构造方法:

(1) public FileInputStream(File file) throws FileNotFoundException:通过打开一个到实际文件的连接来创建一个 FileInputStream,该文件通过文件系统中的 File 对象 file 指定。如果指定文件不存在,或者它是一个目录,而不是一个常规文件,抑或因为其他某些原因而无法打开进行读取,则抛出 FileNotFoundException。

在对文件的读取中,由于文件大小是不定的,因此需要结合 while 循环语句来判断,当读取结束时返回-1,循环结束。

(2) public FileInputStream(String name) throws FileNotFoundException:通过打开一个到实际文件的连接来创建一个 FileInputStream,该文件通过文件系统中的路径名 name 指定。

【例 10-7】

程序从文件中逐个读取字节。

在当前项目 chapter10 下 a 目录的 b 目录下新建一个 UTF-8 编码格式的文本文件 src.txt,里面写入一个字符'0'。

在项目 chapter10 下创建 cn.linaw.chapter10.demo02 包,在包里创建一个测试类 FileInputStreamTest,用于读取文件 src.txt 里的内容,如图 10-11 所示。

(1) 本例中读取到的文件 src.txt,前三个字节表示 UTF-8,字符'0'在 UTF-8 编码下存储的二进制对应的十进制数为 48。

(2) 程序第 11 行创建 FileInputStream 流,还可以用带 String 类型参数的构造方法。底层会根据 String 参数构造一个 File 对象,再调用 FileInputStream(File file)构造方法。

(3) 程序第 18 行,read()方法返回值为 int 类型,int 返回值的前 3 个字节为 0。

(4) 流对象在使用后一定要关闭,放在 finally 语句块中,如果流对象不为 null,则释放该资源。

2. FileOutputStream 类

java.io.FileOutputStream 用于将数据写入 File 的输出流。FileOutputStream 类的声明为:public class FileOutputStream extends OutputStream。

```java
package cn.linaw.chapter10.demo02;
import java.io.File;
import java.io.FileInputStream;
import java.io.FileNotFoundException;
import java.io.IOException;
public class FileInputStreamTest {
    public static void main(String[] args) {
        File file = new File("a/b/src.txt");
        FileInputStream fis = null;
        try {
            fis = new FileInputStream(file);// 创建流
        } catch (FileNotFoundException e2) {
            e2.printStackTrace();
        }
        int tmp = 0;
        try {
            // 每次读取一个字节,返回 0 到 255 范围内的int字节值
            while ((tmp = fis.read()) != -1) {
                System.out.println(tmp);
            }
        } catch (IOException e1) {
            e1.printStackTrace();
        } finally {
            if (fis != null) {
                try {
                    fis.close(); // 关闭流
                } catch (IOException e) {
                    e.printStackTrace();
                }
            }
        }
    }
}
```

```
<terminated> FileInputStreamTest [Java Application] D:\JavaDevelop\jdk1.7.0_15\bin\javaw.exe (2019年5月4日 下午8:23:59)
239
187
191
48
```

图 10-11　FileInputStream 类 read( )方法测试

FileOutputStream 类的构造方法:

(1) public FileOutputStream(File file) throws FileNotFoundException:创建一个向指定 File 对象表示的文件中写入数据的文件输出流。创建一个新 FileDescriptor 对象来表示此文件连接。如果该文件存在,但它是一个目录,而不是一个常规文件;或者该文件不存在,但无法创建它;抑或因为其他某些原因而无法打开,则抛出 FileNotFoundException。

(2) public FileOutputStream(File file, boolean append) throws FileNotFoundException:创建一个向指定 File 对象表示的文件中写入数据的文件输出流。如果第二个参数为 true,则将字节写入文件末尾处,而不是写入文件开始处。

【例 10-8】

将程序中的数据以字节方式逐个写到文件中。

在项目 chapter10 的 cn.linaw.chapter10.demo02 包里创建一个测试类 FileOutputStreamTest,如图 10-12 所示。

(1) 程序第 15 行,使用 String 类的 getBytes 方法将一个字符串转换为字节数组,可以指定转换的字符编码,如果不指定,采用默认的字符编码,本书 workspace 下的项目均设置为 UTF-8 编码。

```java
package cn.linaw.chapter10.demo02;
import java.io.File;
import java.io.FileNotFoundException;
import java.io.FileOutputStream;
import java.io.IOException;
import java.io.UnsupportedEncodingException;
public class FileOutputStreamTest {
    public static void main(String[] args) {
        File file = new File("a/b/dst.txt");
        FileOutputStream fos = null;
        String str = "你好";
        byte[] bys = null;
        try {
            //字符串转换成字节数组时可以根据需要设置字符编码
            bys = str.getBytes("UTF-8");
            System.out.println("bys.length=" + bys.length);
        } catch (UnsupportedEncodingException e) {
            e.printStackTrace();
        }
        try {
            fos = new FileOutputStream(file);
        } catch (FileNotFoundException e2) {
            e2.printStackTrace();
        }
        try {
            for (int i = 0; i < bys.length; i++) {
                fos.write(bys[i]); // 以单个字节方式逐个存储
            }
        } catch (IOException e1) {
            e1.printStackTrace();
        } finally {
            if (fos != null) {
                try {
                    fos.close();// 打开的资源必须关闭
                } catch (IOException e) {
                    e.printStackTrace();
                }
            }
        }
    }
}
```

```
bys.length=6
```

图 10-12　FileOutputStream 类 write(int b)方法测试

(2) 程序第 21 行，创建一个指定 File 对象的 FileOutputStream 流对象。

(3) 程序第 27 行，以单个字节写入输出流中。注意，这里是将 byte 类型的值传递给 int 类型的参数。

(4) 打开的流对象不使用时必须关闭。当然，程序结束时流也会关闭。但是在某些服务器端，正常情况下服务是不会退出的，因此，要养成良好的习惯。在关闭前会先刷新此流的缓冲区。

3. 文件拷贝

文件的拷贝过程，就是程序通过输入流从源文件中将数据读出来，然后通过输出流写到目的文件中。将上面例 10-7 和例 10-8 结合起来，就可以实现按单个字节读、单个字节写的文件拷贝过程。但是，这种读写文件的效率太低，耗时太长，该方式留给大家自己实现。下面我们需要使用缓冲区来拷贝文件。

【例 10-9】

自定义缓冲区进行文件拷贝。

首先将一个文件，例如一首 mp3 歌曲放置在项目 chapter10 下 a 目录的子目录 b 下，为了方便,将其重命名为 1.mp3。要求将其复制到相同目录下,复制后的文件命名为 2.mp3。再在项目 chapter10 的 cn.linaw.chapter10.demo02 包里创建一个测试类 FileCopyTest,其源代码如图 10-13 所示。

```java
package cn.linaw.chapter10.demo02;
import java.io.File;
import java.io.FileInputStream;
import java.io.FileNotFoundException;
import java.io.FileOutputStream;
import java.io.IOException;
public class FileCopyTest {
    public static void main(String[] args) {
        File srcFile = new File("a/b/1.mp3");
        File dstFile = new File("a/b/2.mp3");
        fileCopy(srcFile, dstFile);
    }
    private static void fileCopy(File srcFile, File dstFile) {
        FileInputStream fis = null;
        FileOutputStream fos = null;
        int len = 0;
        byte[] buffer = new byte[1024];// 自定义1024字节的缓存
        try {
            fis = new FileInputStream(srcFile);
            fos = new FileOutputStream(dstFile);
        } catch (FileNotFoundException e) {
            e.printStackTrace();
        }
        try {
            while ((len = fis.read(buffer)) != -1) {// 把数据读到缓存
                fos.write(buffer, 0, len);// 将缓存数据写到目的文件中
            }
        } catch (IOException e) {
            e.printStackTrace();
        } finally {
            if (fis != null) {
                try {
                    fis.close();
                } catch (IOException e) {
                    e.printStackTrace();
                }
            }
            if (fos != null) {
                try {
                    fos.close();
                } catch (IOException e) {
                    e.printStackTrace();
                }
            }
        }
    }
}
```

图 10-13 文件拷贝(自定义缓冲区)

(1) 程序第 17 行创建了一个 1024 字节的缓冲区 buffer。

(2) 程序第 19 行针对源文件创建了一个 FileInputStream 输入流 fis。

(3) 程序第 20 行针对目的文件创建了一个 FileOutputStream 输出流 fos。

(4) 程序第 25 行利用 FileInputStream 的 read(byte[] b)方法从源文件中读取数据到 buffer 缓冲区,同时返回读入数据的个数,保存在 int 类型的 len 变量中。

(5) 程序第 26 行利用 FileOutputStream 的 write(byte[] b, int off, int len)方法将 buffer 缓冲区中保存的数据(数组下标 0 到 len-1)写入目的文件中。

10.5.3　BufferedInputStream 类和 BufferedOutputStream 类

Java 在 java.io 包中提供了两个带缓冲功能的字节流,分别为字节缓冲输入流 java.io.BufferedInputStream 和字节缓冲输出流 java.io.BufferedOutputStream。

缓冲流是在实体 I/O 流基础上增加一个缓冲区,应用程序和 I/O 设备之间的数据传输都要经过缓冲区进行。使用缓冲流可以减少应用程序与 I/O 设备之间的访问次数,提高传输效率。

BufferedInputStream 常用构造方法如下:

(1) public BufferedInputStream(InputStream in):创建一个 BufferedInputStream 并保存其参数,即输入流 in,以便将来使用。创建一个内部缓冲区数组并将其存储在 buf 中。

(2) public BufferedInputStream(InputStream in, int size):创建具有指定缓冲区大小的 BufferedInputStream 并保存其参数,即输入流 in,以便将来使用。创建一个长度为 size 的内部缓冲区数组并将其存储在 buf 中。

java.io.BufferedOutputStream 为实现缓冲的输出流,其构造方法如下:

(1) public BufferedOutputStream(OutputStream out):创建一个新的缓冲输出流,以将数据写入指定的底层输出流。

(2) public BufferedOutputStream(OutputStream out, int size):创建一个新的缓冲输出流,以将具有指定缓冲区大小的数据写入指定的底层输出流。

这两个流均使用了装饰模式(10.7 节专门介绍),将接收到的流对象作为被包装的对象,然后在它上面增加新的缓冲功能。缓冲流能够更高效地读写信息,它首先将数据缓存,当缓冲区存满或者手动刷新时再一次性将数据读取或写入目的地。

【例 10-10】

使用缓冲字节流来实现文件的拷贝。

有了缓冲字节流,就不需要自己定义缓冲区。测试类 BufferedStreamTest 如图 10-14 所示。

(1) 程序第 23 行针对第 21 行的 FileInputStream fis 进行装饰,装饰后具备缓冲新功能。

(2) 程序第 24 行针对第 22 行的 FileOutputStream fos 进行装饰,装饰后具备缓冲新功能。

(3) 需要关闭已打开的流(非 null),后打开的流先关闭。

10.5.4　ObjectOutputStream 类和 ObjectInputStream 类

java.io.ObjectOutputStream 和 java.io.ObjectInputStream 分别与 FileOutputStream 和 FileInputStream 一起使用,可以为应用程序提供对象的持久存储(即对象的序列化)和恢复(即对象的反序列化)。

对象的序列化是指将一个对象转换为字节序列的过程。反之,把字节序列恢复为对象的过程称为对象的反序列化。对象的序列化主要用在如下方面:

(1) 对象的存储。当需要让应用程序中的对象暂时离开内存时,则将这些对象序列化后保存到硬盘上(通常以文件形式),当程序需要时,再将硬盘上文件中的对象信息读取到程

```java
package cn.linaw.chapter10.demo02;
import java.io.BufferedInputStream;
import java.io.BufferedOutputStream;
import java.io.File;
import java.io.FileInputStream;
import java.io.FileOutputStream;
import java.io.IOException;
public class BufferedStreamTest {
    public static void main(String[] args) {
        File srcFile = new File("a/b/1.mp3");
        File dstFile = new File("a/b/3.mp3");
        fileCopy(srcFile, dstFile);
    }
    private static void fileCopy(File srcFile, File dstFile) {
        FileInputStream fis = null;
        FileOutputStream fos = null;
        BufferedInputStream bis = null;
        BufferedOutputStream bos = null;
        int len = 0;
        try {
            fis = new FileInputStream(srcFile);
            fos = new FileOutputStream(dstFile);
            bis = new BufferedInputStream(fis); // 缓冲流，装饰模式
            bos = new BufferedOutputStream(fos);// 缓冲流，装饰模式
            while ((len = bis.read()) != -1) {
                bos.write(len);
            }
        } catch (IOException e) {
            e.printStackTrace();
        } finally {
            if (bis != null) {
                try {
                    bis.close();
                } catch (IOException e) {
                    e.printStackTrace();
                }
            }
            if (bos != null) {
                try {
                    bos.close();
                } catch (IOException e) {
                    e.printStackTrace();
                }
            }
            if (fis != null) {
                try {
                    fis.close();
                } catch (IOException e) {
                    e.printStackTrace();
                }
            }
            if (fos != null) {
                try {
                    fos.close();
                } catch (IOException e) {
                    e.printStackTrace();
                }
            }
        }
    }
}
```

图 10-14 文件拷贝（缓冲流）

序中。

（2）对象的传输。在网络上传送对象，发送方需要将这个 Java 对象转换为字节序列，才能在网络上传送，接收方再将字节序列恢复为 Java 对象。

ObjectOutputStream 类代表对象输出流，它的 writeObject(Object obj)方法可对参数指

定的 obj 对象进行序列化,将得到的字节序列写到一个目标 ObjectOutputStream 输出流中,实现对象的持久存储。

ObjectInputStream 类代表对象输入流,它对以前使用 ObjectOutputStream 写入的基本数据和对象进行反序列化,它的 readObject 方法用于从流中读取对象。readObject 方法返回 Object 类型,可以使用强制转换获取所需的类型。

如果想让某个对象支持序列化机制,那么这个对象所在的类必须实现 java.io.Serializable 接口或 java.io.Externalizable 接口。实际开发时,大部分采用实现 Serializable 接口,该接口没有方法或字段,仅用于标识可序列化的语义。

【例 10-11】

演示 Java 对象的序列化和反序列化。

步骤1:定义一个实现了 Serializable 接口的 Circle 类,该类有两个属性,如图 10-15 所示。

```java
package cn.linaw.chapter10.demo02;
import java.io.Serializable;
public class Circle implements Serializable{
    private static final long serialVersionUID = 1L;// 添加序列化版本ID
    private transient String name; // name属性将不被序列化
    private double radius;   // radius属性将被序列化
    public Circle() {
    }
    public Circle(String name, double radius) {
        this.name = name;
        this.radius = radius;
    }
    public double getRadius() {
        return radius;
    }
    @Override
    public String toString() {
        return "Circle [name=" + name + ", radius=" + radius + "]";
    }
}
```

图 10-15 Circle 类

(1) 程序第 5 行 name 属性将不被序列化。开发中,有些实例属性(例如密码等敏感信息)不需要序列化,可以使用 transient 关键字标记。换句话说,用 transient 关键字标记的实例变量不参与序列化过程,这个字段的生命周期仅存于调用者的内存中而不会写到磁盘里持久化。另外,一个静态变量不管是否被 transient 修饰,均不能被序列化。

(2) 程序第 4 行 serialVersionUID 版本号与每一个可序列化的类相关联,如果接收者加载的该对象的类的 serialVersionUID 与对应的发送者的类的版本号不同,则反序列化将会导致 InvalidClassException。总之,serialVersionUID 版本号用于验证序列化和反序列化过程中,对象是否还保持一致(或者兼容)。

如果没有显式声明类的版本号,或者一个类做了修改,那么就可能影响版本号,此时,用反序列化的方法读取以前已序列化的对象,很可能导致 InvalidClassException 异常。因此,建议显式定义 serialVersionUID,当希望类的不同版本对序列化兼容时,则各版本需要保持相同的 serialVersionUID;否则,如果希望类的不同版本对序列化不兼容,则类的不同版本取不同的 serialVersionUID 值即可。

当实现 Serializable 接口的类中没有声明 serialVersionUID 时，Eclipse 会给出图 10-16 所示的修复提示。

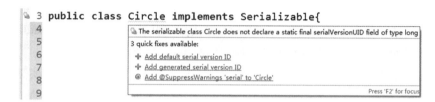

图 10-16　关于 serialVersionUID 修复提示

其中，如果选择"Add default serial version ID"修复，Eclipse 生成 serialVersionUID 默认值 1L。如果选择"Add generated serial version ID"修复，Eclipse 根据类名、接口名、成员方法及属性等生成一个 64 位的哈希值。

步骤 2：编写测试用例 SerializeObjectTest 类来演示 Circle 对象序列化，将其保存到文件中，如图 10-17 所示。

```java
package cn.linaw.chapter10.demo02;
import java.io.File;
import java.io.FileOutputStream;
import java.io.IOException;
import java.io.ObjectOutputStream;
public class SerializeObjectTest {
    public static void main(String[] args) {
        Circle c1 = new Circle("c1",2.5);
        File obj1 = new File("a/b/obj1.txt");
        ObjectOutputStream oos = null;
        try {
            oos = new ObjectOutputStream(new FileOutputStream(obj1));
            oos.writeObject(c1); // 将c1对象写进文件
        } catch (IOException e) {
            e.printStackTrace();
        } finally {
            if (oos != null) {
                try {
                    oos.close();
                } catch (IOException e) {
                    e.printStackTrace();
                }
            }
        }
    }
}
```

图 10-17　对象序列化测试

程序第 13 行将 c1 对象序列化，成功后会在对应目录生成一个 obj1.txt 文件。

步骤 3：通过反序列化读取 obj1.txt 来还原一个 Circle 对象。测试类 DeserializeOjectTest 如图 10-18 所示。

（1）程序第 13 行从流中读取数据，将文件中的二进制数据反序列化为一个 Object 类型的对象，通过类型强制转换得到需要的类型。

（2）程序第 26 行调用对象的 toString 方法，name 属性显示为默认值 null，那是因为该实例变量是关键字 transient 声明的，因此没有被序列化。

```java
package cn.linaw.chapter10.demo02;
import java.io.File;
import java.io.FileInputStream;
import java.io.IOException;
import java.io.ObjectInputStream;
public class DeserializeOjectTest {
    public static void main(String[] args) {
        File objFile = new File("a/b/obj1.txt");
        ObjectInputStream ois = null;
        Circle c2 = null;
        try {
            ois = new ObjectInputStream(new FileInputStream(objFile));
            c2 = (Circle) ois.readObject(); // 从流中读取对象
        } catch (ClassNotFoundException e) {
            e.printStackTrace();
        } catch (IOException e) {
            e.printStackTrace();
        } finally {
            if (ois != null) {
                try {
                    ois.close();
                } catch (IOException e) {
                    e.printStackTrace();
                }
            }
        }
        System.out.println(c2.toString());
    }
}
```

```
Circle [name=null, radius=2.5]
```

图 10-18　反序列化测试

10.6　字符流

10.6.1　字符流概述

实际应用中，经常会出现操作字符输入输出的需求，如果依然采用字节流实现，则效率不高且容易出错，因此，JDK 提供了字符流，而编码表就是字符流和字节流之间的桥梁。字符流顶层也是两个抽象类，分别是字符输入流 java.io.Reader 和字符输出流 java.io. Writer。

1. 字符输入流 Reader

Reader 类是专门用于读取字符流的抽象类。下面介绍几个常用的方法。

（1）public int read() throws IOException：用于读取单个字符。返回值为 int 整数读取的字符，范围在 0 到 65535 之间，如果已到达流的末尾，则返回－1。用于支持高效的单字符输入的子类应重写此方法。

（2）public int read(char[] cbuf) throws IOException：用于将字符读入数组。参数 cbuf 为目标缓冲区。返回值为读取的字符数，如果已到达流的末尾，则返回－1。

（3）public abstract int read(char[] cbuf,int off, int len) throws IOException：用于将字符读入数组的某一部分。参数 cbuf 表示目标缓冲区，off 表示开始存储字符处的偏移量，len 表示要读取的最多字符数。返回值为读取的字符数，如果已到达流的末尾，则返回－1。

（4）public abstract void close() throws IOException：关闭该流并释放与之关联的所有资

源。在关闭该流后,再调用 read()、ready()、mark()、reset() 或 skip() 将抛出 IOException。

2. 字符输出流 Writer

Writer 类是写入字符流的抽象类。下面讲解该类的几个常用方法。

(1) public void write(int c) throws IOException：用于写入单个字符。要写入的字符包含在给定整数值的 16 个低位中,16 个高位被忽略。用于支持高效单字符输出的子类应重写此方法。参数 c 表示指定要写入字符的 int。

(2) public void write(char[] cbuf) throws IOException：用于写入字符数组。参数 cbuf 表示要写入的字符数组。

(3) public abstract void write(char[] cbuf,int off,int len) throws IOException：用于写入字符数组的某一部分。参数 cbuf 表示字符数组,off 表示开始写入字符处的偏移量,len 表示要写入的字符数。

(4) public void write(String str) throws IOException：用于写入字符串。参数 str 表示要写入的字符串。

(5) public void write(String str,int off,int len) throws IOException：用于写入字符串的某一部分。参数 str 表示字符串,off 表示相对初始写入字符的偏移量,len 表示要写入的字符数。

(6) public abstract void flush() throws IOException：刷新该流的缓冲。如果该流已保存缓冲区中各种 write() 方法的所有字符,则立即将它们写入预期目标。然后,如果该目标是另一个字符或字节流,则将其刷新。因此,一次 flush() 调用将刷新 Writer 和 OutputStream 链中的所有缓冲区。

(7) public abstract void close() throws IOException：关闭该流,但要先刷新它。在关闭该流之后,再调用 write() 或 flush() 将导致抛出 IOException。

Reader 类和 Writer 类是抽象类,不能被实例化,针对不同的功能,提供了一系列子类,具体可以参考 API 文档。

◆ 10.6.2 FileReader 类和 FileWriter 类

文件字符流是用来对文件进行读写的流类,主要包括 java.io.FileReader 类和 java.io.FileWriter 类。

1. FileReader 类

FileInputStream 类可以处理所有的文件,但是主要用于读取诸如图像数据之类的原始字节流,而 FileReader 类是用来读取字符文件的便捷类。

FileReader 类的声明为：public class FileReader extends InputStreamReader。FileReader 类继承自 InputStreamReader,该类为字节输入流到字符输入流的转换流,可见,真正从文件中读取的数据还是字节,只是在内存中将字节转换成了字符,字符读入用到了字节缓冲区。FileReader 类常用的构造方法如下：

(1) public FileReader(File file) throws FileNotFoundException：在给定从中读取数据的 File 对象的情况下创建一个新 FileReader。

(2) public FileReader(String fileName) throws FileNotFoundException：在给定从中读取数据的文件名的情况下创建一个新 FileReader。该构造方法内部还是会利用 String 参数 fileName 先构造一个 File 对象。

> **注意：**
> FileReader 类的构造方法假定默认字符编码和默认字节缓冲区大小都是适当的，FileReader 类没有可以指定字符编码的构造方法。这个所谓的默认字符编码，其实就是 JVM 启动时的项目编码，具体可以在 Eclipse 项目上点击右键，选择 Properties 选项，在弹出的属性窗口中，即可以看到当前项目默认字符编码。

【例 10-12】

利用 FileReader 类读取字符文件。

在当前项目 chapter10 下 a 目录下 b 目录下用 Windows 自带的记事本新建一个 UTF-8 格式存储的文本文件 src.txt，在 src.txt 中写入一个字符'0'。在项目 chapter10 下新建一个 cn.linaw.chapter10.demo03 包，在包下新建一个 FileReaderTest 类，用于读取文本文件 src.txt 中的内容。FileReaderTest 类源代码如图 10-19 所示。

```java
package cn.linaw.chapter10.demo03;
import java.io.File;
import java.io.FileReader;
import java.io.IOException;

public class FileReaderTest {
    public static void main(String[] args) {
        File file = new File("a/b/src.txt");
        FileReader fr = null;
        int tmp = 0;
        try {
            fr = new FileReader(file); // 创建一个FileReader对象,和File对象关联
            while ((tmp = fr.read()) != -1) { // 利用FileReader对象每次读取一个字符,并用int型接收
                System.out.println("int型" + tmp + "对应字符," + (char) tmp);// 将int型强转为char型
            }
        } catch (IOException e1) {
            e1.printStackTrace();
        } finally {
            try {
                if (fr != null) {
                    fr.close();
                }
            } catch (IOException e) {
                e.printStackTrace();
            }
        }
    }
}
```

```
int型65279对应字符：
int型48对应字符：0
```

图 10-19 利用 FileReader 的 read() 方法读取文件

（1）Windows 记事本创建的 UTF-8 存储格式的文本文件都是带 BOM 的，因此程序运行结果读出来是两个字符。

（2）FileReader 以项目默认的字符编码读取文件，本书项目均采用 UTF-8 编码格式。因此，如果要读取的外部文件的编码不是 UTF-8，则不能使用 FileReader 流，为了指定读取文件时的字符编码，则要用到后面讲的 InputStreamReader。

2. FileWriter 类

FileOutputStream 主要用于写入诸如图像数据之类的原始字节的流，而 FileWriter 是用来写入字符文件的便捷类。

FileWriter 类的声明为：public class FileWriter extends OutputStreamWriter。FileWriter 类

继承自 OutputStreamWriter,该类为字符输出流到字节输出流的转换流,可见,真正写到文件的数据还是字节,只是在内存中将字符转换成了字节,字符输出用到了字节缓冲区,可以利用 Writer 类中的 flush 方法强制清空缓冲区。FileWriter 类常用的构造方法如下:

(1) public FileWriter(File file) throws IOException:根据给定的 File 对象构造一个 FileWriter 对象。

(2) public FileWriter(File file,boolean append) throws IOException:根据给定的 File 对象构造一个 FileWriter 对象。如果第二个参数为 true,则将字节写入文件末尾处,而不是写入文件开始处。

(3) public FileWriter(String fileName) throws IOException:根据给定的文件名构造一个 FileWriter 对象。

(4) public FileWriter(String fileName, boolean append) throws IOException:根据给定的文件名以及指示是否附加写入数据的 boolean 值来构造 FileWriter 对象。如果第二个参数为 true,则将字节写入文件末尾处,而不是写入文件开始处。

> 注意:
> FileWriter 类的构造方法假定默认字符编码和默认字节缓冲区大小都是可接受的,FileWriter 类没有可以指定字符编码的构造方法。

【例 10-13】

利用 FileWriter 类将程序中的字符写入字符文件。

在项目 chapter10 下新建一个 cn. linaw. chapter10. demo03 包,在包下新建一个 FileWriterTest 类,源代码如图 10-20 所示。

```java
package cn.linaw.chapter10.demo03;
import java.io.File;
import java.io.FileWriter;
import java.io.IOException;
public class FileWriterTest {
    public static void main(String[] args) {
        File file = new File("a/b/dst2.txt");
        FileWriter fw = null;
        char[] chs = "你好! ".toCharArray();
        try {
            fw = new FileWriter(file); // 创建一个FileWriter对象,和File对象关联
            for (int i = 0; i < chs.length; i++) {
                fw.write(chs[i]); // 逐个字符写入文件
            }
            //增加换行符,也可以用 System.lineSeparator()
            fw.write(System.getProperty("line.separator"));
        } catch (IOException e) {
            e.printStackTrace();
        }
        try {
            if (fw != null) {
                fw.close();
            }
        } catch (IOException e) {
            e.printStackTrace();
        }
    }
}
```

图 10-20 利用 FileWriter 将字符写入文件

程序执行后,在相关目录下生成 dst2.txt 文件,打开后显示为图 10-21 所示的内容,通过点击菜单【文件】,选择【另存为】,在弹出的对话框中可以看到 dst2.txt 文件的编码是 UTF-8,和当前项目的编码格式一致。

图 10-21　dst2.txt 文件内容

本例中,如果指定的文件 dst2.txt 不存在,FileWriter 会先创建该文件,再写入字符;如果文件存在,则会先清空文件,再写入字符。如果想要在文件末尾追加数据,则需要采用带 append 标记的重载构造方法。

如果将上面两个测试用例结合起来,就可以实现一个一个字符的读写,从而实现文本文件的拷贝。但是,如果对于大的文本文件,这种逐个字符读写的效率太低,这里使用自定义缓冲区来拷贝文本文件。

【例 10-14】

自定义缓冲区的文本文件拷贝。

选择一个文本文件打开后另存为"src3.txt",且编码选择 UTF-8,然后放置在当前项目 chapter10 的 a 目录的 b 目录下。

在项目 chapter10 的 cn.linaw.chapter10.demo03 包里创建一个测试类 TextFileCopyTest,源代码如图 10-22 所示。

```java
package cn.linaw.chapter10.demo03;
import java.io.File;
import java.io.FileReader;
import java.io.FileWriter;
import java.io.IOException;
public class TextFileCopyTest {
    public static void main(String[] args) {
        File srcFile = new File("a/b/src3.txt");
        File dstFile = new File("a/b/dst3.txt");
        textFileCopy(srcFile, dstFile);
    }
    private static void textFileCopy(File srcFile, File dstFile) {
        FileReader fr = null;
        FileWriter fw = null;
        int len = 0;
        char[] buffer = new char[1024];// 自定义1024个字符的缓冲区
        try {
            fr = new FileReader(srcFile);
            fw = new FileWriter(dstFile);
            while ((len = fr.read(buffer)) != -1) { // 将数据读入缓冲区
                fw.write(buffer, 0, len);// 将缓冲区数据写入流中
            }
            fw.flush(); // 建议写上,刷新流,及时写入文件
        } catch (IOException e) {
            e.printStackTrace();
        } finally {
            if (fr != null) {
                try {
                    fr.close();
                } catch (IOException e) {
                    e.printStackTrace();
                }
            }
            if (fw != null) {
                try {
                    fw.close();
                } catch (IOException e) {
                    e.printStackTrace();
                }
            }
        }
    }
}
```

图 10-22　自定义缓冲区拷贝文本文件

(1) 程序第 9 行指定复制后的目的文件位置及文件名。

(2) 程序第 16 行指定缓冲区大小。

(3) 程序第 18 行创建一个 FileReader 对象,程序第 19 行创建一个 FileWriter 对象。

(4) 程序第 20 行利用 FileReader 方法 read(char[] cbuf)从流中读取数据到缓冲区。

(5) 程序第 21 行利用 FileWriter 方法 write(char[] cbuf,int off,int len)将缓冲区指定字符写入流中。

(6) 程序第 23 行,在字符流输出时,建议及时调用 flush 方法刷新缓存。

(7) 程序第 29 行,关闭此流前会先强制刷新该流。

再次强调,采用 FileReader 和 FileWriter 复制文本文件,源文件的编码必须和项目采用的字符编码保持一致,否则复制后的新文件因为和源文件字符编码不同会出现乱码。

◆ 10.6.3 BufferedReader 类和 BufferedWriter 类

和字节流类似,字符流也提供了缓冲流,包括字符缓冲输入流 java.io.BufferedReader 和字符缓冲输出流 java.io.BufferedWriter。可以用 BufferedReader 包装所有其 read() 操作可能开销很高的 Reader(如 FileReader 和 InputStreamReader),用 BufferedWriter 包装所有其 write() 操作可能开销很高的 Writer(如 FileWriters 和 OutputStreamWriters)。

1. BufferedReader 类

BufferedReader 类的声明为 public class BufferedReader extends Reader,该类从字符输入流中读取文本,缓冲各个字符,从而实现字符、数组和行的高效读取。

BufferedReader 类构造方法如下:

(1) public BufferedReader(Reader in):创建一个使用默认大小输入缓冲区的字符缓冲输入流。大多数情况下,默认值就足够大了。

(2) public BufferedReader(Reader in,int sz):创建一个使用指定大小输入缓冲区的字符缓冲输入流。

BufferedReader 类继承自 Reader,而且提供了一个很重要的方法 public String readLine() throws IOException,该方法用于读取一个文本行。通过下列字符之一即可认为某行已终止:换行('\n')、回车('\r')或回车后直接跟着换行。返回值为包含该行内容的字符串,不包含任何行终止符,如果已到达流末尾,则返回 null。

2. BufferedWriter 类

BufferedWriter 类的声明为 public class BufferedWriter extends Writer,该类将文本写入字符输出流,缓冲各个字符,从而提供单个字符、数组和字符串的高效写入。

BufferedWriter 类构造方法如下:

(1) public BufferedWriter(Writer out):创建一个使用默认大小输出缓冲区的字符缓冲输出流。在大多数情况下,默认值就足够大了。

(2) public BufferedWriter(Writer out, int sz):创建一个使用给定大小输出缓冲区的新字符缓冲输出流。

BufferedWriter 类继承自 Writer 类,但新增了一个写入行分隔符的方法 public void

newLine() throws IOException,行分隔符字符串由系统属性 line.separator 定义。

【例 10-15】

使用字符缓冲流实现文本文件的拷贝。

测试类 BufferedTextFileCopyTest 源代码如图 10-23 所示。

BufferedTextFileCopyTest.java

```java
package cn.linaw.chapter10.demo03;
import java.io.BufferedReader;
import java.io.BufferedWriter;
import java.io.File;
import java.io.FileReader;
import java.io.FileWriter;
import java.io.IOException;
public class BufferedTextFileCopyTest {
    public static void main(String[] args) {
        File srcFile = new File("a/b/src3.txt");
        File dstFile = new File("a/b/dst4.txt");
        textFileCopy(srcFile, dstFile);
    }
    private static void textFileCopy(File srcFile, File dstFile) {
        BufferedReader br = null;
        BufferedWriter bw = null;
        String str = "";
        try {
            br = new BufferedReader(new FileReader(srcFile)); // 缓冲字符输入流，装饰模式
            bw = new BufferedWriter(new FileWriter(dstFile)); // 缓冲字符输出流，装饰模式
            while ((str = br.readLine()) != null) {//按行读取，返回String类型
                bw.write(str);
                bw.newLine(); // 写入一个换行符，跨平台
                bw.flush(); // 建议写上
            }
        } catch (IOException e) {
            e.printStackTrace();
        }
        if (br != null) {
            try {
                br.close();
            } catch (IOException e) {
                e.printStackTrace();
            }
        }
        if (bw != null) {
            try {
                bw.close();
            } catch (IOException e) {
                e.printStackTrace();
            }
        }
    }
}
```

Problems @ Javadoc Declaration Console

<terminated> TextFileCopyTest2 [Java Application] D:\JavaDevelop\jdk1.7.0_15\bin\javaw.exe (2019年3月24日 下午5:11:18)

图 10-23　采用字符缓冲流实现文本文件拷贝

> **注意：**
>
> 使用 BufferedReader 的 readLine()方法可以按行读取文本，但是返回值不包含换行符，因此，在利用 BufferedWriter 写入该行文本后，一定要用 newLine()方法插入行分隔符。

◆ 10.6.4　InputStreamReader 类和 OutputStreamWriter 类

FileReader 和 FileWriter 使用的都是默认的字符编码。如果读取或保存文本文件时的

字符编码格式和项目默认编码格式不一致,那么就无法使用这两个类,此时就需要用到转换流。

JDK提供了两个转换流,用于字节流和字符流之间的转换,分别为java.io.InputStreamReader类和java.io.OutputStreamWriter类,前者可以对文本文件以指定的编码格式来解读,而后者可以将字符以指定编码格式存储到文本文件,指定编码表的工作由各自的构造方法完成。

1. InputStreamReader类

Reader的直接子类InputStreamReader是字节流通向字符流的桥梁:它使用指定的字符集读取字节并将其解码为字符。它使用的字符集可以由名称指定或显式给定,或者使用平台默认的字符集。

InputStreamReader类的构造方法为:

(1) public InputStreamReader(InputStream in):创建一个使用默认字符集的InputStreamReader。

(2) public InputStreamReader(InputStream in, String charsetName) throws UnsupportedEncodingException:创建使用指定字符集的InputStreamReader。字符集名称charsetName可以取US-ASCII、ISO-8859-1、UTF-8、UTF-16BE、UTF-16LE、GBK等。

2. OutputStreamWriter类

Writer的直接子类OutputStreamWriter是字符流通向字节流的桥梁:可使用指定的字符集将要写入流中的字符编码成字节。它使用的字符集可以由名称指定或显式给定,否则将使用平台默认的字符集。

OutputStreamWriter类的构造方法如下:

(1) public OutputStreamWriter(OutputStream out):创建使用默认字符编码的OutputStreamWriter。

(2) public OutputStreamWriter(OutputStream out, String charsetName) throws UnsupportedEncodingException:创建使用指定字符集的OutputStreamWriter。

【例10-16】

在文件拷贝中使用转换流指定字符编码。

下面通过一个测试类TextFileCopyWithCharsetTest来演示文件拷贝中如何利用转换流指定字符编码。为了提高效率,这里采用了字符缓冲流包装。源代码如图10-24所示。

(1) 源文件src3.txt是一个UTF-8格式存储的文本文件。因此,程序第25行构造InputStreamReader对象时指定字符集为UTF-8。

(2) 要求拷贝后转存的目标文件dst5.txt为GBK编码格式。因此,程序第26行构造OutputStreamWriter对象时指定字符集为GBK。

(3) 通过记事本查看生成的dst5.txt文件的编码,显示为ANSI。对于简体中文操作系统而言,记事本ANSI表示GBK编码。

```java
package cn.linaw.chapter10.demo03;
import java.io.BufferedReader;
import java.io.BufferedWriter;
import java.io.File;
import java.io.FileInputStream;
import java.io.FileOutputStream;
import java.io.IOException;
import java.io.InputStreamReader;
import java.io.OutputStreamWriter;
public class TextFileCopyWithCharsetTest {
    public static void main(String[] args) {
        File srcFile = new File("a/b/src3.txt");
        File dstFile = new File("a/b/dst5.txt");
        textFileCopy(srcFile, dstFile);
    }
    private static void textFileCopy(File srcFile, File dstFile) {
        FileInputStream fis = null;
        FileOutputStream fos = null;
        BufferedReader br = null;
        BufferedWriter bw = null;
        String str = "";
        try {
            fis = new FileInputStream(srcFile); // 创建字节输入流
            fos = new FileOutputStream(dstFile); // 创建字节输出流
            br = new BufferedReader(new InputStreamReader(fis,"UTF-8")); //指定字符集，包装转换流
            bw = new BufferedWriter(new OutputStreamWriter(fos,"GBK"));//指定字符集，包装转换流
            while ((str = br.readLine()) != null) {
                bw.write(str);
                bw.newLine();
            }
        } catch (IOException e) {
            e.printStackTrace();
        }
        if (br != null) {
            try {
                br.close();
            } catch (IOException e) {
                e.printStackTrace();
            }
        }
        if (bw != null) {
            try {
                bw.close();
            } catch (IOException e) {
                e.printStackTrace();
            }
        }
        if (fis != null) {
            try {
                fis.close();
            } catch (IOException e) {
                e.printStackTrace();
            }
        }
        if (fos != null) {
            try {
                fos.close();
            } catch (IOException e) {
                e.printStackTrace();
            }
        }
    }
}
```

图 10-24　文本文件拷贝利用转换流指定字符编码

10.7　装饰模式

装饰模式(decorator pattern)是在不必改变原类文件和使用继承的情况下，就能动态地扩展对象的新功能。使用对象的关联关系代替继承关系，更加灵活，同时避免类型体系的快速膨胀。

【例 10-17】

演示装饰模式。

下面通过一个示例演示如何利用装饰模式来扩展一个类的功能。

步骤 1：在项目 chapter10 下新建一个 cn.linaw.chapter10.demo04 包，在包里新建一个 NormalCar 类，如图 10-25 所示。

```
NormalCar.java
1 package cn.linaw.chapter10.demo04;
2 public class NormalCar {
3     public void function() {
4         System.out.println("车能run");
5     }
6 }
```

图 10-25 被装饰类 NormalCar

步骤 2：通过装饰模式对该 NormalCar 类的功能进行增强，使得 NormalCar 具备飞的新功能。在同一个包下新建一个装饰类 FlyingCar，如图 10-26 所示。

```
FlyingCar.java
 1 package cn.linaw.chapter10.demo04;
 2 public class FlyingCar {
 3     private NormalCar car;
 4     public FlyingCar() {
 5         super();
 6     }
 7     public FlyingCar(NormalCar car) {  //通过构造方法接收被装饰的对象
 8         super();
 9         this.car = car;
10     }
11     public void function() {
12         car.function();
13         fly();  // 扩展功能, 当然也可以在调用原功能前增强功能
14     }
15     public void fly() {
16         System.out.println("车能fly");
17     }
18 }
```

图 10-26 装饰类 FlyingCar

步骤 3：通过一个测试用例 DecoratorPatternTest 来测试 NormalCar 对象在装饰前后功能的区别，如图 10-27 所示。

```
DecoratorPatternTest.java
 1 package cn.linaw.chapter10.demo04;
 2 public class DecoratorPatternTest {
 3     public static void main(String[] args) {//装饰模式可以组合功能
 4         NormalCar car =new NormalCar();
 5         System.out.println("------------装饰前------------");
 6         car.function();
 7         System.out.println("------------装饰后------------");
 8         FlyingCar flyingCar = new FlyingCar(car);  //将被装饰的对象通过参数传递进去
 9         flyingCar.function();
10     }
11 }
```

Problems @ Javadoc Declaration Console
<terminated> DecoratorPatternTest [Java Application] D:\JavaDevelop\jdk1.7.0_15\bin\javaw.exe (2019年3月25日 上午11:20:12)
------------装饰前------------
车能run
------------装饰后------------
车能run
车能fly

图 10-27 DecoratorPatternTest

根据排列组合的关系，当一个类中需要增加的功能越多的时候，就会增加许多子类，造成子类的迅速膨胀，此时就需要用到装饰模式，变继承关系为组合关系。

本例中，FlyingCar 装饰类可以对传入的被装饰对象增加 fly() 功能。假如又定义一个 SwimmingCar 装饰类，它可以对传入的被装饰对象增加 swim() 功能。如果采用装饰模式，

则我们可以灵活组合,动态扩展功能。比如想构造一个会跑又会飞的车:new FlyingCar(new NormalCar),想构造一个会跑又会游的车:new SwimmingCar(new NormalCar),还可以构造一个会跑、会飞还会游的车:new SwimmingCar(new FlyingCar(new NormalCar))。

项目总结

　　文件可以持久地保存内容,本项目详细介绍了 File 类的方法,并着重讲解了遍历目录和删除目录实现。输入输出流(I/O 流)用于程序内存和外存的交互,Java IO 流很多,本项目主要结合文件讲解。IO 流分为字节流和字符流,字节流按照字节读写数据,其抽象类是 InputStream 和 OutputStream,本项目详细介绍了它们的部分实现类 FileInputStream、FileOutputStream、BufferedInputStream、BufferedOutputStream、ObjectInputStream、ObjectOutputStream;字符流按照字符读写数据,其抽象类是 Reader 和 Writer,本项目详细介绍了它们的部分子类 FileReader、FileWriter、BufferedReader、BufferedWriter,以及转换流 InputStreamReader、OutputStreamWriter。值得注意的是,在 JDK 中提供的与文件操作相关的类都很基础,使用时不是很方便,可以使用 Apache 提供的 commons-io 工具包中的 IOUtils 和 FileUtils,从而方便地对文件和 IO 流进行操作。
　　本项目最后讲解了装饰模式,装饰模式的核心是在不改变原类文件和使用继承的情况下,动态地扩展一个对象的功能。装饰模式体现了面向对象设计原则中的合成/聚合复用原则,即尽量使用合成/聚合,尽量不要使用类继承。装饰类和被装饰类之间的关系就是 Is-A、Has-A 和 Use-A。其中,Is-A 代表继承,Has-A 代表合成,Use-A 代表依赖。

项目作业

　　1. 简述字节流和字符流的关系。
　　2. 编写一个程序,使用转换流拷贝一个文本文件,输入时指定字符编码 GBK,输出时指定为 UTF-8。文件路径要求使用相对路径。
　　3. 上机实践书中出现的案例,可自由发挥修改。

项目 11 JDBC编程

11.1 数据库概述

◆ **11.1.1 MySQL 简介**

数据库(database)是按照数据结构来组织、存储和管理数据的仓库,常见的关系型数据库有 Oracle、DB2、SQL Server、Sybase、MySQL 等。

MySQL 是一个小型关系型数据库管理系统(RDBMS)。关系型数据库将数据保存在不同的表中,而不是将所有数据放在一个大仓库内,这样就提高了速度和灵活性。MySQL 由瑞典 MySQL AB 公司开发,目前属于 Oracle 旗下产品。MySQL 使用最常用的结构化查询语言 SQL 访问数据库,同时具有体积小、速度快、开源、免费等特点,总体拥有成本低,因此被广泛应用在中小型企业。本书采用 MySQL 5.5 作为后台数据库,从网上下载并保存。

◆ **11.1.2 安装 MySQL**

在安装 MySQL 过程中,如果没有特殊提示,执行下一步即可。双击 MySQL 安装文件,出现图 11-1 所示界面。

选择接受用户许可证的条目后,点击【Next】出现图 11-2 所示界面,选择安装类型。

选择定制化安装类型(Custom)后,进入图 11-3 所示界面。

修改安装目录。注意只修改目录前面部分,建议不要出现中文。点击【Next】后进入准备安装界面,点击【Install】后开始安装,安装完成后,出现图 11-4 所示界面。

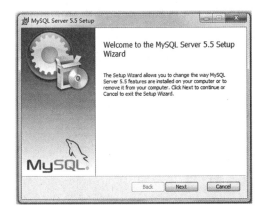

图 11-1 启动安装界面

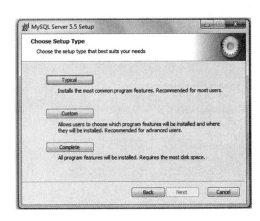

图 11-2 选择安装类型界面

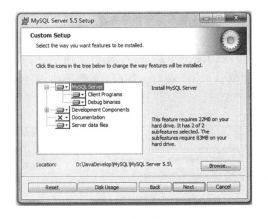

图 11-3 定制化界面

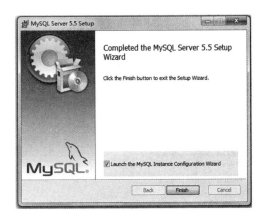

图 11-4 启动 MySQL 配置向导界面

勾选启动 MySQL 实例配置向导，点击【Finish】后出现图 11-5 所示界面。

如果配置向导界面没有弹出来，可以在安装目录（D:\JavaDevelop\MySQL\MySQL Server 5.5\bin）下点击 MySQLInstanceConfig.exe 程序启动配置向导。MySQL 配置向导启动后，选择精细配置，点击【Next】后进入图 11-6 所示界面。

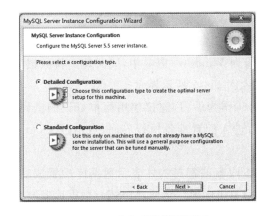

图 11-5 选择配置类型界面

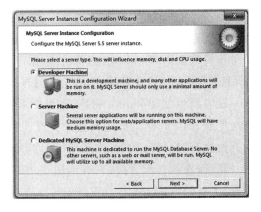

图 11-6 选择服务器类型界面

选择开发者机器模式，点击【Next】后进入图 11-7 所示数据库用途选择界面。

选择多用途数据库模式，下一步是表空间路径选项，保持默认安装路径（Installation Path）即可。下一步进入手动设置服务器最大并发连接数，如图11-8所示。

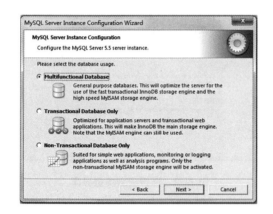

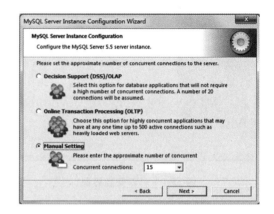

图11-7　选择数据库用途界面　　　　　　图11-8　设置服务器最大并发连接数界面

这里选择手动设置服务器最大并发连接数为15，点击【Next】后进入图11-9所示界面。

使能 TCP/IP 网络协议，设置端口号，建议采用默认 3306 端口。同时，使能严格语法模式。点击【Next】后进入图11-10所示界面。

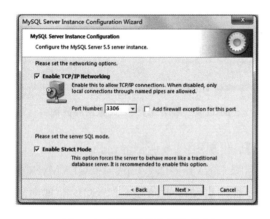

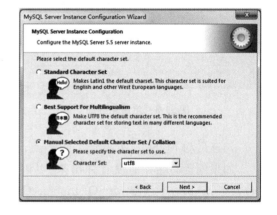

图11-9　设置数据库网络选项　　　　　　图11-10　设置数据库字符集

这里自定义数据库字符集，下拉框里选择 utf8。点击【Next】后进入图11-11所示界面。

设置数据库 Windows 选项，将数据库服务注册到 Windows 服务中，同时勾选将数据库 Bin 目录写入 PATH 环境变量。点击【Next】后进入图11-12所示界面。

设置超级管理员 root 密码，本书设置为 123456，作为学习，建议使用简单好记的密码。同时使能 root 远程机器访问能力。点击【Next】后进入配置准备执行界面，点击【Execute】后开始执行，执行完成后，出现图11-13所示界面。

注意，在执行配置时，只有当图11-13中的四项内容前都打钩才表示数据库配置成功，否则，需要卸载 MySQL 后重新安装。点击【Finish】关闭向导。至此，MySQL 数据库安装全部完成。

下面通过命令行方式测试停止、启动、连接和退出 MySQL 数据库。具体过程如图11-14所示。

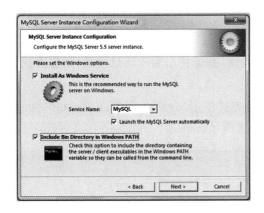
图 11-11　设置 Windows 选项

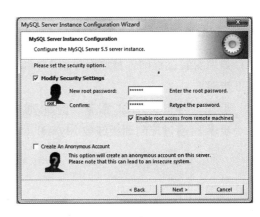
图 11-12　设置数据库安全选项

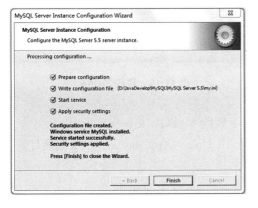
图 11-13　数据库配置成功界面

图 11-14　演示数据库停止、启动、连接和退出

为了更直观、更方便操作 MySQL 数据库,本书采用一个快速而简洁的图形化管理 MySQL 数据库的工具 SQLyog。安装完成后启动 SQLyog,新建一个连接并保存配置,具体设置如图 11-15 所示。

点击【连接】按钮连接数据库。若连接成功,则出现图 11-16 所示界面。

图 11-15　新建 MySQL 连接

图 11-16　SQLyog 连接 MySQL 成功界面

SQLyog 的具体使用这里不再赘述,请参考相关资料。

11.1.3 卸载 MySQL

如果安装过程中各种原因导致 MySQL 安装异常,或者使用完毕后想卸载,则需要执行如下步骤:

步骤1:停止 MySQL 服务。例如,通过命令行方式停止 MySQL 服务,如图 11-17 所示。

步骤2:通过控制面板卸载 MySQL,如图 11-18 所示。

图 11-17 停止 MySQL 服务

图 11-18 卸载 MySQL

步骤3:在安装目录(本书为 D:\JavaDevelop)下删除 MySQL 文件夹。

在地址栏中输入 C:\Documents and Settings\All Users\Application Data,在该目录下删除 MySQL 文件夹,如图 11-19 所示。

在地址栏中输入 C:\ProgramData,删除该目录下的 MySQL 文件夹。

步骤4:进入注册表,搜索并删除与 MySQL 相关的项,如图 11-20 所示。

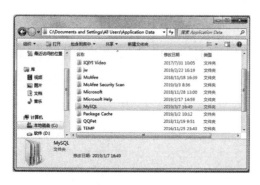

图 11-19 删除相关目录下 MySQL 文件夹

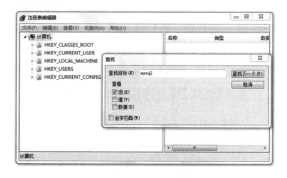

图 11-20 删除注册表相关项

步骤5:以上步骤完成后,重启计算机,MySQL 卸载完毕。

11.1.4 创建测试数据库和表

利用 SQLyog,编写 SQL 语句创建数据库和表,如图 11-21 所示。

(1)本例需要创建一个数据库 testbank,如果该数据库已存在,则先执行删除操作。注意,真实项目中删除一个已存在的数据库时要十分慎重。

(2)在数据库 testbank 中创建一张银行账户表 bankaccount。bankaccount 表包含 user_id、user_name 和 user_balance 三个字段。

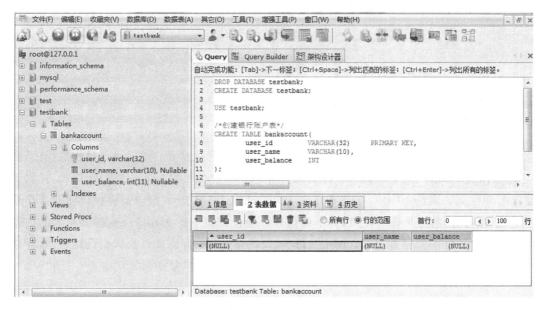

图 11-21　利用 SQL 语句创建 testbank 数据库和表 bankaccount

（3）选中要执行的 SQL 语句，点击鼠标右键，选择【执行查询】下的【执行选定的查询】。也可以选中待执行的 SQL 语句后按 F9 键执行，执行结果见图 11-21 右下部分。

（4）新建项目 chapter11，将所编写好的 SQL 语句做成脚本文件 bankaccount.sql 保存在 src 目录下，以备后用。

至此，数据库 testbank 和银行账户表 bankaccount 创建完成，数据库环境搭建完毕。

MySQL 与 Java 一样，也有数据类型，需要注意它们之间的关系。

例如，MySQL 的 INT 类型可以对应 Java 的 int 类型处理，MySQL 的 DOUBLE 类型可以对应 Java 的 double 类型处理，而 MySQL 可变长度字符串类型 VARCHAR 和固定长度字符串类型 CHAR 都可以用 Java 的 String 类型处理。

MySQL 中有三个与时间相关的类型，分别为 DATE 类型、TIME 类型和 TIMESTAMP 类型，在 Java 的 java.sql 包下有与之对应的类，分别是：

（1）java.sql.Date：表示日期，包含年月日。

（2）java.sql.Time：表示时间，包含时分秒。

（3）java.sql.Timestamp：表示时间戳，包含年月日、时分秒和毫秒。

以上三个类继承自 java.util.Date 类。java.sql 包下的类型是针对 SQL 语句使用的，而其他情形下使用 java.util.Date。在持久层（DAO 层），我们经常涉及这两个包下数据类型的转换，具体说明如下：

（1）根据多态性，java.sql.Date 对象、java.sql.Time 对象或者 java.sql.Timestamp 对象可以自动向上转型，直接赋值给父类 java.util.Date 对象，然后再操作（例如结合 SimpleDateFormat 类格式化）。

（2）java.sql 包下的 Date、Time 和 Timestamp 都有一个接收 long 型毫秒值参数的构造方法，因此，可以先通过 java.util.Date 的 getTime()方法获取毫秒值，再构造 java.sql.Date、java.sql.Time 或 java.sql.Timestamp 对象。举例如下：

```
java.util.Date d=new java.util.Date();   // 构造一个当前时间的 java.util.Date 对象
java.sql.Date date=new java.sql.Date(d.getTime()); //包含年月日,转换会丢失时分秒
java.sql.Time time=new Time(d.getTime()); //包含时分秒,转换会丢失年月日
java.sql.Timestamp timestamp=new Timestamp(d.getTime());   //转换没有丢失信息
```

11.2 什么是 JDBC

数据库安装完毕后,应用程序如果直接使用数据库厂商提供的访问接口操作数据库,则应用程序的可移植性很差,例如,项目从 MySQL 数据库更换为 Oracle 数据库,那么,代码的改动量非常大。因此,JDBC(Java database connectivity)给 Java 程序员提供访问和操作众多关系型数据库的一个统一接口,各个数据库厂商按照统一的 JDBC 规范提供对应的数据库驱动。Java 程序员通过 JDBC API 执行 SQL 语句更新数据库或者获取查询结果,这样编写的应用程序代码更具通用性。JDBC 的桥梁作用如图 11-22 所示。

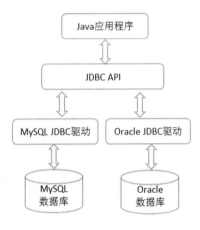

图 11-22 JDBC 的桥梁作用

11.3 JDBC 常用 API

JDBC API 是一个 Java 接口和类的集合,这些类和接口用于建立数据库的连接、将 SQL 数据发送到数据库、处理 SQL 语句的结果以及获取数据库的元数据。数据库厂家提供的驱动都实现了 JDBC API 中的接口,学习时注意多态的使用,接口变量指向的是一个实现该接口的子类对象。使用 Java 开发数据库应用程序的主要类和接口说明如下:

1. java.sql.Driver 接口

每个数据库厂家的驱动程序都应该提供一个实现 Driver 接口的类,在编写 JDBC 时必须将使用的数据库驱动程序(即数据库驱动 JAR 包)加载到项目的 classpath 中。

2. java.sql.DriverManager

DriverManager 用于管理一组 JDBC 驱动程序的基本服务。在加载某一个 Driver 类时,应用程序应该创建一个实例并向 DriverManager 注册该实例。应用程序通常可以通过使用 Class 类的 forName(String className)加载和注册一个驱动程序,例如 Class.forName("com.mysql.jdbc.Driver")。

DriverManager 提供 getConnection 方法用于建立到给定数据库 URL 的连接，返回一个表示连接的 Connection 对象。方法声明如下：

public static Connection getConnection(String url, String user, String password) throws SQLException。

其中：参数 url 表示 jdbc:subprotocol:subname 形式的数据库 url；参数 user 表示数据库用户，连接是为该用户建立的；参数 password 表示该用户的密码。

3. java.sql.Connection 接口

Connection 接口代表 Java 程序和特定数据库的连接（会话）。只有获得该连接，才能在连接上下文中执行 SQL 语句并返回结果。

Connection 接口中几个常用方法介绍如下：

(1) Statement createStatement() throws SQLException：创建一个 Statement 对象用于将 SQL 语句发送到数据库。Statement 接口用于执行不含参数的静态 SQL 语句。考虑到安全和效率问题，实际开发中一般使用 Statement 接口扩展后的 PreparedStatement 接口，用于执行含有或不含有参数的预编译的 SQL 语句。

(2) PreparedStatement prepareStatement(String sql) throws SQLException：创建一个 PreparedStatement 对象来将参数化的 SQL 语句发送到数据库。参数 sql 为可能包含一个或多个问号("?")用作参数占位符的 SQL 语句。

(3) CallableStatement prepareCall(String sql) throws SQLException：创建一个实现 CallableStatement 接口的对象来调用数据库存储过程。其中，CallableStatement 接口继承自 PreparedStatement 接口。

(4) void setAutoCommit(boolean autoCommit) throws SQLException：在此连接上设置事务是否自动提交。如果连接处于自动提交模式下，则它的每条 SQL 语句都作为一个单独的事务提交。否则，所有 SQL 语句将聚集到一个事务中，直到调用 commit 方法或 rollback 方法为止。默认情况下，新连接处于自动提交模式。

(5) void rollback() throws SQLException：在此连接上回滚事务。取消在当前事务中进行的所有更改，并释放此实现 Connection 接口的对象当前持有的所有数据库锁。此方法只应该在已禁用自动提交模式时使用。

(6) void commit() throws SQLException：在此连接上提交事务。使所有上一次提交/回滚后进行的更改成为持久更改，并释放此实现 Connection 接口的对象当前持有的所有数据库锁。此方法只应该在已禁用自动提交模式时使用。

(7) void close() throws SQLException：立即释放此 Connection 对象的数据库和 JDBC 资源，而不是等待它们被自动释放。

4. java.sql.PreparedStatement 接口

PreparedStatement 对象表示一个预编译的 SQL 语句的对象，是用 Connection 接口中的 prepareStatement 方法创建的。prepareStatement 接口提供了在 prepareStatement 对象中设置问号("?")参数占位符的 set 系列方法。prepareStatement 接口常用方法说明如下：

(1) void setInt(int parameterIndex, int x) throws SQLException：将指定参数设置为给定 int 类型值。在将此值发送到数据库时，驱动程序将它转换成一个 SQL INTEGER 值。参数 parameterIndex 是 SQL 语句中问号参数占位符的位置，第一个参数是 1，第二个参数是 2, …。

(2) void setDouble(int parameterIndex, double x) throws SQLException：将指定参数

设置为给定 Java double 值。在将此值发送到数据库时,驱动程序将它转换成一个 SQL DOUBLE 值。

(3) void setFloat(int parameterIndex,float x) throws SQLException:将指定参数设置为给定 Java REAL 值。在将此值发送到数据库时,驱动程序将它转换成一个 SQL FLOAT 值。

(4) void setString(int parameterIndex,String x) throws SQLException:将指定参数设置为给定 Java String 值。在将此值发送给数据库时,驱动程序将它转换成一个 SQL VARCHAR 或 LONGVARCHAR 值(取决于该参数相对于驱动程序在 VARCHAR 值上的限制的大小)。

(5) void setDate(int parameterIndex, Date x) throws SQLException:使用运行应用程序的虚拟机的默认时区将指定参数设置为给定 java.sql.Date 值。在将此值发送到数据库时,驱动程序将它转换成一个 SQL DATE 值。

(6) void setTime(int parameterIndex,Time x) throws SQLException:将指定参数设置为给定 java.sql.Time 值。在将此值发送到数据库时,驱动程序将它转换成一个 SQL TIME 值。

(7) void setTimestamp(int parameterIndex,Timestamp x) throws SQLException:将指定参数设置为给定 java.sql.Timestamp 值。在将此值发送到数据库时,驱动程序将它转换成一个 SQL TIMESTAMP 值。

(8) void setObject(int parameterIndex, Object x) throws SQLException:使用给定对象设置指定参数的值。第二个参数必须是 Object 类型。所以,应该对内置类型使用 java.lang 的等效对象。

JDBC 规范指定了一个从 Java Object 类型到 SQL 类型的标准映射关系。在发送到数据库之前,给定参数将被转换为相应 SQL 类型。

(9) ResultSet executeQuery() throws SQLException:在 PreparedStatement 对象中执行 SQL 查询,并返回该查询生成的实现 ResultSet 接口的对象(ResultSet 结果集)。

(10) int executeUpdate() throws SQLException:在 PreparedStatement 对象中执行 SQL 语句,该语句必须是一个 SQL 数据操作语言 DML(data manipulation language)语句,比如 INSERT、UPDATE 或 DELETE 语句,返回更新的行数;或者是无返回内容的 SQL 语句,比如数据库定义语言 DDL(data definition language)语句,返回值为 0。

(11) void close() throws SQLException:立即释放此 Statement 对象的数据库和 JDBC 资源,而不是等待该对象自动关闭时发生此操作。一般来说,使用完后立即释放资源是一个好习惯,这样可以避免对数据库资源的占用。

5. java.sql.ResultSet 接口

ResultSet 接口表示数据库结果集的数据表,通常通过执行查询数据库的语句生成。ResultSet 对象具有指向其当前数据行的光标。最初,光标被置于第一行之前,调用 next 方法将光标移动到下一行;因为该方法在 ResultSet 对象没有下一行时返回 false,所以可以在 while 循环中使用它来迭代结果集。

ResultSet 接口提供用于从当前行通过列的索引编号或列的名称获取列值的方法(例如 getString、getDate 等)。一般情况下,使用列索引较为高效,列的索引从 1 开始编号。用列名称调用获取方法时,列名称不区分大小写,如果多个列具有同一名称,则返回第一个匹配列的值。

当生成 ResultSet 对象的 Statement 对象关闭、重新执行或用来从多个结果的序列获取下一个结果时,ResultSet 对象将自动关闭。

ResultSet 接口中常用的几个方法说明如下:

(1) boolean next() throws SQLException:将光标从当前位置向前移一行。ResultSet 光标最初位于第一行之前;第一次调用 next 方法使第一行成为当前行;第二次调用使第二行成为当前行,依此类推。如果新的当前行有效,则返回 true;如果不存在下一行,则返回 false。

(2) String getString(int columnIndex) throws SQLException:以 Java 编程语言中 String 的形式获取此 ResultSet 对象的当前行中指定列的值。参数 columnIndex 代表列的索引编号,第一列是 1,第二列是 2,…。

(3) String getString(String columnLabel) throws SQLException:以 Java 编程语言中 String 的形式获取此 ResultSet 对象的当前行中指定列的值。参数 columnLabel 代表列的名称。

(4) int getInt(int columnIndex) throws SQLException:以 Java 编程语言中 int 的形式获取此 ResultSet 对象的当前行中指定列的值。

(5) int getInt(String columnLabel) throws SQLException:以 Java 编程语言中 int 的形式获取此 ResultSet 对象的当前行中指定列的值。

(6) double getDouble(int columnIndex) throws SQLException:以 Java 编程语言中 double 的形式获取此 ResultSet 对象的当前行中指定列的值。

(7) double getDouble(String columnLabel) throws SQLException:以 Java 编程语言中 double 的形式获取此 ResultSet 对象的当前行中指定列的值。

(8) Date getDate(int columnIndex) throws SQLException:以 Java 编程语言中 java.sql.Date 对象的形式获取此 ResultSet 对象的当前行中指定列的值。

(9) Date getDate(String columnLabel) throws SQLException:以 Java 编程语言中的 java.sql.Date 对象的形式获取此 ResultSet 对象的当前行中指定列的值。

(10) Time getTime(int columnIndex) throws SQLException:以 Java 编程语言中 java.sql.Time 对象的形式获取此 ResultSet 对象的当前行中指定列的值。

(11) Time getTime(String columnLabel) throws SQLException:以 Java 编程语言中 java.sql.Time 对象的形式获取此 ResultSet 对象的当前行中指定列的值。

(12) Timestamp getTimestamp(int columnIndex) throws SQLException:以 Java 编程语言中 java.sql.Timestamp 对象的形式获取此 ResultSet 对象的当前行中指定列的值。

(13) Timestamp getTimestamp(String columnLabel) throws SQLException:以 Java 编程语言中 java.sql.Timestamp 对象的形式获取此 ResultSet 对象的当前行中指定列的值。

(14) Object getObject(int columnIndex) throws SQLException:以 Java 编程语言中 Object 的形式获取此 ResultSet 对象的当前行中指定列的值。

此方法将以 Java 对象的形式返回给定列的值。Java 对象的类型将为与该列的 SQL 类型相对应的默认 Java 对象类型,它遵守在 JDBC 规范中指定的内置类型的映射关系。

(15) Object getObject(String columnLabel) throws SQLException:以 Java 编程语言中 Object 的形式获取此 ResultSet 对象的当前行中指定列的值。

(16) ResultSetMetaData getMetaData() throws SQLException:获取此 ResultSet 对象

中的 ResultSetMetaData 对象。

（17）void close() throws SQLException：立即释放此 ResultSet 对象的数据库和 JDBC 资源，而不是等待该对象自动关闭时发生此操作。

6. java.sql.ResultSetMetaData 接口

ResultSetMetaData 接口描述属于结果集的信息，ResultSetMetaData 对象可用于获取关于 ResultSet 对象中列的类型和属性的信息。

（1）int getColumnCount() throws SQLException：返回此 ResultSet 对象中的列的数目。

（2）String getColumnName(int column) throws SQLException：获取指定列的名称。参数 column 代表列的索引编号，第一列是 1，第二列是 2，…。

（3）String getColumnLabel(int column) throws SQLException：获取用于打印输出和显示的指定列的建议标题。建议标题通常由 SQL AS 子句来指定。如果未指定 SQL AS，则从 getColumnLabel 返回的值将和从 getColumnName 返回的值相同。

（4）int getColumnType(int column) throws SQLException：获取指定列的 SQL 类型（也称为 JDBC 类型）。返回值对应 java.sql.Types 的类型代码常量。

（5）String getColumnTypeName(int column) throws SQLException：获取指定列的数据库特定的类型名称。

11.4 编写 JDBC 程序

Java 应用程序使用 JDBC API 访问数据库的典型步骤为：加载数据库驱动程序、获取数据库连接 Connection 对象、获取 Statement 对象、执行 SQL 语句和操作 ResetSet 结果集。

11.4.1 导入驱动程序 JAR 包

本书采用的 MySQL 数据库驱动为 mysql-connector-java-5.1.7-bin.jar 文件。在项目 chapter11 下新建 lib 文件夹，将要导入的驱动 JAR 文件复制到 lib 文件夹中，然后在该 JAR 文件上点击鼠标右键，在弹出的菜单中选择【Build Path】下的【Add to Build Path】选项，如图 11-23 所示。此时，Eclipse 会将该 JAR 包加载到项目的类路径 classpath 中。

在项目"Referenced Libraries"目录下可以看到所有已导入的 JAR 包，Eclipse 会搜索该目录下的类文件。加入驱动后的项目结构如图 11-24 所示。

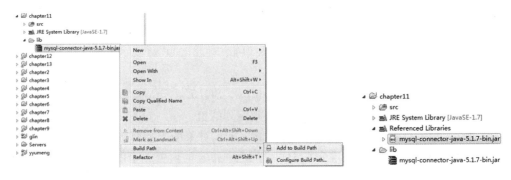

图 11-23　导入 MySQL 连接驱动程序　　　　图 11-24　查看已导入的 JAR 包

11.4.2 通过 JDBC 连接数据库

通过 JDBC 连接数据库有以下 4 个要素：

（1）驱动器类名：表示要加载和注册的驱动器类。查看 com.mysql.jdbc.Driver 类源文件可以知道：当一个 Driver 类被加载时，该类的 static 代码块就会在类加载时执行，创建一个驱动对象，并通过 DriverManager 进行注册。源代码如图 11-25 所示。

```java
package com.mysql.jdbc;

import java.sql.SQLException;

public class Driver extends NonRegisteringDriver implements java.sql.Driver {
    // ~ Static fields/initializers
    // ---------------------------------------------
    // Register ourselves with the DriverManager
    static {
        try {
            java.sql.DriverManager.registerDriver(new Driver());
        } catch (SQLException E) {
            throw new RuntimeException("Can't register driver!");
        }
    }
    // ~ Constructors
    // ---------------------------------------------
    /**
     * Construct a new driver and register it with DriverManager
     *
     * @throws SQLException
     *             if a database error occurs.
     */
    public Driver() throws SQLException {
        // Required for Class.forName().newInstance()
    }
}
```

图 11-25 com.mysql.jdbc.Driver 类源代码

（2）要连接的数据库 URL：连接不同类型的数据库有不同的格式，本例是连接 MySQL 数据库，格式为 jdbc:mysql://主机地址:端口号/数据库名。

（3）要连接 MySQL 数据库的用户名。

（4）要连接 MySQL 数据库的用户密码。

【例 11-1】

通过 JDBC 连接数据库。

下面通过一个测试用例演示如何通过 JDBC 连接数据库，获得一个 Connection 对象。

在项目 chapter11 的 src 文件夹下创建一个 cn.linaw.chapter11.demo01 包，在该包中创建一个 ConnectDBTest 类。代码如图 11-26 所示。

（1）程序第 7~10 行定义连接数据库的 4 要素。

（2）程序第 13 行，执行 Class.forName 方法时，通过反射机制加载 com.mysql.jdbc.Driver 类，在 static 代码块中实例化一个 Driver 对象并注册。

（3）程序第 14 行，DriverManager 根据要连接的数据库 url、用户名和密码调用 getConnection 方法获取数据库连接的 Connection 对象。

（4）程序第 20~28 行，在 finally 代码块中释放 Connection 连接对象资源。

由于对数据库的增、删、改、查等操作都需要事先获取数据库的连接对象，为了提高代码的可重用性，可以定义一个连接数据库的工具类。

```
ConnectDBTest.java
package cn.linaw.chapter11.demo01;
import java.sql.Connection;
import java.sql.DriverManager;
import java.sql.SQLException;
public class ConnectDBTest {
    public static void main(String[] args) {
        String driverClassName = "com.mysql.jdbc.Driver";
        String url = "jdbc:mysql://127.0.0.1:3306/testbank";
        String username = "root";
        String password = "123456";
        Connection conn = null;
        try {
            Class.forName(driverClassName);// 加载驱动类,实例化驱动对象并注册到DriverManager
            conn = DriverManager.getConnection(url, username, password);// 得到连接对象
            System.out.println(conn); // 打印得到的连接对象
        } catch (ClassNotFoundException e) {
            e.printStackTrace();
        } catch (SQLException e) {
            e.printStackTrace();
        } finally {
            if (conn != null) { // 释放连接对象
                try {
                    conn.close();
                } catch (SQLException e) {
                    e.printStackTrace();
                }
            }
        }
    }
}
```

```
Problems  Javadoc  Declaration  Console  Servers
<terminated> ConnectDBTest [Java Application] D:\JavaDevelop\jdk1.7.0_15\bin\javaw.exe (2019年3月10日 上午8:48:54)
com.mysql.jdbc.JDBC4Connection@11e1aa5
```

图 11-26　连接数据库测试

【例 11-2】

定义一个工具类，根据配置文件连接数据库。

定义一个工具类 MyJDBCConnection。源代码如图 11-27 所示。

```
MyJDBCConnection.java
1 package cn.linaw.chapter11.demo01;
2 import java.io.BufferedReader;
3 import java.io.FileInputStream;
4 import java.io.IOException;
5 import java.io.InputStreamReader;
6 import java.sql.Connection;
7 import java.sql.DriverManager;
8 import java.sql.SQLException;
9 import java.util.Properties;
10 public class MyJDBCConnection {
11     public static Connection getConnection() throws ClassNotFoundException,
12             IOException, SQLException {
13         return getConnection("src/dbparams.properties");
14     }
15     public static Connection getConnection(String filePath) throws IOException,
16             ClassNotFoundException, SQLException {
17         Properties props = new Properties();
18         BufferedReader br = new BufferedReader(new InputStreamReader(
19                 new FileInputStream(filePath), "UTF-8"));// 加载时利用转换流指定字符编码
20         props.load(br);
21         Class.forName(props.getProperty("driverClassName"));
22         Connection conn = DriverManager.getConnection(props.getProperty("url"),
23                 props.getProperty("username"), props.getProperty("password"));
24         return conn;
25     }
26 }
```

图 11-27　MyJDBCConnection 工具类

(1) 程序第 15～25 行定义了一个带文件路径参数的静态方法 getConnection(String filePath)，该方法从任意指定路径加载配置文件，并返回一个 Connection 对象。配置文件中连接数据库的 4 大参数名称固定为 driverClassName、url、username 和 password，属性值可以修改。

(2) 程序第 18～19 行将指定路径配置文件的 InputStream 流用转换流装饰，指定字符编码 UTF-8，同时继续装饰转换流，增加了缓冲功能。

(3) 程序第 11～14 行定义了一个无参静态方法 getConnection()，调用重载的有参静态方法，指定文件为类路径 src 下的配置文件 dbparams.properties。在项目 chapter11 的 src 目录下新增 dbparams.properties 配置文件（编码格式为 UTF-8），内容如图 11-28 所示。

```
1 driverClassName=com.mysql.jdbc.Driver
2 url=jdbc:mysql://127.0.0.1:3306/testbank
3 username=root
4 password=123456
```

图 11-28　dbparams.properties 文件

11.4.3　通过 JDBC 向数据库增加数据

【例 11-3】

通过 JDBC 向数据库增加一条记录。

在 chapter11 项目 src 文件夹 cn.linaw.chapter11.demo01 包下新建 AddToDBTest 测试类，演示向 testbank 数据库的 bankaccount 表中插入一条数据。源代码如图 11-29 所示。

```java
 1 package cn.linaw.chapter11.demo01;
 2 import java.io.IOException;
 3 import java.sql.Connection;
 4 import java.sql.PreparedStatement;
 5 import java.sql.SQLException;
 6 import java.util.UUID;
 7 public class AddToDBTest {
 8     public static void main(String[] args) {
 9         Connection conn = null;
10         PreparedStatement preStmt = null;
11         try {
12             conn = MyJDBCConnection.getConnection();// 得到Connection对象
13             String id = UUID.randomUUID().toString().replace("-", "");// 利用UUID类产生的随机数作为表的主键
14             String sql = "INSERT INTO bankaccount(user_id,user_name,user_balance) VALUES(?,?,?)";
15             preStmt = conn.prepareStatement(sql);// 根据传递的SQL语句创建PrepareStatement对象
16             preStmt.setString(1, id); // 为SQL语句中第一个?占位符赋值
17             preStmt.setString(2, "张三"); // 为SQL语句中第二个?占位符赋值
18             preStmt.setInt(3, 100); // 为SQL语句中第三个?占位符赋值
19             int num = preStmt.executeUpdate();// 通过PreparedStatement对象执行SQL语句
20             System.out.println("插入" + num + "条数据！");
21         } catch (ClassNotFoundException e) {
22             e.printStackTrace();
23         } catch (SQLException e) {
24             e.printStackTrace();
25         } catch (IOException e) {
26             e.printStackTrace();
27         } finally {
28             if (preStmt != null) { // 关闭PreparedStatement对象
29                 try {
30                     preStmt.close();
31                 } catch (SQLException e) {
32                     e.printStackTrace();
33                 }
34             }
35             if (conn != null) { // 关闭Connection对象
36                 try {
37                     conn.close();
38                 } catch (SQLException e) {
39                     e.printStackTrace();
40                 }
41             }
42         }
43     }
44 }
```

`<terminated> AddToDBTest (1) [Java Application] D:\JavaDevelop\jdk1.7.0_15\bin\javaw.exe (2019年3月10日 上午10:21:37)`
插入1条数据！

图 11-29　通过 JDBC 向数据库插入数据

（1）程序第 12 行利用同一包下 MyJDBCConnection 工具类的 getConnection 静态方法获取到数据库的一个 Connection 连接。

（2）程序第 13 行利用 java.util.UUID 类的 randomUUID()静态方法产生一个 UUID 对象[UUID 是通用唯一识别码（universally unique identifier）的缩写]，调用 UUID 对象的 toString()方法得到该 UUID 对象的字符串表示形式，将字符串中的"-"删除后便得到一组 32 位数的十六进制数，即 128 比特的随机数。通常利用 UUID 产生的随机数作为数据库表的主键，重复概率极低。

（3）程序第 14 行根据 bankaccount 表的字段编写 INSERT 语句，使用"?"占位符。

（4）程序第 15 行根据传递的 SQL 语句创建 PrepareStatement 对象。

（5）程序第 16~18 行为每个"?"占位符赋值。

（6）程序第 19 行通过 PreparedStatement 对象执行 SQL 语句。执行 INSERT、UPDATE 或 DELETE 时返回受 SQL 语句影响的行数。

（7）程序第 27~42 行在 finally 语句块中关闭数据库连接，释放资源。资源关闭的顺序要与打开的顺序相反。

（8）程序执行后显示插入了 1 条数据。将程序第 17 行第 2 个"?"占位符赋值为"李四"后再次执行，通过 SQLyog 工具查看数据库信息，bankaccount 表里增加了 2 条数据，如图 11-30 所示。

图 11-30　查看数据库信息

11.4.4　通过 JDBC 向数据库查询数据

通过 JDBC 查询数据库记录。

在 chapter11 项目 src 文件夹 cn.linaw.chapter11.demo01 包下新建 QueryDBTest 测试类，查询 testbank 数据库的 bankaccount 表中的数据。源代码如图 11-31 所示。

（1）程序第 13 行利用同一包下 MyJDBCConnection 工具类的 getConnection 静态方法获取到数据库的一个 Connection 连接。

（2）程序第 14 行编写 QUERY 语句，可以根据需要增加 WHERE 条件子句，使用"?"占位符。

（3）程序第 15 行根据传递的 SQL 语句创建 PrepareStatement 对象。

（4）程序第 16 行通过 PreparedStatement 对象执行 SQL 语句。执行 QUERY 查询语句返回一个 Result 结果集对象，该对象保存了 SQL 语句查询的结果。

```java
package cn.linaw.chapter11.demo01;
import java.io.IOException;
import java.sql.Connection;
import java.sql.PreparedStatement;
import java.sql.ResultSet;
import java.sql.SQLException;
public class QueryDBTest {
    public static void main(String[] args) {
        Connection conn = null;
        PreparedStatement preStmt = null;
        ResultSet rs = null;
        try {
            conn = MyJDBCConnection.getConnection();// 得到Connection对象
            String  sql = "SELECT * FROM bankaccount";
            preStmt = conn.prepareStatement(sql);// 根据传递的SQL语句创建PrepareStatement对象
            rs = preStmt.executeQuery();// 执行SQL后将返回的结果集存放在ResultSet对象中
            while(rs.next()) { // 对ResultSet对象进行一行行遍历
                String userId = rs.getString("user_id"); // 得到该列user_id的值
                String userName = rs.getString("user_name"); // 得到该列user_name的值
                int userBanlance = rs.getInt("user_balance"); // 得到该列user_balance的值
                System.out.println("查询到的记录为:"+userId+ ", "+ userName + ", " + userBanlance);
            }
        } catch (ClassNotFoundException e) {
            e.printStackTrace();
        } catch (SQLException e) {
            e.printStackTrace();
        } catch (IOException e) {
            e.printStackTrace();
        } finally {
            if (rs != null) {
                try {
                    rs.close();
                } catch (SQLException e) {
                    e.printStackTrace();
                }
            }
            if (preStmt != null) {
                try {
                    preStmt.close();
                } catch (SQLException e) {
                    e.printStackTrace();
                }
            }
            if (conn != null) {
                try {
                    conn.close();
                } catch (SQLException e) {
                    e.printStackTrace();
                }
            }
        }
    }
}
```

```
查询到的记录为:3dbaf508d0a44007869a1799ca1c3e1f, 李四, 100
查询到的记录为:f63cf662f79d4f38a7cf4652dc4d7a85, 张三, 100
```

图 11-31　通过 JDBC 查询数据库数据

（5）程序第 17~22 行遍历 Result 结果集对象，对于每一行记录，通过 getXxx 方法根据列名获取对应的值。

（6）程序第 29~51 行在 finally 语句块中统一关闭数据库连接，释放资源。

通过执行数据库查询语句，返回的结果保存在 ResultSet 结果集中。当产生它的 Statement 关闭、重新执行或用于从多结果序列中获取下一个结果时，该 ResultSet 将被 Statement 自动关闭。因此，如果后续程序还需要该查询结果，可以将 ResultSet 结果集保存在集合中。

将向数据库查询的 ResultSet 结果集内容保存到 List 集合中。

在 chapter11 项目 src 文件夹 cn.linaw.chapter11.demo01 包下新建 QueryDBSaveTest 测试类，查询 testbank 数据库的 bankaccount 表中的数据，将结果转存到 List 集合中。源代码如图 11-32 所示。

```java
package cn.linaw.chapter11.demo01;
import java.io.IOException;
import java.sql.Connection;
import java.sql.PreparedStatement;
import java.sql.ResultSet;
import java.sql.SQLException;
import java.util.ArrayList;
import java.util.List;
public class QueryDBSaveTest {
    public static void main(String[] args) {
        Connection conn = null;
        PreparedStatement preStmt = null;
        ResultSet rs = null;
        List<BankAccount> list = new ArrayList<BankAccount>();
        try {
            conn = MyJDBCConnection.getConnection();// 得到Connection对象
            String sql = "SELECT * FROM bankaccount";
            preStmt = conn.prepareStatement(sql);// 根据传递的SQL语句创建PrepareStatement对象
            rs = preStmt.executeQuery();//执行SQL后将返回的结果集存放在ResultSet对象中
            while(rs.next()) { // 对ResultSet对象进行一行行遍历
                BankAccount ba = new BankAccount(); //创建一个BankAccount对象，存查询到的每一行记录
                ba.setUser_id(rs.getString("user_id"));//得到该行列user_id的值,存到BankAccount对象中
                ba.setUser_name(rs.getString("user_name"));//得到该行列user_name的值,存到BankAccount对象中
                ba.setUser_balance(rs.getInt("user_balance"));//得到该行列user_balance的值,存到BankAccount对象中
                list.add(ba); //将存有一行记录的对象保存到List集合中
            }
        } catch (ClassNotFoundException e) {
            e.printStackTrace();
        } catch (SQLException e) {
            e.printStackTrace();
        } catch (IOException e) {
            e.printStackTrace();
        } finally {
            if (rs != null) { // 释放ResultSet对象
                try {
                    rs.close();
                } catch (SQLException e) {
                    e.printStackTrace();
                }
            }
            if (preStmt != null) { // 释放PreparedStatement对象
                try {
                    preStmt.close();
                } catch (SQLException e) {
                    e.printStackTrace();
                }
            }
            if (conn != null) { // 释放Connection对象
                try {
                    conn.close();
                } catch (SQLException e) {
                    e.printStackTrace();
                }
            }
        }
        for (BankAccount bankAccount : list) { //对list进行遍历
            System.out.println("查询到的记录为:" + bankAccount.getUser_id() + ", "
                    + bankAccount.getUser_name() + ", " + bankAccount.getUser_balance());
        }
    }
}
```

查询到的记录为:3dbaf508d0a44007869a1799ca1c3e1f, 李四, 100
查询到的记录为:f63cf662f79d4f38a7cf4652dc4d7a85, 张三, 500

图 11-32 将 ResultSet 结果集保存到 List<BankAccount> 容器

（1）程序第 14 行声明一个带泛型的 List 变量，指向无参构造的 ArrayList 空集合，里面元素都是 BankAccount 类型。

（2）程序第 20~26 行，遍历 ResultSet 结果集，将每一行各字段的值封装在一个 BankAccount 对象中，然后添加到 List 链表中。

（3）程序第 33~55 行及时关闭数据库连接。

（4）程序第 56～59 行在数据库连接关闭后，对 List 链表遍历，打印集合中的每一个元素，起到了转存的作用。

为了方便将 ResultSet 结果集内容转存到 List 集合中，如图 11-33 所示，使用了一个 MyResultSetConvert 工具类，提供两种转存的方法。

```java
package cn.linaw.chapter11.demo01;
import java.lang.reflect.Field;
import java.lang.reflect.Method;
import java.sql.ResultSet;
import java.sql.ResultSetMetaData;
import java.sql.SQLException;
import java.util.ArrayList;
import java.util.HashMap;
import java.util.List;
import java.util.Map;
public class MyResultSetConvert {
    // 将给定的ResultSet对象转换成一个List列表，List中每个元素代表一行数据（一个Map集合），Map集合每个元素键值对表示每个属性和值
    public static List<Map<String, Object>> ToMapList(ResultSet rs) throws SQLException {
        List<Map<String, Object>> list = new ArrayList<Map<String, Object>>();
        ResultSetMetaData md = rs.getMetaData();// 获得ResultSet的结构信息
        int columnCount = md.getColumnCount(); // 获取列数
        while (rs.next()) {// 遍历ResultSet结果集每一行
            Map<String, Object> rowData = new HashMap<String, Object>(columnCount);
            for (int i = 1; i <= columnCount; i++) {// 遍历指定行的每一列
                rowData.put(md.getColumnName(i), rs.getObject(i));
            }
            list.add(rowData);
        }
        return list;
    }
    // 将给定的ResultSet对象转换成一个List<T>列表，List中每个元素保存ResultSet中的一行记录
    public static <T> List<T> ToBeanList(ResultSet rs, Class<T> clazz) {
        List<T> list = new ArrayList<>();// 创建一个List<T>
        try {
            ResultSetMetaData md = rs.getMetaData();// 获取该ResultSet结果集的结构信息
            int columnCount = md.getColumnCount(); // 获取列数
            while (rs.next()) {// 遍历ResultSet每一行
                T t = clazz.getConstructor().newInstance();// 通过反射构造一个JavaBean对象实例
                for (int i = 1; i <= columnCount; i++) { // 遍历ResultSet该行的每一列
                    String fName = md.getColumnName(i); // 获取每一列的名字
                    Field field = clazz.getDeclaredField(fName);// 要求JavaBean属性和数据库表的列名一致
                    //得到JavaBean属性的set方法名，set+属性名首字母大写+其他不变
                    String setName = "set" + fName.toUpperCase().substring(0, 1)
                            + fName.substring(1);
                    // 得到JavaBean属性的set方法，set方法的参数类型和属性的类型一致，通过属性的getType()方法得到
                    Method setMethod = clazz.getMethod(setName, field.getType());
                    setMethod.invoke(t, rs.getObject(fName));// 执行set方法，把rs指定行每一列的值赋值到JavaBean各属性中
                }
                list.add(t);// 把赋值后的JavaBean对象 加入list中
            }
        } catch (Exception e) {
            e.printStackTrace();
        }
        return list;
    }
}
```

图 11-33 MyResultSetConvert 小工具

第一种方法：ToMapList 将 ResultSet 结果集转换为 List<Map<String,Object>>，List 中的每一个 Map 集合对应 ResultSet 结果集中的一行记录。

第二种方法：ToBeanList 将 ResultSet 结果集转换为 List<T>，List 中的每一个泛型 T 对象对应一个 JavaBean，简单说，JavaBean 是提供了 setter、getter 和无参构造方法的 Java 类，其他类可以通过反射机制发现和操作这些 JavaBean 的属性。该方法涉及反射，等学完项目 12 后再回头理解。

（1）程序第 12～25 行将给定的 ResultSet 对象转换成一个 List 列表，List 中每个元素代表一行数据（一个 Map 集合），Map 集合的每个元素表示该行数据中列名和值的键值对。

（2）程序第 14 行创建一个 ArrayList 集合，集合中每个元素就是一个 Map 集合。

（3）程序第 15 行根据 ResultSet 结果集的 getMetaData 方法返回关于 ResultSet 结果集中列的类型和属性信息的 ResultSetMetaData 对象。

（4）程序第 16 行通过 ResultSetMetaData 对象的 getColumnCount 方法得到 ResultSet 结果集的行数。

（5）程序第 17～23 行遍历 ResultSet 结果集每一行，将每一行数据保存在一个 Map 集合中。

（6）程序第 12～25 行将给定的 ResultSet 对象转换成一个 List<T> 列表，List 中一个元素保存 ResultSet 中的一行记录，该记录是一个 T 类型的 JavaBean 对象。

【例 11-6】

利用 MyResultSetConvert 小工具完成 ResultSet 结果集的转存。

第一次采用 MyResultSetConvert 的 ToMapList 方法。在 chapter11 项目 src 文件夹 cn.linaw.chapter11.demo01 包下新建 QueryDBtoMapListTest 测试类，如图 11-34 所示。

```java
package cn.linaw.chapter11.demo01;
import java.io.IOException;
import java.sql.Connection;
import java.sql.PreparedStatement;
import java.sql.ResultSet;
import java.sql.SQLException;
import java.util.List;
import java.util.Map;
public class QueryDBtoMapListTest {
    public static void main(String[] args) {
        Connection conn = null;
        PreparedStatement preStmt = null;
        ResultSet rs = null;
        List<Map<String,Object>> list = null;
        try {
            conn = MyJDBCConnection.getConnection();// 得到Connection对象
            String sql = "SELECT * FROM bankaccount";
            preStmt = conn.prepareStatement(sql);// 根据传递的SQL语句创建PrepareStatement对象
            rs = preStmt.executeQuery();// 执行SQL后将返回的结果存放在ResultSet对象中
            list = MyResultSetConvert.ToMapList(rs);
        } catch (ClassNotFoundException e) {
            e.printStackTrace();
        } catch (SQLException e) {
            e.printStackTrace();
        } catch (IOException e) {
            e.printStackTrace();
        } finally {
            if (rs != null) { // 释放ResultSet对象
                try {
                    rs.close();
                } catch (SQLException e) {
                    e.printStackTrace();
                }
            }
            if (preStmt != null) { // 释放PreparedStatement对象
                try {
                    preStmt.close();
                } catch (SQLException e) {
                    e.printStackTrace();
                }
            }
            if (conn != null) { // 释放Connection对象
                try {
                    conn.close();
                } catch (SQLException e) {
                    e.printStackTrace();
                }
            }
        }
        for (Map<String, Object> map : list) {
            System.out.println("查询到的记录为:" + map.get("user_id") + ", "
                + map.get("user_name") + ", " + map.get("user_balance"));
        }
    }
}
```

查询到的记录为:3dbaf508d0a44007869a1799ca1c3e1f, 李四, 100
查询到的记录为:f63cf662f79d4f38a7cf4652dc4d7a85, 张三, 100

图 11-34 将 ResultSet 结果集转换为 List<Map<String,Object>>

第二次采用 MyResultSetConvert 的 ToBeanList 方法。在 chapter11 项目 src 文件夹 cn.linaw.chapter11.demo01 包下新建 QueryDBtoBeanListTest 测试类，如图 11-35 所示。

```java
package cn.linaw.chapter11.demo01;
import java.io.IOException;
import java.sql.Connection;
import java.sql.PreparedStatement;
import java.sql.ResultSet;
import java.sql.SQLException;
import java.util.List;
public class QueryDBtoBeanListTest {
    public static void main(String[] args) {
        Connection conn = null;
        PreparedStatement preStmt = null;
        ResultSet rs = null;
        List<BankAccount> list = null;
        try {
            conn = MyJDBCConnection.getConnection();// 得到Connection对象
            String  sql = "SELECT * FROM bankaccount";
            preStmt = conn.prepareStatement(sql);// 根据传递的SQL语句创建PrepareStatement对象
            rs = preStmt.executeQuery(); // 执行SQL后将返回的结果集存放在ResultSet对象中
            list = MyResultSetConvert.ToBeanList(rs, BankAccount.class);
        } catch (ClassNotFoundException e) {
            e.printStackTrace();
        } catch (SQLException e) {
            e.printStackTrace();
        } catch (IOException e) {
            e.printStackTrace();
        } finally {
            if (rs != null) { // 释放ResultSet对象
                try {
                    rs.close();
                } catch (SQLException e) {
                    e.printStackTrace();
                }
            }
            if (preStmt != null) { // 释放PreparedStatement对象
                try {
                    preStmt.close();
                } catch (SQLException e) {
                    e.printStackTrace();
                }
            }
            if (conn != null) { // 释放Connection对象
                try {
                    conn.close();
                } catch (SQLException e) {
                    e.printStackTrace();
                }
            }
            for (BankAccount bankAccount : list) { //对list进行遍历
                System.out.println("查询到的记录为:" + bankAccount.getUser_id() + ", "
                    + bankAccount.getUser_name() + ", " + bankAccount.getUser_balance());
            }
        }
    }
}
```

<terminated> QueryDBtoBeanListTest [Java Application] D:\JavaDevelop\jdk1.7.0_15\bin\javaw.exe (2019年3月16日 下午2:50:39)
查询到的记录为:3dbaf508d0a44007869a1799ca1c3e1f, 李四, 100
查询到的记录为:f63cf662f79d4f38a7cf4652dc4d7a85, 张三, 100

图 11-35　将 ResultSet 结果集转换为 List<T>

11.4.5 通过 JDBC 向数据库修改数据

【例 11-7】

通过 JDBC 修改数据库记录。

在 chapter11 项目 src 文件夹 cn. linaw. chapter11. demo01 包下新建 ModifyDBTest 测试类，修改 testbank 数据库的 bankaccount 表中的数据。源代码如图 11-36 所示。

ModifyDBTest.java

```java
package cn.linaw.chapter11.demo01;
import java.io.IOException;
import java.sql.Connection;
import java.sql.PreparedStatement;
import java.sql.SQLException;
public class ModifyDBTest {
    public static void main(String[] args) {
        Connection conn = null;
        PreparedStatement preStmt = null;
        try {
            conn = MyJDBCConnection.getConnection();// 得到Connection对象
            String sql = "UPDATE bankaccount SET user_balance=? WHERE user_name =?";
            preStmt = conn.prepareStatement(sql);// 根据传递的SQL语句创建PrepareStatement对象
            preStmt.setInt(1, 200);// 为SQL语句中第一个?占位符赋值
            preStmt.setString(2, "张三");// 为SQL语句中第二个?占位符赋值
            int num = preStmt.executeUpdate();// 通过PreparedStatement对象执行SQL语句
            System.out.println("修改"+num+"条数据成功");
        } catch (ClassNotFoundException e) {
            e.printStackTrace();
        } catch (SQLException e) {
            e.printStackTrace();
        } catch (IOException e) {
            e.printStackTrace();
        } finally {
            if (preStmt != null) { // 释放PreparedStatement对象
                try {
                    preStmt.close();
                } catch (SQLException e) {
                    e.printStackTrace();
                }
            }
            if (conn != null) { // 释放Connection对象
                try {
                    conn.close();
                } catch (SQLException e) {
                    e.printStackTrace();
                }
            }
        }
    }
}
```

Problems @ Javadoc Declaration Console Servers

```
<terminated> ModifyDBTest [Java Application] D:\JavaDevelop\jdk1.7.0_15\bin\javaw.exe (2019年3月10日 上午10:46:23)
修改1条数据成功
```

图 11-36 通过 JDBC 修改数据库数据

通过 SQLyog 工具或者通过 QueryDBTest 查询数据库 testbank 的 bankaccount 表，发现 user_name 为“张三”的记录的 user_balance 值被修改为 200。测试完毕后，再利用本程序将“张三”的账户余额改回 100。

11.4.6 通过 JDBC 向数据库删除数据

【例 11-8】

通过 JDBC 删除数据库记录。

步骤 1：由于 bankaccount 表中账户“张三”和“李四”两条记录后续还要用，暂不删除。

为了演示删除记录，先利用 AddToDBTest 测试程序向数据库 bankaccount 表中增加一条账户为“王五”、余额为“100”的记录。

步骤 2：在 chapter11 项目 src 文件夹 cn. linaw. chapter11. demo01 包下创建一个 DeleteDBTest 类来演示通过 JDBC 向数据库删除数据的场景。源代码如图 11-37 所示。

DeleteDBTest.java

```java
package cn.linaw.chapter11.demo01;
import java.io.IOException;
import java.sql.Connection;
import java.sql.PreparedStatement;
import java.sql.SQLException;
public class DeleteDBTest {
    public static void main(String[] args) {
        Connection conn = null;
        PreparedStatement preStmt = null;
        try {
            conn = MyJDBCConnection.getConnection();// 得到Connection对象
            String sql = "DELETE FROM bankaccount WHERE user_name =?";
            preStmt = conn.prepareStatement(sql);// 根据传递的SQL语句创建PrepareStatement对象
            preStmt.setString(1, "王五");// 为SQL语句中第一个?占位符赋值
            int num = preStmt.executeUpdate();// 通过PreparedStatement对象执行SQL语句
            System.out.println("删除"+num+"条数据成功");
        } catch (ClassNotFoundException e) {
            e.printStackTrace();
        } catch (SQLException e) {
            e.printStackTrace();
        } catch (IOException e) {
            e.printStackTrace();
        } finally {
            if (preStmt != null) { // 释放PreparedStatement对象
                try {
                    preStmt.close();
                } catch (SQLException e) {
                    e.printStackTrace();
                }
            }
            if (conn != null) { // 释放Connection对象
                try {
                    conn.close();
                } catch (SQLException e) {
                    e.printStackTrace();
                }
            }
        }
    }
}
```

Problems @ Javadoc Declaration Console Servers

```
<terminated> DeleteDBTest [Java Application] D:\JavaDevelop\jdk1.7.0_15\bin\javaw.exe (2019年3月16日 下午3:04:52)
删除1条数据成功
```

图 11-37 通过 JDBC 删除数据库数据

通过 SQLyog 工具或者通过 QueryDBTest 查询数据库 testbank 的 bankaccount 表，发现符合条件的记录已经被删除。

11.4.7 JDBC 事务处理

事务就是一组原子性的 SQL 操作，或者说一个独立的工作单元。事务内的语句，要么全部执行成功，要么全部执行失败。事务有 ACID 四大特性：

(1) 原子性(atomicity)：一个事务必须视为一个不可分割的最小工作单元，整个事务中的所有操作要么全部提交成功，要么全部失败回滚。对于一个事务来说，不可能只执行其中的一部分操作，这就是事务的原子性。

(2) 一致性(consistency)：数据库总数从一个一致性的状态转换到另一个一致性的状态。

（3）隔离性(isolation)：一个事务所做的修改在最终提交以前，对其他事务是不可见的。

（4）持久性(durability)：一旦事务提交，则其所做的修改就会永久保存到数据库中。此时即使系统崩溃，修改的数据也不会丢失。

【例 11-9】

演示 JDBC 事务处理。

通过 SQLyog 工具或者通过 QueryDBTest 查询数据库 testbank 的 bankaccount 表，目前账户张三和李四账户余额各有 100。现要求张三向李四转账 100，该过程可分解为 2 步，首先是张三的账户余额减少 100，然后李四的账户余额增加 100。这两步操作组成一个事务，要么都成功，要么都失败。

在 chapter11 项目 src 文件夹 cn.linaw.chapter11.demo01 包下创建一个 TransactionTest 类，源代码如图 11-38 所示。

```java
package cn.linaw.chapter11.demo01;
import java.io.IOException;
import java.sql.Connection;
import java.sql.PreparedStatement;
import java.sql.SQLException;
public class TransactionTest {
    public static void main(String[] args) {
        Connection conn = null;
        PreparedStatement preStmt = null;
        try {
            conn = MyJDBCConnection.getConnection();// 得到Connection对象
            conn.setAutoCommit(false);//开启事务
            String sql = "UPDATE bankaccount SET user_balance=user_balance+? WHERE user_name =?";
            preStmt = conn.prepareStatement(sql);
            preStmt.setInt(1, -100); // 为SQL语句中第一个?占位符赋值，减少100
            preStmt.setString(2, "张三");
            preStmt.executeUpdate();
            preStmt.setInt(1, 100);// 为SQL语句中第二个?占位符赋值，增加100
            preStmt.setString(2, "李四");
            preStmt.executeUpdate();
            conn.commit(); //提交事务
        } catch (ClassNotFoundException e) {
            e.printStackTrace();
        } catch (SQLException e) {
            e.printStackTrace();
            try {
                conn.rollback(); //回滚事务
            } catch (SQLException e1) {
                e1.printStackTrace();
            }
        } catch (IOException e) {
            e.printStackTrace();
        } finally {
            if (preStmt != null) {
                try {
                    preStmt.close();
                } catch (SQLException e) {
                    e.printStackTrace();
                }
            }
            if (conn != null) {
                try {
                    conn.close();
                } catch (SQLException e) {
                    e.printStackTrace();
                }
            }
        }
    }
}
```

图 11-38 JDBC 事务示例

在 JDBC 中处理事务，都是通过 Connection 完成的。注意，同一事务中的所有操作，必须使用同一个 Connection 对象。本例程序执行后，查看数据库中的 bankaccount 表，如

图 11-39 所示。

图 11-39　查询事务提交后的表信息

11.5　数据库连接池 C3P0

11.5.1　javax.sql.DataSource 接口

作为 DriverManager 工具的替代项，JDBC 提供了 DataSource 接口来负责与数据库之间建立连接，实现 DataSource 接口的 DataSource 对象是获取连接的首选方法。下面介绍获得 Connection 的两个抽象方法。

（1）Connection getConnection() throws SQLException：尝试建立与此 DataSource 对象所表示的数据源的连接。返回到数据源的连接，如果发生数据库访问错误，抛出 SQLException 异常。

（2）Connection getConnection（String username，String password）throws SQLException：尝试建立与此 DataSource 对象所表示的数据源的连接。参数 username 为其建立连接的数据库用户，password 为用户的密码。

11.5.2　C3P0 数据源

C3P0 是目前最流行的开源数据库连接池之一，它实现了数据源和 JNDI 绑定，支持 JDBC2 和 JDBC3 的规范，易于扩展且性能优越，目前使用它的开源框架有 Hibernate 和 Spring 等。在使用 C3P0 数据源开发时，需要熟悉 ComboPooledDataSource 类，它实现了 javax.sql.DataSource 接口，是 C3P0 中的核心类，包含了设置数据库连接信息的方法和数据库连接池初始化的方法，以及 DataSource 接口的 getConnection 方法等。

ComboPooledDataSource 类有 2 个构造方法，分别为 ComboPooledDataSource（）和 ComboPooledDataSource（String configName），用于创建数据源对象。

【例 11-10】

使用 ComboPooledDataSource 类的无参构造方法创建数据源对象，并手动设置该数据源的属性。

步骤 1：在 chapter11 项目 lib 目录下拷贝两个 JAR 包，即 c3p0-0.9.2.1.jar 和 mchange-commons-java-0.2.3.4.jar，并将其导入该项目中，如图 11-40 所示。

步骤 2：在 chapter11 项目 src 目录下新建 cn.linaw.chapter11.demo02 包，在包里创建

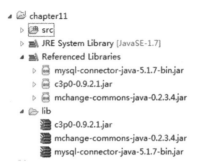

图 11-40　导入 C3P0 的两个 JAR 包

一个 C3P0Test1 测试类。源代码如图 11-41 所示。

```java
package cn.linaw.chapter11.demo02;
import java.beans.PropertyVetoException;
import java.sql.Connection;
import java.sql.SQLException;
import com.mchange.v2.c3p0.ComboPooledDataSource;
public class C3P0Test1 {
    public static void main(String[] args) {
        // 创建连接池对象（数据源）
        ComboPooledDataSource dataSource = new ComboPooledDataSource();
        // 配置连接池对象连接到数据库的四大参数
        try {
            dataSource.setDriverClass("com.mysql.jdbc.Driver");
        } catch (PropertyVetoException e) {
            e.printStackTrace();
        }
        dataSource.setJdbcUrl("jdbc:mysql://127.0.0.1:3306/testbank");
        dataSource.setUser("root");
        dataSource.setPassword("123456");
        // 配置连接池的常用参数
        dataSource.setInitialPoolSize(3);
        dataSource.setMinPoolSize(3);
        dataSource.setMaxPoolSize(15);
        dataSource.setAcquireIncrement(3);
        Connection conn = null;
        try {
            conn = dataSource.getConnection(); //获取数据库连接Connection对象
        } catch (SQLException e) {
            e.printStackTrace();
        }
        System.out.println(conn);//打印数据库连接Connection对象
        if (conn != null) { // 释放连接对象
            try {
                conn.close();
            } catch (SQLException e) {
                e.printStackTrace();
            }
        }
    }
}
```

图 11-41　通过 ComboPooledDataSource 方法手动配置数据源信息

（1）程序第 9 行根据 ComboPooledDataSource 类的无参构造方法创建一个数据源对象。

（2）程序第 12 行 setDriverClass 方法设置连接数据库的驱动名称。

（3）程序第 16 行 setJdbcUrl 方法设置连接数据库的路径。

（4）程序第 17 行 setUser 方法设置登录数据库的用户。

（5）程序第 18 行 setPassword 方法设置登录数据库用户密码。

（6）程序第 20 行 setInitialPoolSize 方法设置数据库连接池初始化时创建的连接数。本例配置为 3。

（7）程序第 21 行 setMinPoolSize 方法设置连接池保持的最小连接数。本例配置为 3。

（8）程序第 22 行 setMaxPoolSize 方法设置连接池中拥有的最大连接数。如果获得新连接时会使连接总数超过这个值，则不会再获取新连接，而是等待其他连接释放。本例配置为 15。

（9）程序第 23 行 setAcquireIncrement 方法设置连接池在无空闲连接可用时一次性创建的新连接数。本例配置为 3。

（10）程序第 26 行 getConnection 方法用于从数据库连接池中获取一个连接。

（11）程序第 30 行打印获得的连接对象。从执行结果看出，利用 C3P0 数据源对象成功获取到了数据库连接 Connection 对象。

（12）程序第 31～37 行，用于释放连接对象。注意，这里的释放，只是将其归还给连接池，不是真的从系统释放。

【例 11-11】

使用 ComboPooledDataSource(String configName)有参构造方法创建数据源对象。

步骤 1：导入 C3P0 的两个 JAR 包。由于例 11-10 已经导入，该步骤略。

步骤 2：在项目 chapter11 的类路径 src 目录下创建一个 c3p0-config.xml 文件，该配置文件用于设置数据库的连接信息和连接池参数的初始化信息，如图 11-42 所示。

```xml
<?xml version="1.0" encoding="UTF-8"?>
<c3p0-config>
    <!-- 这是默认配置信息 -->
    <default-config>
        <!-- 连接数据库四大参数配置 -->
        <property name="jdbcUrl">jdbc:mysql://localhost:3306/testbank</property>
        <property name="driverClass">com.mysql.jdbc.Driver</property>
        <property name="user">root</property>
        <property name="password">123456</property>
        <!-- 常用池参数配置 -->
        <property name="acquireIncrement">3</property>
        <property name="initialPoolSize">3</property>
        <property name="minPoolSize">3</property>
        <property name="maxPoolSize">15</property>
    </default-config>

    <!-- 命名为name1的配置信息 -->
    <named-config name="name1-config">
        <property name="jdbcUrl">jdbc:mysql://localhost:3306/testbank</property>
        <property name="driverClass">com.mysql.jdbc.Driver</property>
        <property name="user">root</property>
        <property name="password">123456</property>
        <property name="acquireIncrement">2</property>
        <property name="initialPoolSize">2</property>
        <property name="minPoolSize">2</property>
        <property name="maxPoolSize">10</property>
    </named-config>
</c3p0-config>
```

图 11-42　c3p0-config.xml 配置

在该配置中，可以配置多套数据源信息，本例包括默认配置和命名为"name1-config"的两套配置信息，当程序后期需要更换数据源配置时，只需修改构造方法中的 configName 参数值即可，非常方便。

> **注意：**
> 配置文件名称必须为 c3p0-config.xml 或者 c3p0.properties，并且位于该项目 src 根目录下。如果构造方法中传入的 configName 值为空或者不存在，则使用 <default-config>...</default-config> 中的默认配置信息。

步骤 3：在 chapter11 项目 src 目录下 cn.linaw.chapter11.demo02 包下创建一个 C3P0Test2 测试类。源代码如图 11-43 所示。

图 11-43 通过读取配置文件配置数据源信息

（1）程序第 11 行，当创建连接池对象时，会自动从类路径下加载配置文件 "c3p0-config.xml"，根据构造方法 configName 参数的取值选用该配置文件中对应的配置信息。

（2）程序第 13 行数据源对象 getConnection 方法用于从数据库连接池中获取一个连接。

（3）程序第 17 行打印连接对象。从执行结果看出，这里成功获取到了数据库连接 Connection 对象。

 项目总结

本项目讲解了 JDBC 编程相关知识。首先安装了 MySQL 数据库，并创建了需要操作的数据库和表，接着介绍了 JDBC 常用的 API，并通过案例展示如何通过 JDBC 向数据库做增、删、改、查等操作，然后讲解了数据库事务处理，事务处理是数据库操作中很重要的概念。本项目最后简单介绍了开发中常用的开源 JDBC 连接池 C3P0 数据源。

项目作业

1. 简述什么是 JDBC，JDBC 编程分哪几步。
2. 简述 java.util.Date 时间类型和 java.sql 包下的三个时间相关类型如何转换。
3. 上机实践书中出现的案例，可自由发挥修改。

12.1 反射机制的含义

在运行状态中,对于任意一个类,都能够知道这个类的所有属性和方法;对于任意一个对象,都能够调用它的任意一个方法和属性。这种动态获取信息以及动态调用对象的方法的功能称为Java语言的反射机制。

反射最大的好处就是解耦。反射机制可以使程序在运行时加载一个编译期间完全未知的类,即程序员可以在运行时灵活选择需要加载的类。

Java通过java.lang.Class<T>类实现反射。当Java加载一个类(.class字节码文件)时,由Java虚拟机以及通过调用类加载器(java.lang.ClassLoader)的defineClass方法自动构造该类的Class对象。Class对象代表该类的结构信息,是反射机制的核心,通过Class对象可以调用该类所有属性、方法和构造器。

12.2 获取Class对象的三种方式

实现反射首先需要获得该类的Class对象。Java提供三种方式去获取一个类对应的Class对象,说明如下。

1. 通过Object类中的getClass()方法

通过对象的getClass方法进行获取,这种方式需要具体的类和该类的对象,以及调用getClass方法。

在Java中,通过一个对象的getClass方法可以获得该对象对应的Class对象。这种方式的前提是该类的实例对象存在。

2. 使用.class 语法

任何数据类型（包括基本数据类型和引用数据类型）都具备一个静态的属性 class，通过它可直接获取到该类型对应的 Class 对象。这种方式使用到具体的类，调用其属性获取。

3. 调用 Class 类的 forName 静态方法

（1）public static Class<?> forName(String className) throws ClassNotFoundException：返回与带有给定字符串名的类或接口相关联的 Class 对象。

这种方式根据给出所需类的完全限定名就可以获取该类的 Class 对象，是最常用的方式。

（2）public static Class<?> forName(String name, boolean initialize, ClassLoader loader) throws ClassNotFoundException：使用给定的类加载器，返回与带有给定字符串名的类或接口相关联的 Class 对象。给定一个类或接口的完全限定名，此方法会试图定位、加载和链接该类或接口。指定的类加载器用于加载该类或接口。如果参数 loader 为 null，则该类通过引导类加载器加载。只有 initialize 参数为 true 且以前未被初始化时，才初始化该类。

该方法不能用于获得表示基本类型或 void 的任何 Class 对象。在一个实例方法中，表达式 Class.forName("Foo") 等效于 Class.forName("Foo", true, this.getClass().getClassLoader())。

【例 12-1】

演示获取 Class 类对象的三种方式。

创建一个 Java 项目，项目名为 chapter12，在该项目下 src 目录下创建一个包 cn.linaw.chapter12.demo01，在包里创建一个 BankAccount 类，与项目 11 相比，为了演示需要，增加了一条打印语句，如图 12-1 所示。

```java
package cn.linaw.chapter12.demo01;
public class BankAccount {
    private String user_id;
    private String user_name;
    private int user_balance;
    public BankAccount() {
        super();
    }
    public BankAccount(String user_name, int user_balance) {
        super();
        this.user_name = user_name;
        this.user_balance = user_balance;
    }
    public void setUser_id(String user_id) {
        this.user_id = user_id;
    }
    public String getUser_id() {
        return user_id;
    }
    public String getUser_name() {
        return user_name;
    }
    public void setUser_name(String user_name) {
        this.user_name = user_name;
        System.out.println("user_name = "+this.user_name);//测试需要，增加一条打印语句
    }
    public int getUser_balance() {
        return user_balance;
    }
    public void setUser_balance(int user_balance) {
        this.user_balance = user_balance;
    }
}
```

图 12-1　BankAccount 类

在 cn.linaw.chapter12.demo01 包下创建一个 GetClassTest 测试类，演示获取 BankAccount 类的 Class 对象的三种方式，如图 12-2 所示。

```java
package cn.linaw.chapter12.demo01;
public class GetClassTest {
    public static void main(String[] args) {
        BankAccount p = new BankAccount();
        Class<?> clazz1 = p.getClass();// 利用Object类的getClass()方法
        Class<?> clazz2 = BankAccount.class;// 利用.class语法
        Class<?> clazz3 = null;
        try {
            // 利用Class类的forName静态方法
            clazz3 = Class.forName("cn.linaw.chapter12.demo01.BankAccount");
        } catch (ClassNotFoundException e) {
            e.printStackTrace();
        }
        System.out.println("三个Class变量是否指向同一个Class对象?"
                + ((clazz1 == clazz3) && (clazz2 == clazz3)));
        System.out.println("clazz3.getName():" + clazz3.getName());// 获取类的完全限定名
    }
}
```

```
三个Class变量是否指向同一个Class对象?true
clazz3.getName():cn.linaw.chapter12.demo01.BankAccount
```

图 12-2　获取 BankAccount 类的 Class 对象

（1）程序第 4、5 行是新建一个对象，然后该对象调用继承自 Object 的 getClass()方法获得该类的 Class 对象。java.lang.Class＜T＞类是一个泛型类，Class＜？＞表示该 Class 引用变量可以指向任意 Class 对象。

（2）程序第 6 行利用类的 class 属性得到该类的 Class 对象。

（3）程序第 10 行利用 Class 类的 forName(String className)静态方法获取所需类的 Class 对象，forName 方法的 stringName 参数值还可以放置在配置文件中，运行时灵活指定要加载的类。

stringName 参数值不要写错，这里提供一种方式。如图 12-3 所示，在 BankAccount 类上点击鼠标右键，选择【Copy Qualified Name】选项，就能得到该类完整的类名，粘贴即可。

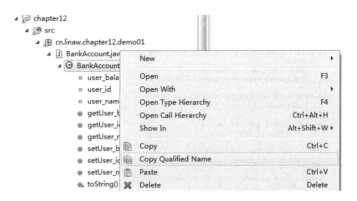

图 12-3　复制 BankAccount 类的完全限定名（包名＋类名）

（4）程序第 14、15 行显示这三种方式获得的都是同一个 Class 对象。Class 类没有公共构造方法，系统针对每个类只会自动创建一个 Class 对象。

（5）程序第 16 行，Class 类 public String getName()方法以 String 的形式返回此 Class

对象所表示的实体(类、接口、数组类、基本类型或 void)名称。

12.3 反射机制的常见操作

反射机制主要提供了以下功能：动态加载类，动态获取类的属性、方法和构造器，动态构造对象，动态调用类的对象的任意方法，动态调用和处理属性，获取泛型信息，处理注解，生成动态代理等。

下面讲解本项目反射机制操作中涉及的类：

(1) java.lang.Class<T>类：代表类的结构信息。

(2) java.lang.reflect.Constructor<T>类：代表构造器的结构信息。

(3) java.lang.reflect.Field 类：代表属性的结构信息。

(4) java.lang.reflect.Method 类：代表方法的结构信息。

12.3.1 利用反射构造对象(Constructor<T>类)

Constructor 提供关于类的单个构造方法的信息以及对它的访问权限。Constructor<T>类的对象代表"构造器"。利用 Class 对象可以获得该类的 Constructor 对象，有了 Constructor 对象，可以调用相关方法构造对象。

【例 12-2】

演示利用反射机制动态构造对象。

在 chapter12 项目 src 目录的 cn.linaw.chapter12.demo01 包下创建一个 ConstructorTest 测试类，如图 12-4 所示。

(1) 程序第 7 行通过 Class 类的 forName 方法获取指定类的 Class 对象。

(2) 程序第 11 行利用 Class 对象获得此类所有已声明的构造器数组。

方法 public Constructor<?>[] getDeclaredConstructors() throws SecurityException 返回 Constructor 对象的一个数组，这些对象反映此 Class 对象表示的类声明的所有构造方法。它们是公共、保护、默认(包)访问和私有构造方法。

(3) 程序第 12~14 行打印 Constructor 对象数组的每一个 Constructor 对象，实际调用的是该对象的 public String toString()方法，该方法返回描述此 Constructor 的字符串。返回的该字符串是作为构造方法访问修饰符(如果有)格式化的，其后面是声明类的完全限定名，再往后是构造方法形参类型的加括号的、逗号分隔的列表。

(4) 程序第 21 行利用 Class 对象 newInstance()方法创建此 Class 对象所表示的类的一个新实例。如同用一个带有一个空参数列表的 new 表达式实例化该类。

(5) 程序第 22 行和第 25 行利用 Class 对象的 getDeclaredConstructor 方法获取一个指定的构造方法。第 22 行获取一个无参 Constructor 构造器，而第 25 行获取一个指定参数列表的有参 Constructor 构造器。

方法 public Constructor<T> getDeclaredConstructor(Class<?>... parameterTypes) throws NoSuchMethodException, SecurityException 返回一个带有指定参数列表的构造方法的 Constructor 对象，该对象反映此 Class 对象所表示的类或接口的指定构造方法。parameterTypes 参数是 Class 对象的一个数组，它按声明顺序标识构造方法

```
 1  package cn.linaw.chapter12.demo01;
 2  import java.lang.reflect.Constructor;
 3  public class ConstructorTest {
 4      public static void main(String[] args) {
 5          Class<?> clazz = null;
 6          try {
 7              clazz = Class.forName("cn.linaw.chapter12.demo01.BankAccount");
 8          } catch (ClassNotFoundException e) {
 9              e.printStackTrace();
10          }
11          Constructor<?>[] cons = clazz.getDeclaredConstructors();//获得此类所有已声明的构造器
12          for (int i = 0; i < cons.length; i++) {// 遍历Constructor对象数组
13              System.out.println(cons[i]);
14          }
15          Object obj = null;
16          Constructor<?> c1 = null;
17          Object o1 = null;
18          Constructor<?> c2 = null;
19          Object o2 = null;
20          try {
21              obj = clazz.newInstance(); // 利用Class对象的无参构造器构造对象。
22              c1 = clazz.getDeclaredConstructor();// 获得Constructor无参构造器
23              o1 = c1.newInstance();// 调用Constructor对象的方法构造对象
24              // 获得带参String、int的Constructor构造器
25              c2 = clazz.getDeclaredConstructor(String.class, int.class);
26              o2 = c2.newInstance("张三",100);// 调用Constructor对象的方法构造对象
27          } catch (Exception e) {
28              e.printStackTrace();
29          }
30          System.out.println("obj:" + obj);
31          System.out.println("o1:" + o1);
32          System.out.println("o2:" + o2);
33      }
34  }
```

<terminated> ConstructorTest [Java Application] D:\JavaDevelop\jdk1.7.0_15\bin\javaw.exe (2019年6月1日 上午11:21:30)
public cn.linaw.chapter12.demo01.BankAccount(java.lang.String,int)
public cn.linaw.chapter12.demo01.BankAccount()
obj:cn.linaw.chapter12.demo01.BankAccount@958bb8
o1:cn.linaw.chapter12.demo01.BankAccount@7f4ec
o2:cn.linaw.chapter12.demo01.BankAccount@60e128

图 12-4　动态构造对象

的形参类型。如果不填 parameterType 参数，表示返回一个无参 Constructor 对象。

（6）程序第 23 行和第 26 行利用 Constructor 对象的 newInstance 方法构造对象。第 23 行是利用无参 Constructor 构造器构造，第 26 行是利用有参 Constructor 构造器调用，并传入参数。

方法 public T newInstance（Object... initargs）throws InstantiationException，IllegalAccessException，IllegalArgumentException，InvocationTargetException 使用此 Constructor 对象表示的构造方法来创建该构造方法的声明类的新实例，并用指定的初始化参数初始化该实例。

（7）程序第 30～32 行打印动态构造出来的对象。实际调用的都是该对象的 toString（）方法。

◆ **12.3.2　利用反射操作属性（Field 类）**

Field 类提供有关类或接口的单个字段的信息，以及对它的动态访问权限。反射的字段可能是一个类（静态）变量或实例变量。利用 Class 对象的方法可以获得属性类对象（即 Field 对象），有了 Field 对象，就可以获得和设置属性。需要注意的是，属性如果是私有的，需要设置跳过安全检查，即对 Field 对象调用 setAccessible（true）方法。

演示利用反射机制操作属性。

在 chapter12 项目 src 目录的 cn.linaw.chapter12.demo01 包下创建一个 FieldTest 测试类,如图 12-5 所示。

```java
package cn.linaw.chapter12.demo01;
import java.lang.reflect.Field;
public class FieldTest {
    public static void main(String[] args) {
        Class<?> clazz = null;
        try {
            clazz = Class.forName("cn.linaw.chapter12.demo01.BankAccount");
        } catch (ClassNotFoundException e) {
            e.printStackTrace();
        }
        Field[] fields = clazz.getDeclaredFields();//获得此类所有已声明字段的Field对象数组
        for (int i = 0; i < fields.length; i++) {
            System.out.println(fields[i].toString());
        }
        Object o = null;
        Field f1 = null;
        try {
            o = clazz.newInstance();
            f1 = clazz.getDeclaredField("user_name");
            f1.setAccessible(true);// 跳过安全检查,可以访问私有成员
            f1.set(o, "李四");
        } catch (Exception e) {
            e.printStackTrace();
        }
        System.out.println(o);
    }
}
```

```
private java.lang.String cn.linaw.chapter12.demo01.BankAccount.user_id
private java.lang.String cn.linaw.chapter12.demo01.BankAccount.user_name
private int cn.linaw.chapter12.demo01.BankAccount.user_balance
BankAccount [user_id=null, user_name=李四, user_balance=0]
```

图 12-5 通过反射操作属性

(1) 程序第 7 行通过 Class 类的 forName 方法获取指定类的 Class 对象。

(2) 程序第 11 行利用 Class 对象获得此类所有已声明字段的 Field 对象数组。

方法 publicField[] getDeclaredFields() throws SecurityException 返回一个表示此类所有已声明字段的 Field 对象的数组,这些对象反映此 Class 对象所表示的类或接口所声明的所有字段,包括公共、保护、默认(包)访问和私有字段,但不包括继承的字段。返回数组中的元素没有排序,也没有任何特定的顺序。如果该类或接口不声明任何字段,或者此 Class 对象表示一个基本类型、一个数组类或 void,则此方法返回一个长度为 0 的数组。

(3) 程序第 12~14 行打印 Field 对象数组的每一个 Field 对象,调用该对象的 public String toString() 方法,该方法返回一个描述此 Field 的字符串。格式是:该字段(如果存在的话)的访问修饰符,后面跟着字段类型和一个空格,再后面是声明该字段的类的完全限定名,后面跟着一个句点,最后是字段的名称。

(4) 程序第 18 行利用 Class 对象的 newInstance() 方法创建此 Class 对象所表示的类的一个新实例。如同用一个带有一个空参数列表的 new 表达式实例化该类。

(5) 程序第 19 行利用 Class 对象的 getDeclaredField 方法获取一个指定属性的 Field 对象。

方法 public Field getDeclaredField(String name) throws NoSuchFieldException, SecurityException 返回一个此类中指定属性的 Field 对象,该对象反映此 Class 对象所表示的类或接口的指定已声明属性。name 参数为指定属性的名称。

(6) 程序第 20 行 setAccessible 方法继承自父类 java.lang.reflect.AccessibleObject。

方法 public void setAccessible(boolean flag) throws SecurityException 将此对象的

accessible 标志设置为指示的布尔值。值为 true 则指示反射的对象在使用时应该取消 Java 语言访问检查。值为 false 则指示反射的对象应该实施 Java 语言访问检查。

(7) 程序第 21 行调用 Field 对象的 set 方法设置指定对象的属性。

方法 public void set(Object obj, Object value) throws IllegalArgumentException, IllegalAccessException 将指定对象变量上此 Field 对象表示的属性设置为指定的新值。如果底层属性的类型为基本类型,则对新值进行自动拆箱。参数 obj 表示应该修改其属性的对象,value 为正被修改 obj 的属性的新值。

> **注意:**
> 开发中不推荐使用跳过安全检查来访问私有属性和方法,应该通过公共的 set 方法和 get 方法来操作属性。

(8) 程序第 25 行打印利用反射修改属性值后的对象。

12.3.3 利用反射操作方法(Method 类)

Method 类提供了关于类或接口上单独某个方法(以及如何访问该方法)的信息。Method 对象所反映的方法可能是类方法或实例方法(包括抽象方法)。利用 Class 对象可以获得代表该方法结构的 Method 对象,有了 Method 对象,就可以操作方法。

演示利用反射机制操作方法。

在 chapter12 项目 src 目录的 cn.linaw.chapter12.demo01 包下创建一个 MethodTest 测试类,如图 12-6 所示。

```java
package cn.linaw.chapter12.demo01;
import java.lang.reflect.Method;
public class MethodTest {
    public static void main(String[] args) {
        Class<?> clazz = null;
        try {
            clazz = Class.forName("cn.linaw.chapter12.demo01.BankAccount");
        } catch (ClassNotFoundException e) {
            e.printStackTrace();
        }
        Method[] methods = clazz.getDeclaredMethods();// 获得此类所有已声明字段的 Method 对象数组
        for (int i = 0; i < methods.length; i++) {
            System.out.println(methods[i].toString());
        }
        Object o = null;
        try {
            o = clazz.newInstance();
            // 指定方法名和参数,获得单个方法的 Method 对象
            Method method1 = clazz.getDeclaredMethod("setUser_name", String.class);
            method1.invoke(o, "张三");// 对带有指定参数的指定对象调用由此 Method 对象表示的底层方法。
        } catch (Exception e) {
            e.printStackTrace();
        }
    }
}
```

```
public int cn.linaw.chapter12.demo01.BankAccount.getUser_balance()
public void cn.linaw.chapter12.demo01.BankAccount.setUser_balance(int)
public void cn.linaw.chapter12.demo01.BankAccount.setUser_name(java.lang.String)
public void cn.linaw.chapter12.demo01.BankAccount.setUser_id(java.lang.String)
public java.lang.String cn.linaw.chapter12.demo01.BankAccount.getUser_id()
public java.lang.String cn.linaw.chapter12.demo01.BankAccount.getUser_name()
user_name = 张三
```

图 12-6 通过反射操作方法

(1) 程序第 7 行通过 Class 类的 forName 方法获取指定类的 Class 对象。

(2) 程序第 11 行利用 Class 对象获得此类所有已声明字段的 Method 对象数组。

方法 public Method[] getDeclaredMethods() throws SecurityException 返回表示此类所有声明方法的 Method 对象的一个数组,这些对象反映此 Class 对象表示的类或接口声明的所有方法,包括公共、保护、默认(包)访问和私有方法,但不包括继承的方法。返回数组中的元素没有排序,也没有任何特定的顺序。

(3) 程序第 12~14 行打印 Method 对象数组的每一个 Method 对象,调用该对象的 public String toString()方法,该方法返回描述此 Method 的字符串。该字符串被格式化为方法访问修饰符(如果有),后面依次跟着方法返回类型、空格、声明方法的类、句点、方法名、括号以及由逗号分隔的方法的形参类型列表。如果方法抛出检查异常,则参数列表后跟着空格、单词 throws 以及由逗号分隔的抛出异常类型的列表。

(4) 程序第 17 行利用 Class 对象的 newInstance()方法创建此 Class 对象所表示的类的一个新实例。如同用一个带有一个空参数列表的 new 表达式实例化该类。

(5) 程序第 19 行利用 Class 对象的 getDeclaredMethod 方法指定方法名和参数,获得单个方法的 Method 对象。

方法 public Method getDeclaredMethod(String name, Class<?>... parameterTypes) throws NoSuchMethodException,SecurityException 返回一个该类与指定方法名和参数相匹配的方法的 Method 对象,该对象反映此 Class 对象所表示的类或接口的指定已声明方法。参数 name 是方法名,参数 parameterTypes 是 Class 对象的一个数组,它按声明顺序标识该方法的形参类型。

(6) 程序第 20 行调用了 Method 对象的 invoke 方法。

方法 public Object invoke(Object obj, Object... args) throws IllegalAccessException, IllegalArgumentException,InvocationTargetException 对带有指定参数的指定对象调用由此 Method 对象表示的底层方法。参数 obj 表示从中调用底层方法的对象;参数 args 用于方法调用的参数,如果形参是基本数据类型,则实参对象会自动拆箱,以便与基本数据类型形参相匹配。如果底层方法是静态的,那么可以忽略指定的 obj 参数。参数 args 可以为 null,表示底层方法没有形参。

本例中,将具体方法名写在了代码中,没有体现动态性。属性的 setter 方法名称是有规律的,可以动态拼接而成,具体参考项目 11 例 11-5 中 MyResultSetConvert 工具类提供的 toBeanList 方法。另外,要调用的方法名也可以通过配置文件配置,以体现方法调用的动态性。

12.4 代理模式

代理模式(proxy)是一种设计模式,为某一个对象提供一个代理对象,并由代理对象控制被代理对象的访问。通俗来讲,代理模式就是我们生活中常见的中介。

代理模式主要包含以下 3 个角色:

(1) Subject(抽象主题角色):声明真实主题和代理主题的共同的接口或者是继承相同的父类,这样在任何使用真实主题对象的地方都可以用代理主题对象替代。

(2) Proxy(代理主题角色):代理主题角色内部包含了对真实主题角色的引用,从而可以在任何时候操作真实主题对象。

(3) RealSubject(真实主题角色):定义了代理主题角色所代理的真实主题对象(被代理对象),在真实主题角色中实现了真实的业务操作。

例如,顾客虽然可以直接找出版社买书,但更多的是通过书店去买。顾客通过书店买书就是一个代理模式,顾客是客户,书店扮演代理主题角色,而出版社才是真实主题角色,出版社真正卖书,其他附加的事情就交给书店代理去做,书店会在适当时机调用出版社卖书功能。

代理模式结构如图 12-7 所示。

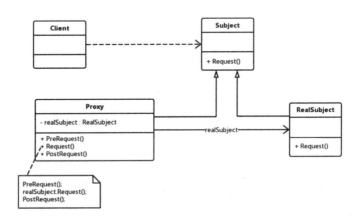

图 12-7 代理模式结构

使用代理模式有如下好处:

(1) 中介隔离作用:在某些情况下,一个 Client 不想或者不能直接引用一个 RealSubject 对象,而 Proxy 对象可以在 Client 和 RealSubject 对象之间起到中介作用,其特征是 Proxy 类和 RealSubject 类实现相同的接口。

(2) 开闭原则,增加功能:Proxy 主要负责为 RealSubject 预处理消息、过滤消息、把消息转发给 RealSubject,以及事后对返回结果的处理等。Proxy 除了是 Client 和 RealSubject 的中介之外,还可以通过给 Proxy 增加额外的功能来扩展 RealSubject 的功能,这样可以只修改 Proxy 而无须修改 RealSubject,符合代码设计的开闭原则。

按照代理创建的时期来分类,代理可以分为静态代理和动态代理。静态代理是由程序员创建或特定工具自动生成源代码,再对其编译。在程序运行之前,代理类的.class 文件已经被创建,代理主题类和真实主题类的关系在运行前就确定了。而动态代理是在程序运行时通过反射机制动态创建的。

◆ 12.4.1 静态代理

静态代理在使用时,需要定义接口或者父类,被代理对象与代理对象一起实现相同的接口或者是继承相同的父类,代理对象通过调用相同的方法来调用真实主题对象的方法。

以书店代理卖书为例,演示静态代理。

步骤 1:在 chapter12 项目 src 目录下新建 cn. linaw. chapter12. demo02 包,在包里定义一个代理主题角色和真实主题角色共同的服务接口 SellDao,接口中定义卖书抽象方法 sell()。图 12-8 所示为 SellDao 接口。

SellDao.java

```java
package cn.linaw.chapter12.demo02;
public interface SellDao { // 定义代理主题角色和真实主题角色共同的接口
    public abstract void sell();
}
```

图 12-8　抽象主题角色接口

步骤 2:真实主题角色(即出版社)对接口的实现即图 12-9 所示的 RealSubject 类。

RealSubject.java

```java
package cn.linaw.chapter12.demo02;
public class RealSubject implements SellDao {
    @Override
    public void sell() { // 真实主题角色（被代理对象）的sell方法
        System.out.println("卖书! ");
    }
}
```

图 12-9　真实主题角色对服务接口的实现

代理主题角色(即书店)对接口的实现即图 12-10 所示的 Proxy 类。

Proxy.java

```java
package cn.linaw.chapter12.demo02;
public class Proxy implements SellDao {
    RealSubject realSubject; // 接收保存真实主题对象（被代理对象）
    public Proxy(RealSubject realSubject) {
        super();
        this.realSubject = realSubject;
    }
    @Override
    public void sell() { //代理主题角色的sell方法
        regist(); // 调用真实主题对象（被代理对象）方法前的扩展功能
        realSubject.sell();// 调用真实主题对象（被代理对象）的方法
        rewardPoints(); // 调用真实主题对象（被代理对象）方法后的扩展功能
    }
    public void regist() {
        System.out.println("办会员卡");
    }
    public void rewardPoints() {
        System.out.println("赠送积分");
    }
}
```

图 12-10　代理主题角色对服务接口的实现

可见,代理主题角色对接口的实现中,除了调用了被代理的真实主题对象的方法外,代理主题对象还做了额外的工作,例如办理会员卡和赠送积分。在不破坏真实主题代码的前提下,通过代理模式扩展了程序功能。

步骤 3:编写测试用例。比较客户端不使用静态代理模式和使用静态代理模式卖书的效果。StaticProxyTest 测试类的源代码如图 12-11 所示。

静态代理需要为每一个服务创建一个代理类,当服务多时则工作量大且不易管理,一旦接口内容发生改变,则真实主题类与代理主题类都需要修改。

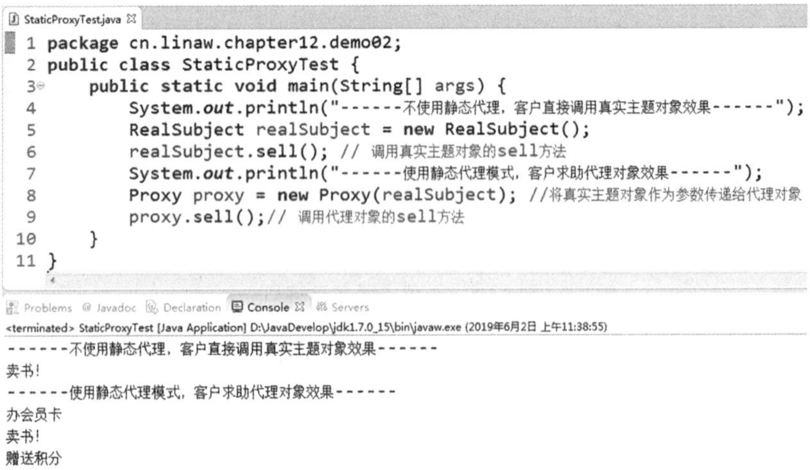

```
StaticProxyTest.java
 1 package cn.linaw.chapter12.demo02;
 2 public class StaticProxyTest {
 3     public static void main(String[] args) {
 4         System.out.println("------不使用静态代理,客户直接调用真实主题对象效果------");
 5         RealSubject realSubject = new RealSubject();
 6         realSubject.sell(); // 调用真实主题对象的sell方法
 7         System.out.println("------使用静态代理模式,客户求助代理对象效果------");
 8         Proxy proxy = new Proxy(realSubject); //将真实主题对象作为参数传递给代理对象
 9         proxy.sell();// 调用代理对象的sell方法
10     }
11 }
```

```
<terminated> StaticProxyTest [Java Application] D:\JavaDevelop\jdk1.7.0_15\bin\javaw.exe (2019年6月2日 上午11:38:55)
------不使用静态代理,客户直接调用真实主题对象效果------
卖书!
------使用静态代理模式,客户求助代理对象效果------
办会员卡
卖书!
赠送积分
```

图 12-11 静态代理对比测试

◆ 12.4.2 动态代理

为了解决静态代理的不足,JDK 提供了动态代理方式。所谓动态代理就是程序员不用单独编写代理类。在 JDK 中,由 java.lang.reflect.Proxy 代理类在运行时动态创建代理对象,程序员只需要编写一个实现 java.lang.reflect.InvocationHandler 接口的动态处理器即可。当代理对象调用方法时,将调用处理器的 invoke 方法,在 invoke 方法中可以对被代理的接口方法做控制。

JDK 中的动态代理利用了 Java 反射。例如,创建某一接口 Foo 的代理,代码如下:

```
InvocationHandler handler=new MyInvocationHandler(...);
Foo f=(Foo) Proxy.newProxyInstance(Foo.class.getClassLoader(),
                    new Class[] { Foo.class }, handler);
```

【例 12-6】

以书店代理卖书为例,演示 JDK 动态代理。

步骤 1:在项目 chapter12 的 src 目录下新建 cn.linaw.chapter12.demo03 包。将例 12-5 里的接口 SellDao.java 拷贝过来,将真实主题角色(即出版社)对接口的实现 RealSubject.java 拷贝过来,但是不需要编写代理主题角色对接口的实现。

步骤 2:在 cn.linaw.chapter12.demo03 包下编写一个实现了 InvocationHandler 接口的 MyInvocationHandler 类,如图 12-12 所示。

(1) 程序第 5~9 行,在处理器有参构造方法中接收一个真实主题对象,并通过一个 Object 类型的引用变量 realSubject 保存。

(2) 程序第 11 ~ 22 行,处理器对象执行 invoke 方法。Proxy 代理类在调用 newProxyInstance 方法生成代理对象时,都要关联一个实现了 InvocationHandler 接口的处理器对象,处理器对象在 invoke 方法中实现对真实主题对象的代理访问。本例中,对在调用真实主题对象的 sell 方法前后均做了功能扩展,而对其他代理接口方法并未增强,直接调用真实主题对象的方法。

InvocationHandler 接口的 invoke 方法中,参数 proxy 为传入的代理对象;参数 method

MyInvocationHandler.java

```java
package cn.linaw.chapter12.demo03;
import java.lang.reflect.InvocationHandler;
import java.lang.reflect.Method;
public class MyInvocationHandler implements InvocationHandler {
    private Object realSubject; //保存接收的真实主题对象
    public MyInvocationHandler(Object realSubject) {
        super();
        this.realSubject = realSubject;
    }
    @Override
    public Object invoke(Object proxy, Method method, Object[] args) throws Throwable {
        Object result = null;
        //可以对代理的接口方法做统一的逻辑控制
        if(method.getName().equals("sell")){ //如果是接口里的sell方法，除了调用真实主题对象方法外，还扩展功能
            this.regist();
            result = method.invoke(realSubject, args);
            this.rewardPoints();
        }else{  // 接口里其他方法直接调用真实主题对象方法，不做任何增强
            result = method.invoke(realSubject, args);
        }
        return result;
    }
    public void regist() {
        System.out.println("办会员卡");
    }
    public void rewardPoints() {
        System.out.println("赠送积分");
    }
}
```

图 12-12　MyInvocationHandler 类

为代理对象上调用代理接口方法的 java. lang. reflect. Method 对象；参数 args 表示代理对象上调用方法时需要的参数，它是一个 Object 类型的数组。基本类型的参数将被包装在对应包装类的实例中。如果代理接口方法没有参数，则 args 为 null。invoke 方法的返回值也将作为代理对象上方法调用的返回值，类型为 Object，可以根据需要将返回值向下转型为该接口方法声明返回的类型。

步骤 3：下面通过一个测试类 DynamicProxyTest 来演示动态代理效果，如图 12-13 所示。

DynamicProxyTest.java

```java
1 package cn.linaw.chapter12.demo03;
2 import java.lang.reflect.Proxy;
3 public class DynamicProxyTest {
4     public static void main(String[] args) {
5         SellDao realSubject = new RealSubject(); // 创建一个真实主题对象
6         System.out.println(realSubject.getClass()); //打印真实主题类Class对象
7         SellDao proxy = (SellDao) Proxy.newProxyInstance(SellDao.class
8                 .getClassLoader(), new Class[] {SellDao.class},
9                 new MyInvocationHandler(realSubject)); // 为真实主题对象创建代理对象
10        System.out.println(proxy.getClass());// 打印内存中动态生成代理类Class对象
11        proxy.sell(); // 代理对象执行代理接口里的方法，无返回值
12    }
13 }
```

```
Problems  Javadoc  Declaration  Console  Servers
<terminated> DynamicProxyTest (1) [Java Application] D:\JavaDevelop\jdk1.7.0_15\bin\javaw.exe (2019年3月17日 下午7:19:58)
class cn.linaw.chapter12.demo03.RealSubject
class com.sun.proxy.$Proxy0
办会员卡
卖书!
赠送积分
```

图 12-13　动态代理测试

（1）程序第 5 行创建一个真实主题对象，程序第 6 行打印该真实主题对象。

（2）程序第 7～9 行使用 Proxy 类的 newProxyInstance 方法为真实主题对象动态生成代理对象。

方法 public static Object newProxyInstance（ClassLoader loader，Class<?>[ ] interfaces，InvocationHandler h）throws IllegalArgumentException 返回一个带有代理类

的指定调用处理器的代理对象,它由指定的类加载器定义,并实现指定的接口。参数 loader 定义代理类的类加载器,参数 interfaces 是代理类要实现的接口列表,这两个参数的写法都是有规律的。参数 h 是指派方法调用的处理器,构造处理器时传入真实主题对象,无论代理对象调用代理接口里的什么方法,最终都会进入关联的处理器 h 的 invoke 方法中。

JDK 实现动态代理需要真实主题类通过接口定义业务方法,对于没有接口的类,如何实现动态代理呢?这就需要使用 CGLIB(code generation library),这里不再赘述。

项目总结

Java 反射机制是 Java 语言很重要的特性,是其动态性的体现。学习反射能为后续理解框架等打下基础。本项目讲解了获取 Class 类实例的三种方式,并详细介绍了反射机制中的部分常见操作,包括动态加载类、获取类的属性、构造方法和普通方法;最后讲解了代理模式。代理模式通过代理控制对真实对象的访问,可以在调用真实对象前和(或者)后做一些额外工作,其中动态代理用到了反射机制,是本项目的难点所在。

Java 反射机制是一个非常强大的功能,在很多大型项目比如 Spring、MyBatis 中都可以看见反射的身影。Java 反射机制主要提供了以下功能:在运行时构造一个类的对象;判断一个类所具有的成员变量和方法;调用一个对象的方法;生成动态代理。反射最大的应用就是框架。

在运行状态时,对于任意一个类,都能够知道这个类的所有属性和方法;对于任意一个对象,都能够调用它的任意一个方法和属性。Java 反射机制使得程序更加灵活、更具扩展性。很多框架底层都会用到 Java 反射机制,理解它对后续深入学习 Java 非常重要。

代理模式和装饰模式非常类似,甚至代码都类似。代理模式与装饰模式的最根本区别是两者的目的不同。

项目作业

1. 简述 Class 类的作用。
2. 简述获取 Class 对象的三种方式。
3. 上机实践书中出现的案例,可自由发挥修改。

项目 13 Java Web程序开发示例

13.1 Web程序开发概述

13.1.1 软件体系架构 C/S 和 B/S

C/S(client/server)架构即客户端/服务器端架构。C/S架构需要同时开发服务器端程序和客户端程序,客户端需要实现绝大多数的业务逻辑和界面展示,例如桌面QQ就是这种结构,需要下载专门的客户端软件才能使用。C/S架构下,客户端和服务器端可以使用任何通信协议包括采用私有协议,界面和操作可以很丰富。但缺点是维护成本高,服务器端程序发生一次升级,则所有客户端的程序可能都需要配套升级。

B/S(browser/server)架构即浏览器/服务器架构,是Web兴起后的一种网络结构模式,这种模式统一了客户端,即Web浏览器(Internet Explorer、FireFox等),将系统功能实现的核心部分集中到服务器上。HTTP协议(hypertext transfer protocol)即超文本传输协议,专门用于浏览器和服务器之间交互数据,是一种请求/响应式协议。

B/S架构主要利用了不断成熟的Web浏览器技术,用通用浏览器实现原来需要复杂专用软件才能实现的强大功能,节约了开发成本。客户端零安装、零维护,方便系统的推广。

13.1.2 静态Web页面和动态Web页面

Web资源包括静态资源和动态资源。客户端通过Web浏览器,使用HTTP协议发起请求(request),所有请求都先送到目的IP地址对应的Web服务器(例如Tomcat服务器)处理。Web服务器能够解析HTTP协议,当Web服务器接收到一个HTTP请求时,会返回一个HTTP响应。

如果客户端请求的是静态资源（*.html 或者 *.htm），则 Web 服务器从文件系统中取出相关内容，发送回客户端浏览器进行解析执行。静态 Web 网页不需要连接数据库，不需要在服务器端动态拼凑结果。当然，客户端可以使用 JavaScript、Ajax 等技术增强静态 Web 页面的功能或效果。

如果客户端请求的是动态资源（*.jsp、*.asp/*.aspx、*.php 等），则 Web 服务器将请求转交给 Web 容器（例如 JSP/Servlet 容器），Web 容器经过业务逻辑，可能会访问数据库，将动态拼凑出来的资源转换成静态资源后交给 Web 服务器，Web 服务器再将其通过 HTTP 协议发回客户端浏览器解析执行。

Web 服务器和 Web 容器可能会集于一身。本书采用的 Tomcat 服务器，是 Apache 推出的一个免费的开放源代码的 Web 服务器，属于轻量级应用服务器，在中小型系统和并发访问用户不是很多的场合下被普遍使用，是开发和调试 Java Web 程序的首选。

13.2 Eclipse 环境下配置 Tomcat 服务器

◆ 13.2.1 安装 Tomcat 服务器

Tomcat 服务器软件可以在官网 http://tomcat.apache.org 或网上其他地方下载。Tomcat 服务器软件分为安装版和绿色解压版，其中绿色解压版无须安装，解压后即可使用。本书采用的是 apache-tomcat-7.0.42.zip 绿色解压版，将其解压到 D:\JavaDevelop\apache-tomcat-7.0.42 目录下即可。

Tomcat 服务器启动时需要使用 JDK，会使用 JAVA_HOME 系统环境变量，因此，在 Tomcat 启动前需要安装 JDK，并正确配置好 JAVA_HOME 等系统环境变量。

在 D:\JavaDevelop\apache-tomcat-7.0.42\bin 目录下，鼠标双击 startup.bat 即可启动 Tomcat 服务器，双击 shutdown.bat 即可停止 Tomcat 服务器。

Tomcat 服务器启动后，需要验证 Tomcat 服务器是否正常工作。可以在 Tomcat 服务器上通过 Web 浏览器客户端访问本机 Tomcat 服务器主页，在 Web 浏览器地址栏中输入 http://127.0.0.1:8080。如果能正确访问到 Tomcat 主页，说明 Tomcat 服务器运行正常。注意，如果是网络上其他客户端主机访问 Tomcat 服务器，则需要写入服务器对外的真实 IP，而不能是 127.0.0.1。

Tomcat 服务器默认 TCP 端口号是 8080，可以在 D:\JavaDevelop\apache-tomcat-7.0. 42\conf 目录的 server.xml 文件中修改。打开文件，搜索关键字 8080，找到图 13-1 所示的位置。

```
67      <Connector executor="tomcatThreadPool"
68                 port="8080" protocol="HTTP/1.1"
69                 connectionTimeout="20000"
70                 redirectPort="8443" />
```

图 13-1 Tomcat 服务器端口位置

如果将 port 端口 8080 修改为其他端口，保存该文件后需要重启 Tomcat 服务器才能生效，客户浏览器访问 Tomcat 服务器时需要使用修改后的端口号。注意，平时访问网站 URL

时,可以不写端口号,Web 浏览器会自动填写端口号 80,因此,如果服务器不使用默认端口 80,则需要在 URL 中显式输入端口号。

D:\JavaDevelop\apache-tomcat-7.0.42\webapps 目录下通常存放所有发布的 Web 应用程序,每个文件夹都是一个 Web 项目。其中,ROOT 是一个特殊的项目,地址栏中没有给出具体项目的目录时,访问的就是 ROOT 项目。

D:\JavaDevelop\apache-tomcat-7.0.42\work 目录是 Tomcat 的工作目录,存放 webapps 中各项目运行时产生的文件。JSP 编译生成的 Servlet 源文件和字节码文件放在该目录下。

◆ 13.2.2 Eclipse 中配置 Tomcat

1. 在 Eclipse 中添加 Web 开发相关插件

Eclipse 是一个开放源代码的、基于 Java 的可扩展开发平台。就其本身而言,它只是一个框架和一组服务,用于通过不同插件构建开发环境。

刚下载的纯净 Eclipse 中没有 Web 插件,不能开发 Web 项目。如果要开发 Web 项目,需要添加插件。方法如下:

在 Eclipse 菜单栏中找到【Help】,在下拉菜单里找到【Install New Software】,点击 "Work with" 后的【Add】按钮,弹出对话框,在 "Name" 后的文本框里填入 "Kepler" repository,在 "Location" 后面的文本框里填入 http://download.eclipse.org/releases/kepler,如图 13-2 所示。

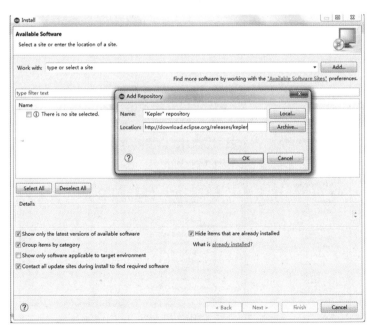

图 13-2 选择插件加载路径

点击【OK】按钮后耐心等待几分钟,出现图 13-3 所示的界面。

在可选插件中找到选项 "Web,XML,Java EE and OSGi Enterprise Development",在前面方框中打钩。然后点击【Next】按钮,随后提示是否接受许可条目,这时选择接受,然后

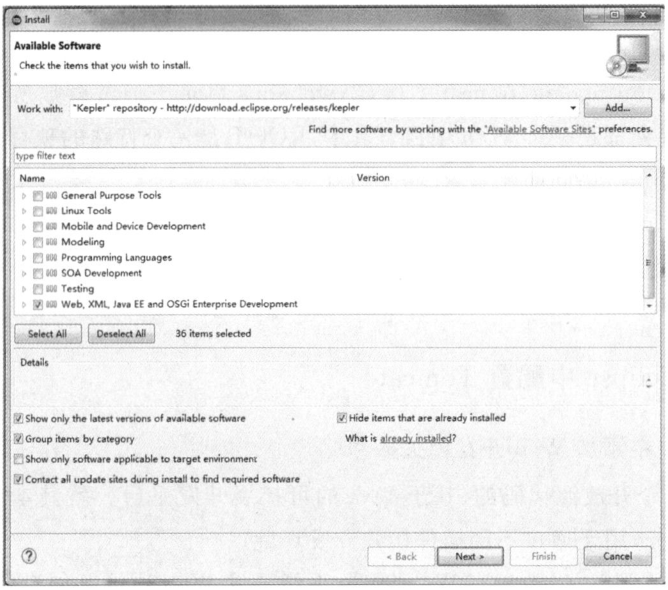

图 13-3 选择要下载安装的插件

耐心等待安装完成。插件安装完毕后提示需要重启 Eclipse 生效，同意即可。

2. 在 Eclipse 中关联 Tomcat 服务器

在 Eclipse 菜单栏中找到【Window】下拉菜单里的【Preferences】选项，点击后弹出对话框，展开左边菜单【Server】选项，选中【Runtime Environments】，在右侧窗口中点击【Add】按钮，因为配置的是 Tomcat 服务器，展开【Apache】选项，显示该 Eclipse 中可配置的各种版本，选择【Apache Tomcat v7.0】，如图 13-4 所示。

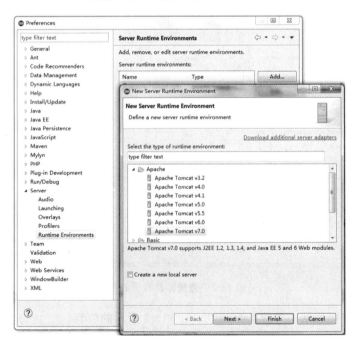

图 13-4 选择要安装的服务器及版本

点击【Next】按钮后,选择已安装的 Tomcat 服务器的目录,如图 13-5 所示。

图 13-5　选择 Tomcat 安装路径

点击【Finish】按钮便完成 Eclipse 和 Tomcat 的关联。

3. 在 Eclipse 中创建一个 Tomcat 服务器

在 Eclipse 菜单栏找到【Window】,在下拉菜单里选择【Show View】选项,找到【Servers】选项,如图 13-6 所示。

图 13-6　找到 Servers 选项

点击【OK】按钮,在 Servers 选项卡里显示没有任何服务器。根据提示,点击链接创建一个服务器,如图 13-7 所示。

点击【Next】按钮,选择已安装 Tomcat 的路径,如图 13-8 所示。

点击【Next】按钮,接着点击【Finish】按钮,Tomcat 服务器创建完成,在 Servers 选项卡

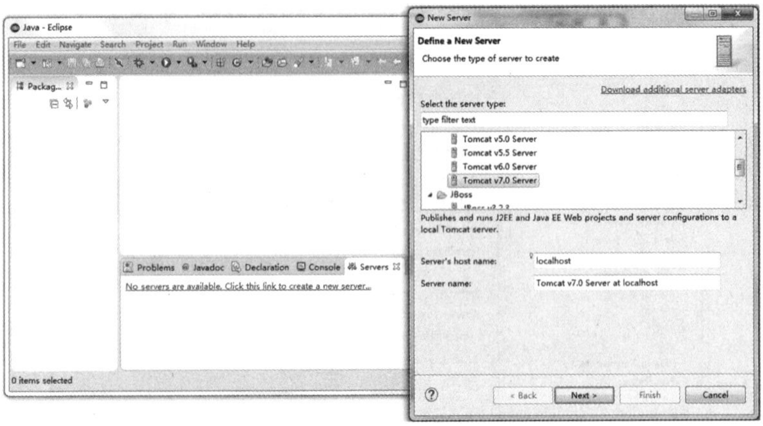

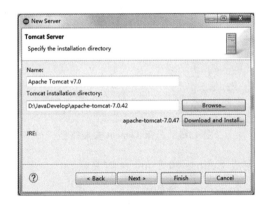

图 13-7　选择创建 Tomcat v7.0 服务器

图 13-8　选择已安装 Tomcat 的路径

中出现了一个服务器"Tomcat v7.0 Server at localhost"。

为了让 Eclipse 创建的 Web 项目可以部署到 Tomcat 服务器 webapps 目录下，需要在 Eclipse 中对该服务器进行配置。双击 Servers 选项卡中的服务器，在打开的页面中，选中 "Use Tomcat installation(takes control of Tomcat installation)"，同时在 "Deploy path" 后的文本框中将内容修改为 webapps，如图 13-9 所示。

图 13-9　完成 Tomcat 服务器安装并修改配置

关闭配置页面时选择保存。经过如上配置,就可以在 Eclipse 中启动和关闭 Tomcat 服务器,也可以在 Eclipse 上将项目发布到 Tomcat 服务器。在创建的 Tomcat 服务器上点击鼠标右键,出现图 13-10 所示的菜单。

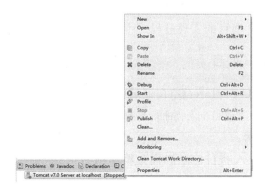

图 13-10　Tomcat 服务器启动、关闭和发布项目

其中:点击【Start】表示启动服务器,点击【Stop】表示停止服务器,点击【Add and Remove】可以部署 Web 项目到 Tomcat 服务器。

当服务器启动后,菜单中的【Start】选项就变为【Restart】,在项目部署后,如果在 Eclipse 中修改了代码,可以通过【Restart】选项发布到 Tomcat 服务器。

13.3　利用 Eclipse 开发第一个 Web 项目

在进行 Web 程序开发时,需要将代码分层,体现"高内聚、低耦合"的思想,方便开发和维护。

本节实现一个名为 chapter13 的 Web 项目,主要功能是通过 Web 程序对项目 11 的 testbank 数据库的 bankaccount 表进行查询。chapter13 项目分为如下几层:

(1) 表现层:接收用户输入的数据,显示返回的数据,为用户提供一种交互式操作的界面。在本项目中表现层对应为 chapter13/WebContent 目录下的所有 JSP 页面。

(2) 控制层:一般处理页面发送的请求,获取页面传递过来的参数并选择调用业务层的方法来处理。在本项目中控制层对应为 cn.linaw.chapter13.servlet 包下的所有 Servlet。

(3) 业务层:系统架构中体现核心价值的部分,主要集中在业务规则的制定、业务流程的实现等,与具体业务需求有关。业务层对传递过来的参数进行处理分析,如果需要操作数据库,则需要调用持久层的方法。在本项目中业务层对应为 cn.linaw.chapter13.service 包下的类。

(4) 持久层:数据访问层 DAO(data access objects),该层主要是访问数据库系统、二进制文件、文本文件或 XML 文件等,实现数据库表或文件的成对数据库的 CRUD(即 create、read、update 和 delete)等操作。在本项目中持久层对应为 cn.linaw.chapter13.dao 包下的类。

(5) 实体层:定义封装数据的模型,贯穿于表现层到持久层,方便各层之间传递数据。例如新用户注册,在实体层定义一个用户类,各属性名最好和数据库用户表列名保持一致,同时根据需要生成各属性的 getter/setter 方法。当浏览器通过 JSP 页面提交注册信息后,在控制层将用户的信息封装到用户对象中，一路传递到持久层，将用户对象增加到数据库用户表中。当浏览器通过 JSP 页面查询某个用户的信息时，持久层将把从数据库查询出来的数据封装在用户对象中，一路传递到表现层，将用户对象展示在页面中。在本项目中实体层对应为 cn.linaw.chapter13.entity 包下的类。

下面分步讲解该 Web 项目的实现过程。

◆ 13.3.1 新建 Web 项目

在 Eclipse 的【Package Explorer】空白区域点击鼠标右键，选择【New】选项，在子菜单里选择【Other】选项，弹出新建项目向导界面，选择【Dynamic Web Project】选项创建一个动态 Web 项目，如图 13-11 所示。

点击【Next】按钮后进入项目信息界面。填写项目信息，填写项目名称，选择 Dynamic web module version 为 2.5，运行环境为 Apache Tomcat v7.0，如图 13-12 所示。

图 13-11　新建项目向导

图 13-12　填选项目信息

点击【Next】按钮后进入 Web 项目配置界面，这里不做修改，保持默认即可，如图 13-13 所示。

Eclipse 将项目 src 目录下的文件编译成 class 文件后放在 build\classes 目录下。点击【Next】按钮后进入 Web 模块设置界面，这里不做修改，保持默认即可，如图 13-14 所示。

【Context root】用于设置 Web 项目的根目录，【Content directory】用于设置存放 Web 资源的目录。注意，需要勾选【Generate web.xml deployment descriptor】。点击【Finish】按钮，弹出图 13-15 所示的提示框。

依照个人爱好选择是否切换到 Java EE 视图，这里选择【No】保持原 Java 视图。到此为止，一个 Java Web 项目创建完成，在【Package Explorer】视图下出现相关项目目录，如

图 13-16 所示。

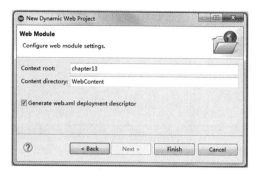

图 13-13 项目配置界面　　　　图 13-14 Web Module 配置界面

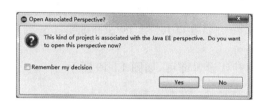

图 13-15 选择是否切换到 Java EE 视图　　　图 13-16 创建完成的 Web 项目目录

◆ **13.3.2 实体层**

在实体层,本项目需要一个用于数据封装的 BankAccount 类。BankAccount 类是一个 JavaBean,它的属性应同 testbank 数据库中 bankaccount 表的列名保持一致。这里将项目 11 中 chapter11 项目 src 目录下的 cn.linaw.chapter11.demo01.BankAccount 类拷贝到 cn. linaw.chapter13.entity 包下即可。

◆ **13.3.3 表现层**

JSP(Java server pages)即 Java 服务器页面,是一种动态网页技术标准,其根本是一个简化的 Servlet 设计。它是在传统的网页 HTML 文件(*.htm,*.html)中插入 Java 程序段和 JSP 标记,从而形成后缀名为.jsp 的 JSP 文件。JSP 实现了 HTML 语法中的 Java 扩展(Java 代码嵌套在<%和%>之中)。JSP 与 Servlet 一样,是在服务器端执行的。由于 JSP 是基于 Java 语言的,因此,用 JSP 开发的 Web 应用是跨平台的。

JSP 仅作为表现层技术,作用是负责收集用户请求参数,将应用的处理结果、状态数据呈现给用户。

在 chapter13 项目的表现层中需要创建 2 个 JSP 页面。query.jsp 用于发送查询账户余额的请求，queryresult.jsp 用于查询结果的响应。

1．query.jsp

在 Eclipse 中，鼠标右键点击项目 chapter13 下的 WebContent 目录，选择【New】选项，在子菜单里选择【Other】选项，选择创建 JSP 文件向导，如图 13-17 所示。

点击【Next】按钮，为新建 JSP 文件命名，如图 13-18 所示。

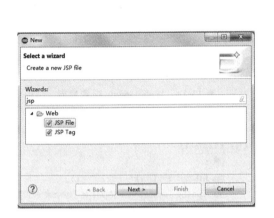

图 13-17　创建 JSP 文件向导

图 13-18　为 JSP 文件命名

点击【Next】按钮进入选择 JSP 模板界面，采用默认设置即可，如图 13-19 所示。

图 13-19　选择 JSP 模板

点击【Finish】按钮即完成一个 JSP 文件的创建。在创建后的文件里编写代码。query.jsp 最终代码如图 13-20 所示。

（1）程序第 1 行是一条 page 指令。这里使用了 page 指令的 language、contentType、

```
 1  <%@ page language="java" contentType="text/html; charset=UTF-8" pageEncoding="UTF-8"%>
 2  <!DOCTYPE html PUBLIC "-//W3C//DTD HTML 4.01 Transitional//EN" "http://www.w3.org/TR/html4/loose.dtd">
 3  <html>
 4    <head>
 5      <meta http-equiv="pragma" content="no-cache">
 6      <meta http-equiv="cache-control" content="no-cache">
 7      <meta http-equiv="expires" content="0">
 8      <title>query.jsp</title>
 9    </head>
10    <body>
11      <h1>查询账户余额</h1>
12      <hr />
13      <form action="<%=request.getContextPath()%>/QueryServlet" method="post">
14        账户:<input type="text" name="username" /><br />
15        <input type="submit" value="查询" />
16      </form>
17    </body>
18  </html>
```

图 13-20 query.jsp

pageEncoding 属性。page 指令对整个页面均有效。

(2) JSP 表达式将客户端需要输出的变量或表达式封装在"<%="和"%>"标记之间。程序第 13 行,JSP 表达式"<%=request.getContextPath()%>"用于获取请求 URL 中属于 Web 项目的路径,这个路径以"/"开头,表示相对于整个 Web 站点的根目录。如果本例在浏览器中输入 http://127.0.0.1:8080/chapter13/query.jsp,则 request.getContextPath()的结果为/chapter13。

在 form 表单中填写数据后,点击"查询"按钮,将根据 action 的值将表单内容提交到"<%=request.getContextPath()%>/QueryServlet"这个 Servlet 进行处理。

JSP 表单内容的提交方式分为 GET 请求和 POST 请求。这两种请求是 HTTP 协议中常用的请求,GET 请求把表单的数据显式地放在 URL 中,且对长度有所限制,适合提交数据量不大、安全性不高的数据。而 POST 请求把表单数据放在 HTTP 请求体中,在浏览器的地址栏中不显示提交的信息,并且没有长度限制,适合提交数据量大、安全性高的数据。本项目"method="post""表示采用 POST 请求方式。

2. queryresult.jsp

queryresult.jsp 是 query.jsp 的响应页面。表现层将请求页面提交到控制层,由控制层调用业务层,业务层调用持久层,持久层将从数据库返回的结果封装成实体类对象后,再反方向将结果返回到表现层。因此,响应页面 queryresult.jsp 是最后一个环节,等学完后面几层后再来看这个页面。queryresult.jsp 最终代码如图 13-21 所示。

(1) 为了简化 JSP 开发,JSP 2.0 规范了 9 个内置对象,它们是 JSP 默认创建的,可以直接在 JSP 页面中使用,本项目中用到的 request 内置对象即为其中之一。通过 request 对象,除了能获得用户的 HTTP 请求信息外,还可以通过在 request 对象中设置属性传递数据,在页面中取出服务器设置保存的值。request 对象中的属性是通过 request.setAttribute 方法放入 request 对象中的。程序第 13 行 (BankAccount) request.getAttribute("bankaccount")表示从 request 对象中取得名为"bankaccount"的属性,其实是 BankAccount 类型的对象。

(2) 程序第 15 行 JSP 表达式"<%=ba.getUser_name()%>"表示调用 BankAccount 类型 ba 对象的 Getter 方法获得账户名。同理,也可以通过 JSP 表达式"<%=ba.getUser_balance()%>"获得 ba 对象的账户余额。不过,为了演示 EL 表达式,程序第 16 行采用 EL

```
queryresult.jsp
 1  <%@ page language="java" contentType="text/html; charset=UTF-8" pageEncoding="UTF-8"%>
 2  <%@ page import="cn.linaw.chapter13.entity.BankAccount"%>
 3
 4  <!DOCTYPE html PUBLIC "-//W3C//DTD HTML 4.01 Transitional//EN" "http://www.w3.org/TR/html4/loose.dtd">
 5  <html>
 6  <head>
 7      <title>queryresult.jsp</title>
 8  </head>
 9  <body>
10      <h1>查询结果</h1>
11      <hr />
12      <%
13          BankAccount ba = (BankAccount) request.getAttribute("bankaccount");
14      %>
15      账户：<%=ba.getUser_name()%> <br>
16      余额：${requestScope.bankaccount.user_balance}<br>
17  </body>
18  </html>
```

图 13-21　queryresult.jsp

表达式获取账户余额，这样可以对比学习。

（3）EL（expression language）表达式是一种简单的数据访问语言，用于简化 JSP 页面的书写，EL 语法格式为 ${表达式}。程序第 16 行中 ${requestScope.bankaccount.user_balance}表示从 request 作用域范围内取出 bankaccount 对象的 user_balance 变量值。EL 表达式相比 request.getAttribute 方法显得更为简洁。注意，如果写成 ${bankaccount.user_balance}，则表示在所有内置对象范围内寻找名为 bankaccount 对象的 user_balance 变量值。

◆ **13.3.4　控制层**

Java Web 程序设计中，Servlet 充当控制层角色，它的作用类似于调度员：所有用户请求都发送给 Servlet，Servlet 调用业务层来处理用户请求，并调用 JSP 页面来呈现处理结果；或者 Servlet 直接调用 JSP 页面将应用的状态数据呈现给用户。下面演示如何创建一个 Servlet 程序。

在 chapter13 项目的 src 目录下，创建 cn.linaw.chapter13.servlet 包，在包上点击鼠标右键，选择【New】选项，在子菜单里选择【Other】选项，选择创建 Servlet 向导，如图 13-22 所示。

点击【Next】按钮，填写 Servlet 类文件的位置信息，在【Class name】中指定 Servlet 类名称，其他采用默认设置即可，如图 13-23 所示。

图 13-22　选择创建 Servlet 向导　　　图 13-23　填写新建 Servlet 类的文件名和位置

点击【Next】按钮，完成 Servlet 在 web. xml 中的配置信息。【Name】值用来指定 web. xml 文件中<servlet-name>元素的内容，【URL mappings】用来指定 web. xml 文件中<url-pattern>元素的内容。本项目不做修改，保持默认设置即可，如图 13-24 所示。

点击【Next】按钮，选择该 Servlet 需要创建的方法。这里只选择"Inherited abstract methods"、"doPost"方法（如果 JSP 页面是 GET 请求，则需要选择"doGet"），如图 13-25 所示。

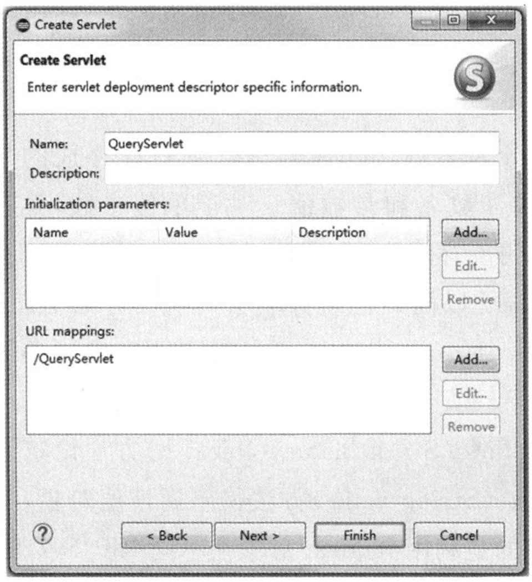

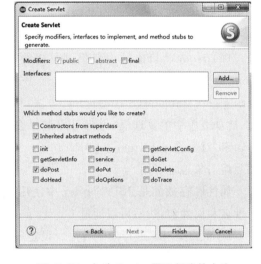

图 13-24　设置该 Servlet 在 web. xml 中的配置信息

图 13-25　勾选 Servlet 需要创建的方法

点击【Finish】按钮完成 Servlet 的创建。QueryServlet 类创建后的初始内容如图 13-26 所示。

QueryServlet.java

```
1 package cn.linaw.chapter13.servlet;
2
3 import java.io.IOException;
4 import javax.servlet.ServletException;
5 import javax.servlet.http.HttpServlet;
6 import javax.servlet.http.HttpServletRequest;
7 import javax.servlet.http.HttpServletResponse;
8
9 /**
10  * Servlet implementation class QueryServlet
11  */
12 public class QueryServlet extends HttpServlet {
13     private static final long serialVersionUID = 1L;
14
15     /**
16      * @see HttpServlet#doPost(HttpServletRequest request, HttpServletResponse
17      *      response)
18      */
19     protected void doPost(HttpServletRequest request,
20             HttpServletResponse response) throws ServletException, IOException {
21         // TODO Auto-generated method stub
22     }
23 }
```

图 13-26　QueryServlet 类创建后的初始内容

程序第 19、20 行重写 doPost 方法，里面有 2 个重要的参数 request 和 response。下面对它们做详细介绍。

在 Servlet API 中，ServletRequest 接口的唯一子接口是 HttpServletRequest ，

HttpServletRequest 接口的唯一实现类是 HttpServletRequestWrapper，request 对象是 HttpServletRequestWrapper 类的实例。Servlet/JSP 中大量使用了接口而不是实现类，体现了面向接口编程。

request 内置对象是由 Tomcat 创建的，其重要的三个功能是封装 HTTP 请求参数信息、进行属性值的传递以及完成服务端跳转。

（1）一旦 HTTP 请求报文发送到 Tomcat 中，Tomcat 对数据进行解析，立即创建 request 对象，并对参数赋值，然后将其传递给对应的 JSP/Servlet 。一旦请求结束，request 对象就会被立即销毁。当服务端跳转时，由于仍然是同一次请求，因此这些页面会共享一个 request 对象。

（2）request 对象的内存模型可以简单地划分为参数区和属性区。参数区存放的是 Tomcat 解析 HTTP 请求报文后提取出来的请求参数名和参数值。对于单值参数，只有 String getParameter(String name)方法，得到对应的字符串对象的地址引用。对于多值参数，比如表单中的复选框，因为可以选择多个参数，所以同一个参数名会对应多个参数值，request 对象通过 String[] getParameterValues(String name)方法可以得到这个多值参数的数组对象地址引用。

属性区存放的是 JSP/Servlet 中使用 setAttribute(String name, Object o)方法设定的属性名和属性值，然后可以通过 Object getAttribute(String name)方法得到属性值对象，需要 Object 类型对象进行向下转型。设定属性的目的是利用 request 对象在不同 JSP/Servlet 中传递数据。void removeAttribute(String name)方法用于删除 ServletRequest 对象中指定名称的属性。

（3）request 对象提供了一种服务端跳转的方法。ServletRequest 接口通过 RequestDispatcher getRequestDispatcher(String path)方法获取一个 RequestDispatcher 对象，该对象封装的参数 path 为想要跳转的目标路径。path 必须以"/"开头，表示当前 Web 应用的根目录。

在 Servlet API 中 HttpServletResponse 接口继承了 ServletResponse 接口，并提供了与 HTTP 协议有关的方法，这些方法的主要功能是设置 HTTP 状态码和管理 Cookie。HttpServletResponse 对象代表服务器的响应。这个对象中封装了向客户端发送数据、发送响应头、发送响应状态码的方法。

查看 web.xml 文件，可以看到通过向导已经将 QueryServlet 类的相关配置添加进去了，如图 13-27 所示。

url-pattern 标签中的值是要在浏览器地址栏中输入的 url，可以自己命名，这个 url 访问名为 servlet-name 中值的 servlet，两个 servlet-name 标签的值必须相同（参考程序第 21～23 行），再通过 servlet 标签中的 servlet-name 标签映射到 servlet-class 标签中的值，最终访问 servlet-class 标签中的具体类（参考程序第 15～20 行）。

对创建好的 QueryServlet 类书写 doPost 方法内容。最终代码如图 13-28 所示。

（1）程序第 21 行等价于下面两行代码的功能，用于解决 HTTP 响应在浏览器中输出时显示乱码问题。

```
response.setCharacterEncoding("utf-8");
response.setHeader("Content-Type", "text/html;charset=utf-8");
```

```xml
<?xml version="1.0" encoding="UTF-8"?>
<web-app xmlns:xsi="http://www.w3.org/2001/XMLSchema-instance"
    xmlns="http://java.sun.com/xml/ns/javaee"
    xsi:schemaLocation="http://java.sun.com/xml/ns/javaee
    http://java.sun.com/xml/ns/javaee/web-app_2_5.xsd" id="WebApp_ID" version="2.5">
    <display-name>chapter13</display-name>
    <welcome-file-list>
        <welcome-file>index.html</welcome-file>
        <welcome-file>index.htm</welcome-file>
        <welcome-file>index.jsp</welcome-file>
        <welcome-file>default.html</welcome-file>
        <welcome-file>default.htm</welcome-file>
        <welcome-file>default.jsp</welcome-file>
    </welcome-file-list>
    <servlet>
        <description></description>
        <display-name>QueryServlet</display-name>
        <servlet-name>QueryServlet</servlet-name>
        <servlet-class>cn.linaw.chapter13.servlet.QueryServlet</servlet-class>
    </servlet>
    <servlet-mapping>
        <servlet-name>QueryServlet</servlet-name>
        <url-pattern>/QueryServlet</url-pattern>
    </servlet-mapping>
</web-app>
```

图 13-27　web.xml 配置

```java
package cn.linaw.chapter13.servlet;
import java.io.IOException;
import javax.servlet.ServletException;
import javax.servlet.http.HttpServlet;
import javax.servlet.http.HttpServletRequest;
import javax.servlet.http.HttpServletResponse;
import cn.linaw.chapter13.entity.BankAccount;
import cn.linaw.chapter13.service.BankAccountService;
/**
 * Servlet implementation class QueryServlet
 */
public class QueryServlet extends HttpServlet {
    private static final long serialVersionUID = 1L;
    /**
     * @see HttpServlet#doPost(HttpServletRequest request, HttpServletResponse
     *      response)
     */
    protected void doPost(HttpServletRequest request,
            HttpServletResponse response) throws ServletException, IOException {
        request.setCharacterEncoding("utf-8");//设置request对象的解码方式
        response.setContentType("text/html;charset=utf-8");//设置response对象的编码方式，通知浏览器用该编码解码
        String username = request.getParameter("username");//获取JSP页面提交上来的参数值
        BankAccountService bankAccountService = new BankAccountService();
        BankAccount bankAccount = bankAccountService.query(username); //调用业务层方法
        request.setAttribute("bankaccount", bankAccount); //request域里增加一个请求的参数,将业务层返回的结果存放其中
        request.getRequestDispatcher("/queryresult.jsp").forward(request,response);//转发到下一个JSP页面处理
    }
}
```

图 13-28　QueryServlet 类

（2）通常向服务器发送请求数据都需要先请求一个页面，然后用户在页面中输入数据。因为页面是服务器响应给客户端浏览器的，因此这个页面本身的编码由服务器决定。用户在页面中输入的数据也是由页面本身的编码决定的。因此，客户端以 UTF-8 字符编码的形式将表单数据传输到服务器端。根据 POST 方式或 GET 方式提交，服务器端分别处理如下：

程序第 20 行，当客户端通过 POST 请求发送数据给服务器时，可以先通过 request.setCharacterEncoding 方法指定编码，然后再使用 reuqest.getParameter 方法来获取请求参数，这样就会用指定的编码来读取 request 对象。因此，对于 POST 请求，服务器可以指定编码，如果没有指定编码，服务器默认使用 ISO-8859-1 解读。

但是，对于通过 GET 方式提交请求数据给服务器时，服务器即使使用 request.setCharacterEncoding 方法指定编码解读也是无效的，依旧使用默认的 ISO-8859-1 来读取 request 对象。解决方法是：在使用 request.getParameter 获取字符串数据后，将字符串按照 ISO-8859-1 编码转换回字节数组，再对该字节数组重新指定编码构建字符串，解决乱码问

题。代码如下：

```
String username=request.getParameter("username");
username=new String(name.getBytes("iso-8859-1"), "utf-8");
```

（3）程序第 22 行，利用 request 对象的 getParameter 方法获取 JSP 页面提交上来的 username 参数值。

（4）程序第 23、24 行，创建一个 BankAccountService 业务对象，并调用该对象的 query 方法进行查询业务，同时将从客户端获取的 username 参数传递到业务层，按照分层思想，由业务层完成相关业务逻辑。

（5）程序第 25 行，利用 request 对象增加了一个属性名为 bankaccount、属性值为 bankAccount 的对象，用于存放业务层返回的结果，目的是传递属性。

（6）程序第 26 行，利用 request 对象得到了 RequestDispatcher 对象，调用 forward 方法完成服务端跳转到下一个 JSP 页面处理，前后页面共享 request 对象和 response 对象，request 对象中也包含程序第 25 行新增的属性对象，传递到下一个页面处理。

◆ 13.3.5 业务层

本项目的业务逻辑很简单，就是调用持久层的查询方法，将查到的结果返回，如图 13-29 所示。

```
1 package cn.linaw.chapter13.service;
2 import cn.linaw.chapter13.dao.BankAccountDao;
3 import cn.linaw.chapter13.entity.BankAccount;
4 public class BankAccountService {
5     private BankAccountDao bankAccountDao = new BankAccountDao();//创建持久层对象
6     public BankAccount query(String username) {
7         return bankAccountDao.query(username); //调用持久层对象方法
8     }
9 }
```

图 13-29 BankAccountService 类

（1）程序第 5 行，在业务处创建一个持久层对象。

（2）程序第 6~8 行，业务层也提供 query(String username)方法，实现相关业务逻辑，不过根据分层思想，关于数据查询部分，业务层还是会转交给持久层完成。

◆ 13.3.6 持久层

在持久层需要访问数据库，将项目 11 的 chapter11 项目 src 目录下的 cn.linaw.chapter11.demo01.MyJDBCConnection 工具类拷贝到 cn.linaw.chapter13.dao 包下，同时将项目 11 的 chapter11 项目 src 目录下的 dbparams.properties 文件拷贝到 chapter13 项目 src 目录下。由于要连接数据库，所以需要导入 MySQL 驱动程序。将 JAR 包"mysql-connector-java-5.1.7-bin.jar"拷贝到 chapter13 项目 WebContent/WEB-INF/lib 目录下，并在 cn.linaw.chapter13.dao 包下定义一个 BankAccountDao 类，该类目前只提供一个根据账户名查询银行账户的功能，如果需要，后续可以增加，如图 13-30 所示。

（1）程序第 9 行中，query 方法的参数 String username 由客户端浏览器一路传递进来。

（2）在 BankAccountDao 类中，用到了实体类 BankAccount，将从数据库查询到的结果封装到 BankAccount 类的对象 bankAccount 中，返回给调用者。

通过以上步骤，chapter13 项目的部分目录如图 13-31 所示。

BankAccountDao.java

```java
package cn.linaw.chapter13.dao;
import java.io.IOException;
import java.sql.Connection;
import java.sql.PreparedStatement;
import java.sql.ResultSet;
import java.sql.SQLException;
import cn.linaw.chapter13.entity.BankAccount;
public class BankAccountDao {
    public BankAccount query(String username) {
        BankAccount bankAccount = new BankAccount();
        Connection conn = null;
        PreparedStatement preStmt = null;
        ResultSet rs = null;
        try {
            conn = MyJDBCConnection.getConnection();
            String  sql = "SELECT * FROM bankaccount WHERE user_name=?";
            preStmt = conn.prepareStatement(sql);
            preStmt.setString(1, username);
            rs = preStmt.executeQuery();
            if(rs.next()) { //账户名不能重复，即使同名，也可以通过增加后缀等方法区分
                bankAccount.setUser_id(rs.getString("user_id"));
                bankAccount.setUser_name(rs.getString("user_name"));
                bankAccount.setUser_balance(rs.getInt("user_balance"));
            }
        } catch (ClassNotFoundException e) {
            e.printStackTrace();
        } catch (SQLException e) {
            e.printStackTrace();
        } catch (IOException e) {
            e.printStackTrace();
        } finally {
            if (rs != null) {
                try {
                    rs.close();
                } catch (SQLException e) {
                    e.printStackTrace();
                }
            }
            if (preStmt != null) {
                try {
                    preStmt.close();
                } catch (SQLException e) {
                    e.printStackTrace();
                }
            }
            if (conn != null) {
                try {
                    conn.close();
                } catch (SQLException e) {
                    e.printStackTrace();
                }
            }
        }
        return bankAccount;
    }
}
```

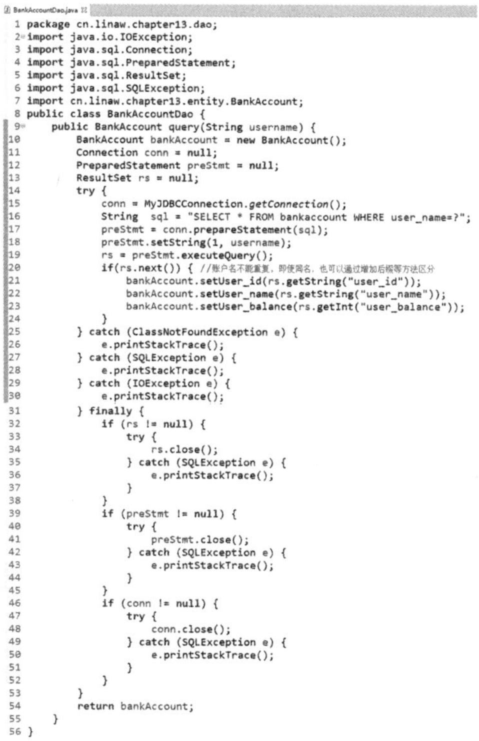

图 13-30　BankAccountDao 类

图 13-31　项目 chapter13 部分目录

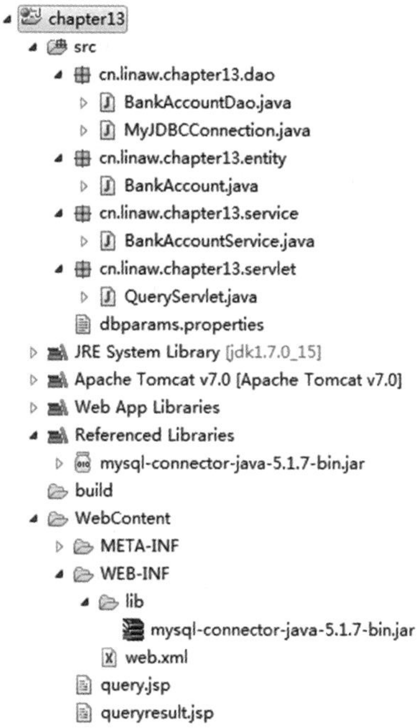

13.3.7　部署 Web 项目

在 Eclipse 上开发完毕后，需要将项目部署到真实的 Tomcat 服务器上去。步骤如下：

选中 Tomcat 服务器，点击鼠标右键，在弹出的菜单中选择【Add and Remove】选项，如图 13-32 所示。

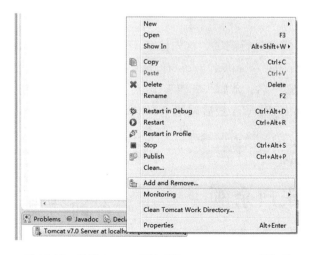

图 13-32　选择 Tomcat 服务器【Add and Remove】选项

点击【Add and Remove】选项后，进入部署 Web 应用界面，如图 13-33 所示。

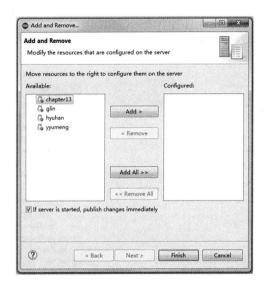

图 13-33　部署 Web 应用界面

选中项目 chapter13，通过【Add】按钮将其配置到右边的 Configured 框里。然后点击【Finish】按钮即完成部署，在 Tomcat 服务器下出现了 chapter13 项目，如图 13-34 所示。

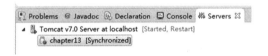

图 13-34　项目部署完成

项目部署完成后，在 D:\JavaDevelop\apache-tomcat-7.0.42\webapps 下会看到已部署的 chapter13 项目。当然，Web 服务器下可以部署多个项目。

如果需要删除部署在 Tomact 服务器上的项目，可以通过【Remove】按钮将已配置到右边 Configured 框里的已部署的项目删除。

◆ 13.3.8　测试 Web 项目

项目部署完成后，需要进行测试。首先检查 Tomcat 服务器已启动。在浏览器中输入地址"http://127.0.0.1:8080/chapter13/query.jsp"，如图 13-35 所示。

在账户中填入账户名，例如"李四"，然后点击【查询】按钮。query.jsp 提交到 QueryServlet 处理，QueryServlet 最后调用 resultquery.jsp 显示查询结果，如图 13-36 所示。

图 13-35　访问项目下的 query.jsp 页面　　　　图 13-36　查询结果显示

项目总结

本项目通过一个完整的案例来展现基于 Java Web 的开发过程。首先安装 Tomcat，然后在 Eclipse 中配置 Tomcat。环境搭建完毕后，详细说明如何利用 Eclipse 开发一个 Web 项目，项目体现了分层思想。

项目作业

1. 查询资料学习 HTML 常用标签。
2. 查询资料学习 HTTP 协议。
3. 上机实践书中出现的案例，可自由发挥修改。

参考文献

[1] Bruce Eckel.Java编程思想[M].4版.陈昊鹏,译.北京:机械工业出版社,2007.

[2] Y.Daniel Liang.Java语言程序设计基础篇[M].8版.李娜,译.北京:机械工业出版社,2011.

[3] Y.Daniel Liang.Java语言程序设计进阶篇[M].8版.李娜,译.北京:机械工业出版社,2011.

[4] 传智播客高教产品研发部.Java基础入门[M].北京:清华大学出版社,2014.

[5] 黑马程序员.Java Web程序设计任务教程[M].北京:人民邮电出版社,2017.

[6] 北京尚学堂科技有限公司.实战Java程序设计[M].北京:清华大学出版社,2018.